安全生产新技术丛书

气瓶安全

吴粤燊 编著

中国劳动社会保障出版社

图书在版编目(CIP)数据

气瓶安全/吴粤燊编著．—北京：中国劳动社会保障出版社，2009

安全生产新技术丛书

ISBN 978-7-5045-7773-3

Ⅰ.气… Ⅱ.吴… Ⅲ.气瓶-安全技术 Ⅳ.TH490.8

中国版本图书馆 CIP 数据核字(2009)第 038631 号

中国劳动社会保障出版社出版发行

(北京市惠新东街1号 邮政编码：100029)

出 版 人：张梦欣

*

北京谊兴印刷有限公司印刷装订 新华书店经销
850毫米×1168毫米 32开本 11.375印张 278千字
2009年4月第1版 2009年4月第1次印刷

定价：30.00元

读者服务部电话：010-64929211
发行部电话：010-64927085
出版社网址：http://www.class.com.cn

版权专有　　　侵权必究

举报电话：010-64954652

内 容 简 介

本书系统地介绍了气体概论、气瓶与气瓶设计制造、气瓶安全装置、气瓶充装和使用、气瓶定期检验与综合性能试验、气瓶安全监督管理、气瓶爆破失效分析等内容。

本书可作为气瓶设计、制造、使用、安全监察与检验人员的培训使用用书，也可供企业安全管理干部、安全员和有关的科技人员以及大中专院校相关专业的师生阅读、参考。

编 委 会

主 任 闪淳昌

委 员
杨国顺 施卫祖 吕海燕
牛开健 高继轩 柯振泉
冯维君 杨泗霖 杨有启
孙桂林 王海军 马恩远
王琛亮 时文 邢磊
甘晓东 冯国庆 洪亮
吴燕 张建荣 刘普明
吴旭正
本书编写人员 吴粤燊 周婉珍 钟灵
吴少明

前　言

　　进入 21 世纪，人类跨进一个崭新的时代。人们在欢庆新世纪，享受经济高速发展带来的成果的同时，也面临着生产中种种危险隐患的威胁。因此，在坚持科学发展现，实施可持续发展战略，全面建设小康社会的过程中，安全生产工作便显得尤其重要。

　　当前，我国正处于经济发展的转型期，工业安全生产基础薄弱，安全生产管理水平不高。受生产力发展水平、从业人员整体素质等因素的影响，安全生产形势相当严峻，重大特大事故频繁发生，造成了巨大的人员伤亡和财产损失。这种局面如果得不到有效控制，将直接影响我国改革开放、经济发展、构建社会主义和谐社会宏伟目标的实现。

　　随着科学技术的进步和发展，新设备、新产品、新工艺、新材料不断涌现，生产过程中的潜在危险和有害因素不断增加，企业的安全生产和事故的预防和控制工作面临着新的挑战。如何有效地预防和控制企业中各种安全生产风险，从被动防范事故向主动控制危险源头，往本质安全化方面转变；如何以人为本，珍爱生命，保护劳动大众的安全与健康；如何加强安全培训，使广大职工和生产管理人员了解和掌握安全生产新技术、新知识，增强劳动者自我保护的意识和能力，成为安全生产工作的艰巨任务。为此，我们组织有关专家、学者和专业技术人员编写了这套"安全生产新技术丛书"。

　　本套丛书从企业安全生产的各项具体工程技术入手，有针对性地提出了解决安全问题的方法和措施。理论联系实际，既注重科学性和规范性，又突出实用性和可操作性。丛书本着"少而精""实用、管用"的原则，对安全生产技术特别是新技术、新成果进行了系统的介绍。本套丛书可作为全国各工矿企业管理干部和技术人员的工作用书，也可供各单位用做职工安全技术岗位培训教材。

　　本套丛书所涉及的内容十分广泛，由于编者经验不足、水平有限，书中内容若有不妥和错误之处，热切希望读者不吝赐教。

编　者

目 录

第一章 气体概论 ………………………………………… (1)
 第一节 气体的基础知识 ………………………………… (1)
 第二节 气体的分类 ……………………………………… (21)
 第三节 常用瓶装压缩气体 ……………………………… (39)
 练习思考题 1 ……………………………………………… (65)

第二章 气瓶与气瓶设计制造 …………………………… (67)
 第一节 气瓶概论 ………………………………………… (67)
 第二节 气瓶制造材料的选用 …………………………… (92)
 第三节 气瓶壁厚计算 …………………………………… (103)
 第四节 气瓶制造质量控制与检验 ……………………… (116)
 练习思考题 2 ……………………………………………… (125)

第三章 气瓶安全装置 …………………………………… (127)
 第一节 气瓶安全泄压装置 ……………………………… (127)
 第二节 其他安全附件 …………………………………… (148)
 练习思考题 3 ……………………………………………… (151)

第四章 气瓶充装和使用 ………………………………… (153)
 第一节 气瓶充装站技术条件 …………………………… (153)
 第二节 永久气体气瓶的充装 …………………………… (162)
 第三节 液化气体气瓶的充装 …………………………… (183)
 第四节 溶解乙炔气瓶的充装 …………………………… (211)
 第五节 气瓶储运与使用 ………………………………… (219)
 练习思考题 4 ……………………………………………… (228)

第五章　气瓶定期检验与综合性能试验 (230)
第一节　气瓶定期检验 (230)
第二节　气瓶综合性能试验 (245)
练习思考题5 (267)

第六章　气瓶安全监督管理 (268)
第一节　气瓶设计安全监督 (268)
第二节　气瓶制造监督管理 (275)
第三节　气瓶充装许可 (289)
第四节　气瓶使用登记管理 (299)
练习思考题6 (302)

第七章　气瓶爆破失效分析 (304)
第一节　概述 (304)
第二节　气瓶爆破失效分析的基本方法 (307)
第三节　气瓶爆破失效分析的程序与实施方法 (325)
第四节　气瓶爆破失效分析常用的验证计算 (336)
练习思考题7 (353)

第一章 气体概论

第一节 气体的基础知识

一、物质的构成与状态

(一) 构成物质的微粒

1. 分子与原子

人类赖以生存的地球、宇宙都是由物质构成的,而一切物质则是由不断运动的分子组成的。分子是独立存在而保持物质化学性质的最小微粒。原子是组成分子的更小微粒。有些物质的分子由单个原子组成,如空气中的稀有气体氩气、氦气、氖气等,是单原子分子;而有些物质的分子则是双原子分子,如空气中含量最多的氧气、氮气等;还有些物质的分子是多原子分子。在特定条件下,物质的分子也可分解成原子,但分解后的原子将不再保持原物质的性质。

2. 元素

不同的物质是由性质不相同的微粒构成的。人们把化学性质相同的同一种类的原子称为化学元素,简称元素。应该注意的是,原子和元素是两个不同的概念。原子是指构成物质的一个个微粒,元素则代表同一种原子的种类。所以原子是有"数量"意义的,元素则是没有"数量"意义的。

为表述和书写方便,元素通常用元素符号表示。例如,氮的元素符号是 N,氢的元素符号是 H,C 和 S 则分别是碳和硫的元素符号。上面谈到,物质的分子是由原子组成的。构成一种分子的原子,可以是同一种元素,例如,氧分子(O_2)就是由两个氧原子构成的，氢分子（H$_2$）也一样；也可以由两种或两种以上的元素的原子构成，例如一氧化碳分子（CO）由1个碳原子和1个氧原子构成，而甲烷分子（CH$_4$）则由1个碳原子与4个氢原子构成。

化学元素的种类虽不是很多，到目前为止人类发现的元素也不过106种。但正是由这一百余种元素的不同组合而成的各种分子，构成了种类繁多、形态各异的物质世界。例如，仅由碳和氢这两种原子的不同原子数目所组成的碳氢化合物就多达百余种。

3. 相对分子质量

分子、原子的质量都很小，体积也很小，例如1个氧分子的质量只有 5.31×10^{-23} g，在标准状态（大气温度为0℃和大气压力为760 mmHg时的状态）下1 cm^{3}氧气含有 2.7×10^{19} 个氧分子，即2 700亿亿个分子。

虽然分子、原子很小，无法用肉眼观察到。但原子和分子确实存在质量，而且不同元素的原子具有不同的质量。不过人们通常所说的原子量却是一种相对的质量，是以碳原子质量的十二分之一为标准作比较而得出的相对质量。以此为基准，氢的相对原子质量为1.008 0，氧的相对原子质量为16.000，氮的相对原子质量为14.008。由多个原子组成的分子，不管是由单一元素或多种元素组成，它的相对分子质量都是它的所有原子的相对原子质量的总和。例如，氢分子（H$_2$）由2个氢原子构成，则其相对分子质量为2.016，氧分子（O$_2$）也由2个氧原子构成，其相对分子质量就是32.000，甲烷分子（CH$_4$）由1个碳原子与4个氢原子构成，其相对分子质量就是16.042。因为这些量都是相对的，所以相对原子质量和相对分子质量都是没有单位的。

（二）物质的存在状态

物质均由分子组成，按分子运动学说，分子之间均存在一定距离，并在不停地做不规则的热运动。分子的这种热运动总是倾向于使分子相互分离。同时，物质分子之间又存在着相互作用的吸引力和排斥力。前者使分子彼此趋向结合，后者则使分子彼此趋向分离。这两个矛盾着的因素互相作用的结果，使物质分子有气、液、固三种聚集状态，这就是物质三态。

对于气体来说，起支配作用的是分子间的斥力。由于气体分子间的距离很大，气体分子间的吸引力不足以克服分子做不规则运动的分离倾向，所以它可无限制地膨胀，充满任意形状和大小的容器，也因此而具有密度小、可压缩性大等特点。固体分子间的作用力较大，使分子有固定的平衡位置，分子只能以平衡位置为中心做振动，所以固体有一定形状和体积。并且因为它的分子排列紧密，因而密度大、压缩性小。液体则介于气体与固体之间，分子之间的作用力能够使分子维持一定的平衡距离，但又不足以使分子有固定的平衡位置，所以液体只有一定的体积，而无一定的形状。

二、气体的基本状态参数

反映物质状态特征的物理量称为状态参数。常用的气体状态参数有温度 T、压力 p、比容 v、内能 u、焓 i、熵 s。其中温度、压力和比容这 3 个量称为基本状态参数。

（一）温度

温度是衡量物体冷热程度的物理量，是对物质分子运动平均动能的度量，是决定气体状态的一个重要因素。

1. 温标

温标是用以测量物体温度高低的标准。常用的温标有三种，即摄氏温标、华氏温标和热力学温标。

（1）摄氏温标。摄氏温标计量温度的标准是：以在标准大气压下冰水混合物的温度为零度（0℃），水沸腾时的温度为 100 度（100℃），它们之间分成 100 等份，每一等份就是 1 摄氏度，用符号℃表示。例如，30 摄氏度可以写成 30℃ 或 $T = 30℃$。如果测试的温度比 0℃ 低，则在温度数字前面加上负号，例如，零下20摄氏度则写成-20℃。

摄氏温标又称为百分温标,在日常生活和工程计算中得到广泛应用(热力学计算除外),是瑞典天文学家安德斯·摄尔休斯(Anders Celsius)于1742年提出并建立的,故称摄氏温标。

(2) 华氏温标。华氏温标也是以水的状态变化为基准建立温度标准的。不过它把标准大气压下冰水混合物的温度定为32度,水沸腾时的温度定为212度,它们之间平均分为180等份,每一等份即为1华氏度,用符号℉表示。例如,50华氏度可写成50℉。

华氏温标是最早出现的温标,它是由德国物理学家华伦海特(Fanrlenheit)在1714年根据物体热胀冷缩的性质而建立起来的,目前英、美等西方国家还在普遍使用。

因为水的冰点是0℃、32℉,其沸点是100℃、212℉,也就是0℃=32℉,100℃=212℉,所以摄氏温度与华氏温度之间的换算关系就是:

$$F = \frac{9}{5}℃ + 32 \text{ 或 } C = \frac{5}{9}(℉ - 32) \qquad (1—1)$$

式中　F——华氏温度,℉;

C——摄氏温度,℃。

(3) 热力学温标。英国物理学家威廉·汤姆森(后因诸多科学成就而被封为开尔文勋爵,故又名开尔文)根据热力学第二定理和卡诺热循环理论,于1848年提出绝对热力学温标(简称绝对温标,又称开氏温标)。绝对温标与测温物质的性质无关,因而它是一种基本的、科学的温标。

热力学温标是以水的三相点(即水、冰、水蒸气三相共存的温度)作为温标的基准点的。K为热力学温度单位,称为开[尔文],等于水的三相点热力学温度的1/273.15。规定摄氏零度以下273.15℃为零点,称为绝对零点。其分度法与摄氏温标相同(即绝对温标上相差1 K时,摄氏温标上也相差1℃)。所不同的是绝对温标上水的冰点为 273.15 K，沸点为 373.15 K。摄氏温度与开氏温度之间的换算关系为：

$$K = C + 273.15 \qquad (1\text{—}2)$$

式中　K——开氏温度，K；

　　　C——摄氏温度，℃。

热力学温标与绝对温标是一致的。按照分子论学说，-273℃（或 -273.15℃）是物质分子停止运动时的温度，所以从本质上来讲，热力学温标是以分子停止运动时的温度为起点的。而分子的运动是永恒的，所以热力学温度 0 K 是不可能达到的。

热力学温标是在热力学基础上建立起来的温度确定方法。在热力学中，很多理论分析或计算都得用热力学温度。

2. 测温仪

测温仪即人们日常所说的温度计。我国的温度计大多按摄氏温标刻度，而国外有些温度计则是按华氏温标刻度的。热力学温标因为仅在理论分析与计算中应用，一般的温度计都不按它进行刻度。

常用的测温仪有玻璃管温度计、电阻温度计、热电偶和辐射式高温计四种。

（1）玻璃管温度计。玻璃管温度计是根据装在玻璃细管内的液体（汞或酒精）热胀冷缩的原理来显示温度的。其操作简单方便，在日常生活和工程中广为应用，最高可测到 500℃。由于受液体流动性的限制，这种温度计不能用于测量低温。

（2）电阻温度计。电阻温度计是根据一些金属的电阻值会随着温度的升高而增大的性质制成的。将热电阻测温元件放在被测物体内，再用导线接到测温比率计。当被测物体温度变化时，测温元件的电阻也在发生变化，使测温比率计指针偏转指示出读数。它最高也是可测到 500℃。

（3）热电偶。热电偶是将两根不同的金属线的一端焊在一起放在被测物体处，作为热端；另一端则放在室温处作为冷端，用导线接到测温毫伏计。测温时,由于热端与冷端的温度差,因而在两根金属线间产生热电势,通过导线使测温毫伏计指针移动。被测物体温度越高,热电偶的热端和冷端的温差越大,因而产生的热电势也越大,测温毫伏计指针移动的距离也就越大。这样就可以从测温毫伏计上读出被测物体的温度。热电偶的应用很广泛,它最高可测到1 500℃。

(4) 辐射式高温计。辐射式高温计是根据物体在不同的温度下具有不同辐射能的性质而制成的,它通过测量物体所释放的辐射能来测量温度。和前面所述的3种温度计不同,使用辐射式高温计测温时,不需要将测温元件与测量对象直接接触。例如,在测火焰温度时,只要将辐射式高温计的镜头对准火焰,即可测得火焰温度。这种高温计可以用来测量温度高于800℃的高温,最高可测到2 000℃。

(二) 压力

压力是均匀地垂直作用于物体单位面积上的力。压力正规的名称应该是压力强度,简称压强,但工程上习惯称作压力。

1. 压力的单位

既然压力是作用于物体单位面积上的力,因此,首先必须了解力及力的单位。

力是一个物体对另一个物体的作用,这个作用使物体的运动状态发生改变或使物体的形状发生改变。力是不能离开物体而单独存在的,因此,力的大小就不能像长度那样,用一个简单的单位来衡量,而只能根据它使物体的运动状态或形状发生改变的程度来衡量。而改变的程度又与物体各自的特性有关。即是说,受同样大小的作用力,不同的物体发生形状变化的程度也不同。因此,力的大小一般就只能用使物体的运动状态发生改变的程度来衡量。

根据牛顿第二定律,物体运动的加速度与物体所受的合外力成正比,而与它的质量成反比。在国际单位制中,质量的单位为千克（kg），加速度的单位为米/秒²（m/s²），力的单位则为牛顿（N）。就是说，使质量为1千克的物体产生1米/秒²的加速度的力即为1牛顿。

工程中过去常采用千克力（kgf）作为力的单位。所谓1千克力，就是质量为1千克的物体在纬度为45°的海平面上所受的重力。应该注意，力的单位"千克力"中的"千克"与质量的单位"千克"是完全不同的。因为"千克力"是物体所受的重力，也就是地球对物体的引力，这个力使物体的运动状态发生改变，产生自由落体，其加速度g在纬度为45°的海平面上之值为9.806 65米/秒²，所以1千克力的大小就是使质量为1千克的物体产生9.806 65米/秒²（简作9.8米/秒²）的加速度，或使质量为9.806 65千克的物体产生1米/秒²的加速度。

在了解了力的单位以后，就可以很容易得到压力（压强）的单位了。在国际单位制中，面积的单位为米²（m²），力的单位为牛顿（N），所以压力的单位即为牛顿/米²（N/m²）。这个力的单位具有一个专门名称和符号，就是帕［斯卡］（Pa）。由于这个单位太小，常用它的10^6倍即兆帕（MPa）作为压力的常用单位。

工程上过去习惯用千克力（kgf）作为力的单位，因此，压力的单位便是千克力/厘米²（kgf/cm²）。

围绕在地球表面上的大气由于受到地球引力的作用，对在大气里面的一切物体都产生压力，这种压力称作大气压力。在不同的纬度和高度上，地面上的大气压力的大小是不一样的。在纬度为45°的海平面上，大气的压力相当于在每平方米的面积上作用着101 325牛顿的力，即0.101 325 MPa。所以过去也常用这个大气压力值作为压力的基本单位，称做标准大气压或物理大气压（atm），而把与此单位及相接近的工程上常用的压力单位——千克力/厘米²（kgf/cm²）称作工程大气压（at）。

应该说明的是，标准大气压（atm）和工程大气压（at,

kgf/cm^2），都是应废除的单位。

2. 表压力与绝对压力

气瓶中压力的大小常用测量压力的仪表——压力表来测量。压力表上所指示的压力值是指气瓶内的压力与气瓶周围大气压力之差值。这个压力值称作表压力或计示压力。表压力只是表明气瓶内的压力比它周围的大气压力大多少，所以是一个相对的压力值。而实际上作用在气瓶壁上的压力应该是压力表上所指示的压力再加上气瓶周围的大气压力，这个绝对真实的压力，称作绝对压力。在工程计算中，经常需要采用绝对压力值。绝对压力的表示方法是在压力单位后面加注上"绝对"二字，如兆帕（绝对）。所以如果压力表上的压力指示值单位为 MPa，则其绝对压力值就应为压力表上所指示的压力值再加上0.101 325（约为0.1）MPa 的大气压力值。

3. 气体压力的形成

压力是物体单位面积上的作用力，固体和液体的压力是由于物体本身的重量作用于支撑面上而产生的。在密闭容器内，气体的压力则与固体不同，它并不是产生于气体本身的重量，而且它的作用力也不仅仅限于作用在容器底面，而是遍及容器的整个器壁。气体压力的形成，用分子论来解释就可以很容易理解。

分子论认为：一切物质都是由一种极其微小的粒子构成的，这种微粒叫做分子。构成物质的分子并不是静止不动的，而是永远处在运动状态中。物质的分子也不是紧靠着排列的，在它们之间存在着一定的间隔距离，分子与分子之间的间隔距离越大，分子力就显得越为薄弱。气体的分子与分子之间存有很大的间隙，分子引力甚小，因而分子在其中就可以不受分子力的约束而做无规则的运动。在容器中，运动着的气体分子碰撞在器壁上，就对器壁产生一个微小的冲击力。它的反作用力又把这个气体分子弹向另一个方向，于是这个分子就不断地对周围器壁产生冲击力。当然，一个分子的冲击力是微小的而且是间断的，但气体中的所有分子都是这样在不断地碰撞着周围的器壁,这样无数个分子频繁地碰撞的结果,自然就会对器壁产生一个持续而稳定的作用力。虽然每一个气体分子碰撞器壁的方向和作用力都不一定相同,但无数分子的无规则运动,使它们向各个方向碰撞的机会均等。因此,气体分子对器壁任何方向的作用力平均起来也是相等的,而且总的作用力总是垂直地作用于器壁,这样就形成了气体的压力。由此可知,气体压力不仅仅是作用于容器的底面,而是作用于整个器壁。

既然气体的压力是由于气体分子的运动并碰撞器壁而产生的,因此,气体压力的大小,也即在单位面积的器壁上碰撞力的大小,就决定于在单位时间内气体分子对器壁碰撞的次数和每一个分子对器壁冲击力的大小。分子对器壁的冲击力与分子的质量及分子的运动速度成正比。对于同一种气体来说,分子的质量是一定的,因此,分子对器壁冲击力的大小就只与它的运动速度有关。至于单位时间内碰撞器壁的分子次数,则决定于单位容积内气体的分子数以及分子运动的平均速度。单位容积内的气体分子数越多,则在单位时间内碰撞在器壁上的分子个数也越多;气体分子运动的速度越大,则同一个分子在单位时间内往返碰撞的次数也越多。所以气体的压力与它的分子的平均速度的平方以及单位容积内的气体分子数成正比。因此,要增加气体的压力,可以通过加速气体分子运动的速度或增加单位容积内的分子数来达到。

提高气体温度、增大气体密度都可以使气体压力增加。因为物体的温度越高,分子运动就越激烈,也就是平均运动速度越高。而分子运动速度越高,则每一个分子对器壁的冲击力就越大,且同一个分子在单位时间内对器壁碰撞的次数也越多,因而气体压力也就越大。气体的密度越大,则单位容积内气体分子的个数也越多,因而碰撞在单位面积上的分子次数也越多,压力也就越大。

(三) 比体积与密度

比体积是均匀物质的单位质量所占有空间的量度,是确定物质状态的基本参数之一。比体积的符号为 v。按国际单位制,物质的质量为千克(kg),体积的单位为米³(m³),则比体积的单位即为米³/千克(m³/kg)。

单位体积所具有物质的质量称为密度,常用符号 ρ 表示。密度的单位为千克/米³(kg/m³)。

比体积 v 与密度 ρ 是互为倒数的。比体积常用于气体方程的计算。密度则是物性计量和液化气体气瓶充装量计算中广泛使用的一种物理量。气体的密度(比体积)对其温度、压力的变化都十分敏感,也就是说,气体的密度(比体积)会随着它的温度或压力的变化而发生明显的变化。液体的密度(比体积)受温度的影响也十分明显,但受压力的影响则并不大。特别是在压力较低的情况下,液体的压力对它的密度的影响常可以忽略不计。

三、物质的相变

物质在不同的外部条件(压力、温度)下,可以以气体、液体或固体状态存在。而当外部条件发生变化时,物质分子间的作用力大小和分子运动的剧烈程度也会发生变化。当外部条件变化到一定程度时,量变引起质变,分子就会重新排列,它的形态也就发生变化,叫做态变。在一个有限的、封闭式的系统里(例如气瓶内)发生的态变,在热力学中叫做相变。随着相变,物质的物理性质也就发生变化。例如,液态的水在一个大气压下,当加热到100℃时,就汽化为水蒸气,二者的物理性质也就不同了。

对于装在气瓶内的气体,主要是气态和液态之间的互变,即气—液相变。所以在这里只讨论气液相变过程,并对有关物性参数的含义加以解释。

当物质以液体状态存在时,分子间引力起主导作用,所以分子聚集在一起。但在液体分子中，动能较高的分子会克服液体表面分子的引力而逸出液面，成为气体分子。这种分子转移的过程称为汽化过程。汽化的逆过程是气体分子相互吸引而凝结成液体的过程，称为液化过程。汽化和液化是气—液相变的两种相反的过程。

汽化的方式有蒸发和沸腾两种。蒸发是指液体表面发生的汽化现象，在任何温度下都会发生。沸腾则是剧烈的汽化现象，它不但发生在液体表面，并且发生于液体内部，但它不是在任何温度下都发生的，只有达到液体本身的沸点时才会发生。由此可见，蒸发和沸腾并无性质上的差别，仅是程度上的不同。

例如，水在常温下也会缓慢蒸发，当加热至沸点时就会沸腾而迅速汽化，无论是蒸发或沸腾，最终使水完全汽化为蒸汽为止。其他液体暴露在大气中的情况也是如此。

（一）气液共存状态

在密封容器如气瓶中，气—液相变则与上述情况有些不同。由于逸出液面的气体分子无法逸出容器，只能聚留在液面上空，所以会返回到液体里去，其返回的分子数随液面上空的蒸气密度的增大而增多。随着蒸气密度的不断增大，液体的蒸发速度逐渐减慢。当逸出液面的分子数与返回液体的分子数相等时，就达到了动态平衡。从宏观上看，液体就不再蒸发，气、液两相就处于相对稳定的共存状态，这种状态称为饱和状态。在饱和状态下的液体叫做饱和液体，其密度叫做饱和液体密度；饱和液面上的蒸气叫做饱和蒸汽，其密度叫做饱和蒸汽密度，其压力叫做饱和蒸汽压（简称蒸气压）。物质处于一定温度下的饱和状态参数（密度、压力）都具有各自的恒定值，其变化主要与温度有关。温度越高，液体分子逸入气相的数目就越多，而且由于液体的膨胀又使蒸气空间缩小，因而蒸气密度就越大，液体密度则相应减少。蒸气密度的增大可以直接反映为蒸气压力的增高。

在同一温度下，不同的物质，其饱和蒸汽压不同。即使同一物质，在不同温度下，其饱和蒸汽压也不一样。表1—1是几种常用物质在不同温度下的饱和蒸汽压。

表1—1　几种常用物质在不同温度下的饱和蒸汽压（MPa，绝对）

物质种类 \ 温度	0℃	10℃	20℃	30℃	40℃	50℃	60℃	70℃
氨气	0.43	0.62	0.85	1.17	1.56	2.03	2.62	3.31
氯气	o.37	0.50	0.68	0.88	1.13	1.43	1.78	2.19
丙烯	0.59	0.77	1.03	1.31	1.66	2.07	2.52	3.04
丙烷	0.47	0.64	0.83	1.08	1.37	1.72	2.12	2.58
异丁烷	0.16	0.23	0.30	0.41	0.53	0.69	0.86	1.08
二甲醚	0.25	0.37	0.51	0.69	0.89	1.14	1.45	1.81
四氟乙烷	0.29	0.41	0.57	0.77	1.02	1.32	1.68	2.12
一氯二氟甲烷	0.50	0.68	0.91	1,20	1.53	1.94	2.42	3.00
乙烷	2.38	3.01	3.78	4.69	—	—	—	—
二氧化碳	3.48	4.50	5.73	7.21				

（二）气体的临界状态

由物质的变化规律得知，气液相变与温度、压力有关。降低温度或增大压力都可以使气体液化。所谓液化气体，就是在大气压力和温度下，本来呈气态的物质通过加压而被液化。例如氨，在0.101 3 MPa压力下，沸点是 -33.4℃，高于此沸点温度，例如在20℃时，它就变成气态。如果在此温度下，增大它的压力至0.8 MPa，它就可以被液化。实验结果还证明，不是在任何温度下都可以把气体等温压缩成液体的，而必须在气体的温度降低到一定温度以下，才能等温压缩成液体。这个温度就是气体的临界温度，常用符号 T_c 表示。所以气体临界温度就可以理解为能把气体加压液化的最高温度。高于此温度，不管增加多大的压力，也不会使之液化。例如氨，临界温度是132.4℃，如果它的温度在这个温度以上,那它总是呈气态的。气体在临界温度时能使之液化所必需的最小压力叫临界压力,常用符号 p_c 表示,而气体在临界温度和临界压力下所具有的密度(单位体积下的质量)则为临界密度,常用符号 ρ_c 表示。临界温度、临界压力、临界密度通称为气体的临界常数,是用以计算其他物性数据的主要依据。

常用气体的临界常数见表1—2。

表1—2　　　　常用气体的临界常数

常用气体	临界常数		
	临界温度 T_c (K)	临界压力 p_c (MPa,绝对)	临界密度 ρ_c (kg/m³)
氧气	154.75	5.04	430
氮气	126.25	3.4	311
氩气	150.75	4.9	531
氢气	33.25	1.3	30
甲烷	190.65	4.6	138
一氧化碳	132.95	3.5	301
氨气	405.55	11.3	235
氯气	417.15	7.70	567
丙烯	364.95	4.62	247
丙烷	369.95	4.26	226
异丁烷	408.15	3.65	221
二甲醚	400.05	5.37	271
四氟乙烷	374.25	4.06	515.3
一氯二氟甲烷	369.35	4.99	513
乙烷	305.45	4.88	203
二氧化碳	304.15	7.38	468

四、物质的量

（一）物质的量及其单位

"物质的量"是一个物理量，它也和长度、质量、时间等物理量一样，有它的基本单位。物质的量的单位是"摩尔"，符号为 mol，是国际单位制中 7 个基本单位之一，主要用于气体（分子或原子）的度量。

（二）物质的量与物质质量（重量）的关系

近年来，科学上应用 12 g 的碳来衡量碳原子集体。12 g 碳含有的碳原子数就叫阿伏伽德罗（Avogadro）常数。这个常数已经实验测得其值为 6.02×10^{23}。如果某物质所含的微粒数量等于阿伏伽德罗常数，那么该物质的物质的量就是 1 mol。也就是说，1 mol 的氮原子含有 6.02×10^{23} 个氮原子，1 mol 的氧分子也含有 6.02×10^{23} 个氧分子。

物质的量的单位"摩尔"与物质的质量（重量）的单位"克"之间的换算关系是：

1 摩尔分子或原子的总质量相当于该物质以克为单位时的相对分子质量或相对原子质量。

例如，氮原子的相对原子质量为 14，则 1 mol 氮原子的质量（重量）即为 14 克；氧分子的相对分子质量为 32，则 1 mol 氧分子的质量（重量）即为 32 克。

（三）物质的量与气体体积的关系

对于任何气体来说，每一摩尔气体所具有的体积都是一定的。当然，气体的体积与其状态参数（温度、压力）有关。实验证实，在标准状态（0.101 325 MPa，0℃）下的气体，其所占的体积都约为 $0.022\,4\ m^3$（22.4 dm^3）。1 mol 的氢气，在标准状态下的体积为 $0.022\,4\ m^3$，1 mol 的氧气在相同状态下的体积也是 $0.022\,4\ m^3$，尽管氧分子的相对分子质量是氢分子的相对分子质量的 16 倍。

(四) 摩尔的实用意义

应用摩尔来衡量物质的量,在化学工程中有着重要的现实意义。它不但可以解释说明很多较为重要的量和单位的概念,统一它们的名称,而且应用它进行工程计算也十分方便。例如,化学反应数量关系的表述、物料平衡的计算等都常用到摩尔这个单位。

根据气体的相对分子质量,也可以很方便地简单计算出它在标准状态下的密度。例如,氧分子的相对分子质量为32,而它在标准状态下的密度约为 $32/0.022\ 4 \approx 1\ 429\ g/m^3 = 1.429\ kg/m^3$。一氧化碳分子的相对分子质量为28,它在标准状态下的密度便是 $28/0.022\ 4 \approx 1\ 250\ g/m^3 = 1.250\ kg/m^3$。

五、气体状态参数的变化规律

经理论分析和实验证明,气体的3个基本状态参数,即温度 T、压力 p 和比体积 v 之间存在着密切的内在联系。如果其中的一个参数发生变化,其他的参数也将随之而变化,而且存在一定的变化规律。

(一) 理想气体与真实气体

1. 理想气体

为了便于研究气体的3个基本状态参数,即温度 T、压力 p 和比体积 v 之间的变化规律,人们将气体设想为一种理想气体。

所谓理想气体,就是分子之间不存在引力,分子本身不占有体积的气体。

实际上,理想气体是不存在的,是一种假想的气体。不过,当气体在某些状态下,例如压力很低、温度较高等条件状态下,它的容积就会变得较大。对于一定质量的气体,其温度越高,压力越低,则体积越大。气体的体积越大,分子与分子之间的距离也就越远,分子间的引力也就越小。这样在容积较大的空间中,分子本身的体积与总容积相比较,所占的比例也就越小。在这种情况下，如果在气体的分析计算中忽略了分子间的引力和分子所占的体积这两个因素，即把它设想为理想气体，则可以把问题大为简化，又能保证结果的正确性。

2. 真实气体

实验证明，气体在某些状态（温度、压力、比体积一定）下，分子间的引力和分子所占有的体积是不能忽略的。人们把分子之间存在着引力、分子本身占有体积的气体称为真实气体。

那么，哪些气体在什么状态下可以近似地看做理想气体，哪些气体在什么状态下必须按真实气体考虑呢？一个大体的判别方法就是，凡基本状态越是远离液态的，它就越接近理想气体，例如，在标准大气压下，液态氧气在 $-183℃$、液态氢气在 $-252.8℃$ 时就已经沸腾汽化，说明常温下的氧气和氢气都远离液态，因此，可以把它们看做是理想气体。而水蒸气则不能看做理想气体，因为水在标准大气压下要到 $100℃$ 才能沸腾汽化。

（二）气体状态发生变化时温度、压力、比体积的变化规律

通过实验，人们探索到处于均衡状态的气体，其温度 T、压力 p、比体积 v 有如下的变化规律：

1. 在气体比体积不变（例如把一定质量的气体装入一个密封的、容积基本不变的气瓶内）的情况下，如气体的温度发生变化，它的压力也随之变化，而且成正比例关系。反之也是这样。这种规律可以用分子论来解释：在气体温度升高时，虽然其比体积不变，也即分子不会增加，但分子运动的速度却会因气体温度升高而加快，分子碰撞器壁的次数和冲击力都有所增大，气体压力即升高。

2. 如果气体的温度不变，而是压力、比体积发生变化，则气体的压力与它的比体积成反比。也就是压力增大多少倍，比体积则减小多少倍。反之也是这样。这是因为气体比体积减小、也即密度加大时，尽管其温度不变，但因单位面积的器壁上受到分

子碰撞的次数增多,压力相应增大。

3. 如果气体的压力不变,而温度和比体积发生变化,则其变化规律是:比体积与压力成正比,即温度升高多少倍,则比体积也增大多少倍。因为温度升高表明分子运动速度加快,这时若比体积不变,必然导致气体压力升高。要保持压力不变,只有比体积也增大,从而使分子密度减小,以保持容器壁单位面积上受到分子的碰撞力不变。换句话说,温度升高时,比体积也相应的增大,才能保持压力不变。

4. 如果气体的3个基本状态参数都发生变化,则根据上述3种情况的变化规律,可以得出其总的变化规律是:压力 p 和比体积 v 的乘积与温度的比值不变。用公式表示即为:

$$p_1 v_1 / T_1 = p_2 v_2 / T_2 \qquad (1-3)$$

这就是气体的联合定律。

(三) 气体状态方程式

1. 理想气体状态方程式

上面所述的气体联合定律,也可以用气体的体积 V 来代替比体积 v,即写成:

$$\frac{p_1 V_1}{T_1} = \frac{p_2 V_2}{T_2} = 常数 \quad 或 \quad pV = nRT \qquad (1-4)$$

式中 p——气体压力,MPa(绝对);

V——气体体积,m³;

T——气体的热力学温度(绝对温度),K;

n——物质的量,mol;

R——气体常数,对于任何理想气体,$R = 8.314 \times 10^{-6}$ J/(mol·K)。

式(1—4)就是物理学常见的理想气体方程式,亦称克莱庇隆方程式。

下面用理想气体状态方程式来验证上面所说的摩尔体积,即 1 mol 气体在标准状态下的体积。

将标准状态的相关参数，即 $T = 273$ K（0℃）、$p = 0.101\ 325$ MPa和物质的量 $n = 1$ mol 代入式（1—4），即得：

$$V = nRT/p = 1 \times 8.314 \times 10^{-6} \times 273 / 0.101\ 325 = 0.022\ 40\ (\text{m}^3)$$

理想气体状态方程式常用来求气体的状态参数或气体质量（重量），但必须是接近理想气体的真实气体此方程式才适用。

[例1—1]　氧气瓶内的气体在温度为 20℃ 时压力为 20 MPa，若温度升至60℃，压力会升至多少？

解：高压、常温的氧气比较接近理想气体，因此，可以用理想气体状态方程式来计算。

为了便于计算，可以采用与式（1—4）相似的另一种公式直接进行计算，即：

$$\frac{p_1 V_1}{T_1} = \frac{p_2 V_2}{T_2}$$

设温升前的气体状态为"1"，温升后的气体状态为"2"。如果忽略气体温度、压力的增大对气瓶容积产生的影响，则 $V_1 = V_2$，$P_1 = 20.1$ MPa，$T_1 = 273 + 20 = 293$ K，$T_2 = 273 + 60 = 333$ K，则得温升后气体的压力 p_2 为：

$$p_2 = \frac{p_1 \times T_2}{T_1} = \frac{20.1 \times 333}{293} = 22.84\ \text{MPa}(\text{绝对})$$

[例1—2]　容积为 40 L（0.04 m³）的氮气瓶，在20℃时气体压力为 20 MPa。求瓶内氮气的质量。

解：由于已知瓶内气体的压力和温度，以及气体的体积（即气瓶的容积），因而可以由理想气体状态方程式直接求出氮气的物质的量，进而即可计算出其质量（重量）是多少。

将 $p = 20.1$ MPa（绝对），$T = 273 + 20 = 293$ K，$V = 0.04$ m³ 代入式（1—4），即得：

$$n = pV/RT = \frac{20.1 \times 0.04}{8.314 \times 10^{-6} \times 293} = 330\ \text{mol}$$

氮气的相对分子质量为28.02，因此，瓶内氮气的质量为：

$330 \times 28.02 = 9\,247.97$ g ≈ 9.25 kg

2. 真实气体状态方程式

理想气体状态方程式只适用于状态远离液态的气体，常用的很多气体与理想气体都有一定的差异。为了描述这些真实气体的状态参数之间的相互关系，人们提出过多种形式的真实气体状态方程式。目前比较通用的真实气体状态方程式是在理想气体状态方程式的基础上引入一个系数 Z，即：

$$pV = ZnRT \qquad (1\text{—}5)$$

式中 Z——压缩因子或压缩系数，它表明真实气体偏离理想气体的程度。压缩系数 Z 的值越接近 1，就表示真实气体越接近理想气体。

上面曾谈到，气体的状态离液态越远，它就越接近理想气体，而远离的程度则与它的压力、温度有关，所以压缩系数是对比压力和对比温度的函数。

所谓对比压力是气体实际压力与它的临界压力之比值，用 p_r 表示，即 $p_r = p/p_c$；对比温度则是气体实际温度与它的临界温度之比值，用 T_r 表示，即 $T_r = T/T_c$。

简单气体的压缩系数与对比压力、对比温度的函数关系可根据第四章图 4—7 来查。

[例 1—3] 试分别求出氧气、氢气和甲烷 3 种气体在表压力为 15 MPa、温度为 20℃时的压缩系数。

解：根据 3 种气体各自的对比压力和对比温度，可以直接从本书的图 4—7 中查出其压缩系数。

(1) 由表 1—2 可知氧气的临界压力 $p_c = 5.04$ MPa，临界温度 $T_c = 154.75$ K，则它的对比压力 $p_r = p/p_c = 15.1/5.04 = 2.996$，对比温度 $T_r = T/T_c = (273.15 + 20)/154.75 = 1.894$。由图 4—7 中可查得其压缩系数 $Z = 0.93$。

(2) 由表 1—2 可知氢气的临界压力 $p_c = 1.3$ MPa，临界温度 $T_c = 33.25$ K，则它的对比压力 $p_r = p/p_c = 15.1/1.3 = 11.6$，

对比温度 $T_r = T/T_c = 293.15/33.25 = 8.82$。由图 4—7 可查得其压缩系数 $Z = 1.1$。

（3）由表 1—2 可知甲烷的临界压力 $p_c = 4.6$ MPa，临界温度 $T_c = 190.65$ K，则它的对比压力 $p_r = p/p_c = 15.1/4.6 = 3.28$，对比温度 $T_r = T/T_c = 293.15/190.65 = 1.538$。由图 4—7 可查得其压缩系数 $Z = 0.80$。

真实气体方程常用于计算气瓶的温升压力。

[例 1—4] 氧气、甲烷气体充装气瓶后的压力为 15 MPa（表压），温度为 20℃。试分别求出其在温度升至 60℃ 时的压力值。

解：为便于计算，真实气体方程可以改写成：$p_1V_1/Z_1T_1 = p_2V_2/Z_2T_2$，如果忽略气瓶的容积由于温度及压力的升高所发生的变化，即令 $V_1 = V_2$，则方程可以变成 $p_1/Z_1T_1 = p_2/Z_2T_2$，或 $p_2 = p_1Z_2T_2/Z_1T_1$，根据此式即可求解气体温升后的压力值。

（1）由 [例 1—3] 已知，氧气在压力为 15 MPa、温度为 20℃ 时的压缩系数为 0.93，即 $p_1 = 15.1$ MPa，$T_1 = 293.15$ K，$Z_1 = 0.93$。当温度升至 60℃，即 $T_2 = 273.15 + 60 = 333.15$ K 时，$T_r = 333.15/154.75 = 2.153$，用迫近法可以得出在此状态下的压缩系数 $Z_2 = 0.97$。由此求得其压力 p_2 为：

$$p_2 = p_1Z_2T_2/Z_1T_1 = 15.1 \times 0.97 \times 333.15/0.93 \times 293.15$$
$$= 17.9 \text{ MPa（绝对）}$$

（2）由 [例 1—3] 已知，甲烷在表压力为 15 MPa、20℃ 时的压缩系数为 0.8，即 $p_1 = 15.1$ MPa，$T_1 = 293.15$ K，$Z_1 = 0.80$。当温度升至 60℃，即 $T_2 = 333.15$ K 时，对比温度为 $T_r = T_2/T_c = 333.15/190.65 \approx 1.75$，用迫近法可以得出在此状态下的压缩系数约为 $Z_2 = 0.91$，由此求得其压力 p_2 为：

$$p_2 = p_1Z_2T_2/Z_1T_1 = 15.1 \times 0.91 \times 333.15/0.8 \times 293.15$$
$$= 19.5 \text{ MPa（绝对）}$$

由上面粗约计算可以看出，在同样的条件下，甲烷的温升压力要比氧气大得多。

第二节 气体的分类

一、气体及其家族
(一) 气体与瓶装压缩气体
1. 气体

气体是指标准沸点（物质在 0.101 3 MPa 压力下沸腾的温度）在热力学温度为 0~300 K 范围内，11 种化学元素的单质或其化合物。这 11 种元素是常见元素氢、氮、氧、氟、氯和惰性气体元素氦、氖、氩、氪、氙、氡。其中以氦（He）的沸点最低，为 4.25 K（-268.9℃）；四氧化二氮（N_2O_4）的沸点最高，为 294.25 K（21.1℃）。

2. 瓶装压缩气体

一般来说，所有气体经过压缩以后，用气瓶包装，就是瓶装压缩气体。在国家标准 GB/T 13005—1991《气瓶术语》中，把瓶装气体定义为："以压缩、液化、溶解等方式装瓶储运的气体"。GB 16163—1996《瓶装压缩气体分类》中也同样定义瓶装压缩气体为："用气瓶充装的永久气体、液化气体和溶解气体的统称"。

但是，装入瓶内的气体总应具有一定的压力，它的包装气瓶才属于特种设备范围，因此，应该根据中华人民共和国国家质量监督检验检疫总局于 2003 年以第 46 号令颁布的《气瓶安全监察规定》中的适用范围，即在正常温度下（-40~60℃），表压力大于或等于 0.2 MPa 的气体，才属于瓶装压缩气体。国际标准 ISO 11622—2005《气瓶充装规则》则把气体定义为："在压力为 0.101 3 MPa、温度为 20℃时完全呈气态，且在 50℃时的饱和蒸汽压超过 0.3 MPa 的任何物质"。

实际上也不是所有气体都适宜于用气瓶包装的。气体是否适宜于瓶装，除了考虑实际需要以及充装时要具备相应的技术手段以外,还要考虑气体的危险特性,即这种气体用气瓶包装是否安全。例如四氟乙烯(C_2F_4)是一种极易聚合的高压液化气体,而且它在气瓶运行的温度范围内往往引发自聚,因此不宜装瓶;再如氰化氢(HCN),不仅剧毒、可燃,而且也没有进行过瓶装。

(二)气体的几大家族

按照气体的来源、性质和用途的不同,可以把它们归并为几个大家族。有些气体很难严格区分,例如,同一气体可以按不同的特性可以归入到不同的家族范畴,还有些气体归并到哪一个家族都显得比较勉强。

1. 大气族

分布在地球表面上的空气是气体中的最主要家族——大气族。空气中绝大部分是氮气和氧气,前者约占78%(体积分数),后者约占21%(体积分数)。氮气和氧气是人类赖以生存的宝贵物质,前者为人们提供营养,后者则为一切生命的呼吸所需。空气中除含有氮气、氧气外,其余1%的绝大部分又组成一个具有化学惰性的附属家族,即惰性气体家族。这个家族的主要成分是氩气,其次为微量的氖气、氦气、氪气、氙气。这4种气体又常被称为稀有气体。干燥空气的主要成分见表1—3。

表1—3　　　　干燥空气的主要成分

气体名称	分子式	相对分子质量	体积分数(%)	质量分数(%)	在标准大气压下的沸点(℃)
氮气	N_2	28.013	78.03	75.6	-195.8
氧气	O_2	32.00	20.93	23.1	-183.0
氩气	Ar	39.948	0.932	1.286	-185.9
二氧化碳	CO_2	44.010	0.03	0.046	-78.5

续表

气体名称	分子式	相对分子质量	体积分数（%）	质量分数（%）	在标准大气压下的沸点（℃）
氖气	Ne	20.183	$(1.5\sim1.8)\times10^{-3}$	1.2×10^{-3}	-246.1
氦气	He	4.003	$(4.6\sim5.3)\times10^{-4}$	7×10^{-5}	-268.9
氪气	Kr	83.80	1.08×10^{-4}	3×10^{-4}	-153.4
氙气	Xe	131.3	8×10^{-6}	4×10^{-5}	-108.1
氢气	H_2	2.016	5×10^{-5}	3.6×10^{-6}	-252.8
臭氧	O_3	48.00	$(1\sim2)\times10^{-6}$	2×10^{-5}	-112.0

在空气的组分中，除二氧化碳和氙气因为临界温度较高（二氧化碳的临界温度为31.0℃，氙气的临界温度为16.6℃，均高于-10℃），属于液化气体外，其他的均为永久气体。从表1—3可以看出，这些永久气体的标准沸点（即在标准大气压下的沸点）是不同的，其中以氧气的沸点为最高，为-183.0℃；氦气的沸点最低，为-268.9℃。因此，人们就可以利用这一特点，通过将空气压缩、液化，再进行精馏，把它们逐一分离出来，制造出氮气、氧气、氩气等工业纯气。工业用的高纯氦也可以从空气分离中制取，但目前的工业用氦气更多地来自天然气，虽然天然气中氦气的成分仅占百分之几。

2. 燃气族

在空气或氧气中燃烧并产生大量的热量的气体又构成气体的另一个重要家族——燃气族。燃气族中的主要成员是各种不同组分的碳氢化合物气体，其中最常用的是甲烷、丙烷、丁烷和乙炔。甲烷是永久气体，主要来自天然气，天然气中甲烷的比例（体积分数或质量分数）一般都在90%以上。丙烷和丁烷（包括正丁烷和异丁烷）是液化气体，是液化石油气的主要成分。碳氢化合物气体中较为特别的是乙炔气，主要用于金属的焊接和切割。除碳氢化合物外，氢气也是燃气族的主要成员。氢气作为一种燃气，不仅可以用于焊接，更多的是作为动力能源。

3. 制冷气族

制冷气族是指在一定压力下被液化的气体，利用它吸热后又容易汽化的特点来达到制冷的目的。任何一种在不太高的压力下就可以被液化的气体都可以成为良好的制冷剂。人们最早使用的制冷剂是氨，它在压力较低的情况下即可液化。目前使用最为普遍的制冷气体是碳氟化合物。这是一个十分庞大的气体家族。碳氟化合物的化学性质基本是惰性的，更为重要的是，人们可以根据各种制冷用途所需要的不同物理性能（主要是温度和压力），通过各种不同的元素和不同分子数的化合或混合，制取符合要求的制冷剂。

4. 医药气族

医药气体家族是一个比较混乱的家族。在这个家族中，可以说没有什么固定的"专业"成员。因为其中的不少气体既可以用于医药，也可以归入其他气体家族中。例如，氧化氮作为一种吸入型麻醉气体或镇定气体，是医药气体家族中最为宝贵的成员，但它又常作为一种推进剂气体和制冷气体使用。环丙烷与乙烯也和氧化氮一样，被广泛地用做麻醉剂，但又常作为一种化工原料，用于有机合成和制造乙醇。氧气在医药气体中应用得最为普遍，它可以单独使用，也可以与二氧化碳或氮气混合使用，用于许多种类的气体吸入治疗法。

5. 危险气体族

危险气体家族的主要成员是氢化氰和光气，这两种气体在化工生产中常作为一种中间体而容易被人体吸入。在空气中，氢化氰的质量百分浓度在 $100 \times 10^{-6} \sim 200 \times 10^{-6}$ 时，若吸入 $(30 \sim 60) \times 10^{-6}$，人就会致死。如果人体吸入质量百分浓度为 700×10^{-6} 的光气，数分钟内就会立即死亡。

此外，还有少数的一些常用气体没有明显的家族关系，其中大多用于化工工艺过程。例如，在液化气体中，作为有机氮的化学中间体的甲胺；用做制取杀虫剂原料的甲硫醇；广泛用做漂白剂或食品生产中防腐剂的二氧化硫等。在非液化气体中，常用做化工生产原料的一氧化碳、制造氟化物原料的氟等，都没有明显的家族关系。

二、按聚集状态分类的瓶装压缩气体

瓶装压缩气体是气体经过加压以后装入瓶内的。由于它们的临界温度不同，在正常环境温度下，其聚集状态也不尽相同。有些气体始终都以单一的气相存在；有些则主要是液态，确切地说，是以气液两相并存的状态存在；还有些则可能在瓶内发生相变，由装入时的气液并存状态而后变成单一的气相状态。此外，还有个别的气体，因为性质特殊，要以溶解于某些溶剂的状态存在，以保证其安全。

这样，瓶装压缩气体按状态分类即可分为四类，即永久气体、低压液化气体、高压液化气体和溶解气体。

1. 永久气体

永久气体是指临界温度低于 $-50℃$ 的气体，由于它们的临界温度较低（低于正常环境温度），所以虽然压力较高，在瓶内也不会液化，而始终呈单一的气相状态。之所以称为永久气体，表示其在环境温度下，"永久"不会变成液体。其实，永久气体（permanent gas）这个词应该说还是停留在十九世纪前人们对气体的认知程度上。自从德国人卡尔封·林德（Dr. carron Linde）博士根据压缩气体的自由膨胀，在世界上第一次成功地完成了工业规模的空气液化法以后，就没有什么不能液化的永久气体了。作者经过查证，目前也只有我国把这类气体称为永久气体。而在国际标准中，都称为压缩气体（compresses gas）。当然，这种称法也有不确切之处。因为液化气体和溶解气体也应属于压缩气体。根据这种气体在瓶内的聚集状态，作者建议，把它称为"非液化气体"（non-liquefied gas）。这样，瓶装气体可统称压缩

气体。其中包括非液化气体、液化气体和溶解气体。

永久气体包括大气家族中的大部分气体和燃气家族中的部分气体。我国的《气瓶安全监察规程》和国家标准 GB 16163—1996《瓶装压缩气体分类》列出了 15 种永久气体，即：空气、氧气、氮气、氩气、氖气、氦气、氪气、四氟甲烷（四氟化碳）、氟气、一氧化氮、三氯化硼、氚（重氢）、氢气、甲烷、一氧化碳。其中前 11 种为不燃气体（包括无毒和有毒），后 4 种为可燃气体（包括无毒和有毒）。国际标准 ISO 11622—2005《气瓶充装规则》没有把三氯化硼和四氟甲烷列入压缩气体系列。

2. 低压液化气体

低压液化气体是指临界温度高于 70℃ 的气体。这类气体的临界温度都高于环境的最高温度，气体在瓶内始终（在充装、储存、运输和使用的整个过程）是气液两相并存，其压力就是液面上方保持动态平衡的饱和蒸汽压。由于它们的临界温度都很高，所以气体的压力较低（因为压力决定于饱和蒸汽压，与气体的充装量无关），习惯上称之为低压液化气体。

为什么以 70℃ 而不是以 60℃（气瓶最高使用温度）作为划分高压液化气体与低压液化气体的界限呢？一方面也是与国际接轨，另一方面是需要留有一定的温度安全裕度，使低压液化气体气瓶所装的液化气体不会等于或低于气瓶的许用温度，以保证瓶内的介质不会在储存、运输过程中发生相变（即变为单一的气相），而始终处于气液两相相对稳定的并存状态。10℃ 的裕度也是考虑了气体（特别是烃类化合物以及各种不同组分的混合气体）可能存有杂质或在临界温度的计算上或实验上可能产生的误差。

实际上，临界温度在 60 ~ 70℃ 之间的气体只有两种，即五氟乙烷（CF_3CHF_2，临界温度 $t_c = 66.3℃$）和三氟溴甲烷（CF_3Br，临界温度 $t_c = 66.8℃$）。五氟乙烷在《气瓶安全监察规程》及 GB 16163—1996《瓶装压缩气体分类》均未列入，但它是一种氢氟烃，是目前在国际上受推荐的新型制冷剂，用以取代过去广为采用的氟氯烃，如 R12、R21、R22 等。因为氟氯烃对大气的臭氧层有严重的破坏作用，五氟乙烷将会得到广泛的应用。三氟溴甲烷在《气瓶安全监察规程》中被列为高压液化气体，充装压力为 8.0 MPa（充装系数为 1.33 kg/L）和 12.5 MPa（充装系数为 1.45 kg/L）。在贯彻执行规程过程中，就遇到了问题。因为这两个压力等级的气瓶，目前国内无正式产品。而且从经济和技术发展的角度考虑，今后也不宜发展这种压力等级的气瓶。前些年，由于这种产品的国内用量和产量都不大，气体制造单位只能采取一些临时措施，例如用 15 MPa 级的无缝气瓶代用，既不合理，也不经济。为了解决这一难题，近年来在经过充分的理论分析研究和查证世界各国的气瓶规范及实物的基础上，由专家建议，有关部门同意，采用大容量低压焊接气瓶来充装三氟溴甲烷，气瓶的设计压力为 4 MPa，充装系数为 1.08 kg/L。不过三氟溴甲烷也和其他氟氯烃一样，是应淘汰的制冷剂产品。

国际标准 ISO 11622—2005《气瓶充装规则》已对此进行更改，即把高、低压液化气体的界定温度由 70℃ 改为 65℃。这样的修订很有必要，也完全符合实际情况。

我国《气瓶安全监察规程》列入的低压液化气体共 48 种，包括 47 种单一气体和 1 种混合气体——液化石油气。

国际标准 ISO 11622—2005《气瓶充装规则》列入的低压液化气体共 101 种，包括上述的三氟溴甲烷和五氟乙烷。

3. 高压液化气体

高压液化气体是指临界温度大于或等于 -10℃、且小于或等于 70℃（按国际标准为 65℃）的气体。这些气体的临界温度正好处于环境温度的变化范围内，它们在瓶内的聚集状态会随环境温度的变化而变化。一般情况下，充装时温度较低（低于它的临界温度）。介质是气液两相并存。随后，由于受环境温度的影响，介质的温度逐渐升高，并且可能高于它的临界温度，此时瓶内的介质就发生相变而成为单一的气相状态。在这种情况下，瓶内的压力就必然会高于它的临界压力。气瓶的最高压力能到多大就取决于气体的充装量了。为了提高气瓶的储存效能，一般都尽量多装，这样气瓶的工作压力就相对较高，因而习惯上就称这类气体为高压液化气体。

我国《气瓶安全监察规程》、GB 16163—1996《瓶装压缩气体分类》列出的高压液化气体共 16 种，它们是：氧化亚氮（N_2O，又称笑气）、二氧化碳（CO_2）、三氟甲烷（CHF_3）、三氟氯甲烷（CF_3Cl）、三氟溴甲烷（CF_3Br）、六氟乙烷（C_2F_6）、六氟化硫（SF_6）、氙气（Xe）、氯化氢（HCl）、乙烷（C_2H_6）、乙烯（C_2H_4）、二氟乙烯（$C_2H_2F_2$）、硅烷（SiH_4）、磷烷（PH_3）、氟乙烯（C_2H_3F）和乙硼烷（B_2H_6）。前 9 种为不燃气体（包括无毒和有毒），后 7 种为可燃气体（包括无毒、有毒、可分解或聚合）。

国际标准 ISO 11622—2005《气瓶充装规则》列出的高压液化气体为 25 种，而且不包括三氟溴甲烷和五氟乙烷。

4. 溶解气体

溶解气体就是在加压下溶解于瓶内溶剂的气体。我国有关规范和标准中列出的溶解气体只有一种，就是乙炔（C_2H_2）。

国际标准 ISO 11622—2005《气瓶充装规则》中列出的溶解气体，除了乙炔外，还有氨溶液（NH_3+H_2O）。

为什么乙炔总是以溶解状态装瓶呢？这是由它的特性决定的。乙炔的临界温度较高（$t_c=36.5℃$），在常温下极易加压液化。在压力较低的情况下，乙炔的热力学性质比较稳定，所以过去常用简单的乙炔发生器，由电石与水发生化学反应而制取压力很低的乙炔气体，用于照明或焊接。但它不能像其他液化气体那样，经过加压液化装入瓶中，因为压力稍高的乙炔性质极不稳

定,在不同的温度和压力组合条件下很容易产生分解或聚合反应,乙炔分解反应式如下:

$$C_2H_2 \longrightarrow 2C + H_2 + Q$$

分解反应是放热反应,结果使气体温度升高、压力增大,达到一定的温度和压力条件后,就会产生分解爆炸。加压乙炔也会产生聚合反应,其反应式如下:

$$3C_2H_2 \longrightarrow C_6H_6 + Q$$

聚合反应产生的聚合热使未聚合的气体温度升高,而温度越高,越是促进气体的聚合,放出的热量就越大,到一定的条件时,未聚合的乙炔就会发生分解爆炸。

因此,为了保证乙炔在充装、储运和使用过程中的安全,就得采用加压溶解的方法,把乙炔溶解于溶剂中,并使其均匀分散在瓶内充填的多孔物质内。常用于瓶装乙炔的溶剂是丙酮。

三、气体混合物

气体混合物是指由两种或两种以上互不起化学作用的压缩或液化气体所组成的均匀混合物,又称混合气体。

(一) 气体混合物的混合方式与制取

在气体混合物中,有天然形成的,如空气、天然气、液化石油气等。也有人工配制的,品种就更多了。

1. 气体的混合状态

气体混合物可以是气－气混合物、气－液混合物和液－液混合物。

(1) 气－气混合物是指不同的永久气体的混合。两种永久气体都以气相的形式在一定的压力和环境温度下存在于气瓶中,除非其中一种气体发生反应或液化,否则它们始终保持混合时的均匀性。

(2) 气－液混合物一般是永久气体与液化气体的混合。例如液化碳氢化合物与其液面上方的氮气。这种混合物可以以各种浓度形式存在。其浓度取决于组成物的温度和压力以及整个混合物的压力。它在气瓶中可以以两种形式出现，即气体溶解在液体内和在液体上方的空间内有气-气组合的混合物。

（3）液-液混合物是两种成分的液化气体以天然合成或人们按各自的需要而配制的混合气。气瓶内的状态也和单一的液化气体一样，存在着液相和气相。值得注意的是，瓶内的气相组分与液相组分是十分不同的。取用气相后会引起液体混合物的分馏，并且会对混合物的组成浓度产生影响。

2. 气体混合物的性质与用途

气体混合物的性质与组成混合物的单体性质和浓度有关。由不同性质单体组成的气体混合物可以是惰性的、氧化性的、放射性的、易燃或自燃性的、腐蚀性和毒性的物质。

气体混合物的组成除了天然合成的是由地理环境与条件自然形成以外，大多数是按照人们的需要配制而成的。例如，有的气体混合物是为了减轻某些高活性物质的毒性和可燃性，有的是为了调整（增强或减弱）某些物质的某些物理性能，如饱和蒸汽压等。

气体混合物的用途十分广泛，通过配制获得的气体混合物可以用于仪表分析、消毒、医疗、照明等，在工业上可以用于电子元件的制造、冶金、焊接、泄漏检测、化学检验等。还可用做特殊控制气体。

3. 气体混合物的制备

气体混合物的配制可以有3种方法：一是在充装过程中直接配制；二是在大容器中先按比例进行配制，然后经过压缩，再装入气瓶中；三是在气体装瓶之前，或者是在用管道直接送到用户之前进行动态的配制和混合。前两种方法是批量生产的方法，后一种方法适宜于连续生产，通常用于特殊场合。

用前两种方法制备的气体混合物很难在整个容器内，特别是在直立的、长径比很大的长瓶内混合均匀，有些甚至经过数天的时间依然存在分层现象。将气瓶水平放置,以增大气体的扩散面积,能加快瓶内气体混合物的均匀混合,若将其水平放置后进行滚动,效果更好一些。

国内大多数气体制造厂一般都采取第一种方法配制混合气,即先后按组分分数依次装入准备进行混合的气体,通常是先装入组分数较少的气体。气-气混合物通常按气体的分压计量,液-液混合物则多按其质量(重量)进行计量配制。

(二)气体混合物的组成分数

1. 气体混合物组成分数的几种表示方法

气体混合物的性质是由单体的性质和所占的分量决定的。各组成气体所占的分量就称之为气体混合物的分数。组成气体的分数不同,气体混合物的性质(主要是状态参数)也不同。

气体混合物的组成分数有两种,即质量分数和体积分数,个别的情况也有用分子分数表示的。质量分数是指气体混合物中某种物质的质量与混合物质量之比,过去也称重量百分数或质量百分比浓度。体积分数是指气体混合物中某种物质的体积与混合物的体积之比,过去也称体积百分比浓度或体积百分含量。

用不同的分数表示气体混合物的组成,在数值上是不一致的,因为它们的密度不同。例如,组成空气的两种主要气体是氮气和氧气,若用体积分数表示,氮气为 78.03%,氧气为 20.93%。而用质量分数表示,则氮气为 75.6%,氧气为 23.1%。因为在同样条件下氧气的密度要比氮气稍大一些。即使用同一种表示方法,如果条件(主要是温度)发生变化,气体混合物特别是液化气体混合物的组成分数也会改变。下面就气体混合物有关组成分数中的一些容易引起混乱的问题作一简单说明。

2. 有关分数的说明

（1）在同一种容器中的气体混合物，在两相平衡时，组成气相的分子分数与组成液相的分子分数是不一致的。

（2）气–气混合物的体积分数与其分子分数数值上是相同的，而且它们受温度变化的影响不大。

（3）气体混合物中的液相部分，其体积分数既不同于质量分数，也不同于分子分数。

（4）液化气体混合物的液相与气相分数都随温度的变化而改变。因此，在根据分数确定混合物的饱和蒸汽压时，要明确其组成分数是在什么温度下的分数。确定其液相的密度也是同样道理。

（三）气体混合物的主要状态参数

在气瓶的设计制造和充装使用中，常用到所装气体的饱和蒸汽压和饱和液的密度。对于永久气体的混合气，也常常要熟悉所组成气体的分压。因此，必须掌握这些参数的确定方法。

1. 液化气体混合物的饱和蒸汽压

已知液化气体混合物在某一温度下的液相分子分数时，可按下式计算出其饱和蒸汽压。

$$p_m = \frac{\sum X_i p_i}{100} \qquad (1-6)$$

式中　p_m——混合液的饱和蒸汽压，MPa；

　　　X_i——混合液中任一组分的分子分数，%；

　　　p_i——任一组分的分压，MPa。

[例1—5]　假设某种液化石油气在温度为60℃时的液相分子分数为：丙烷65%、异丁烷35%，试求出其在温度为60℃时的饱和蒸汽压。

解：设丙烷在60℃时的饱和蒸汽压（即其分压）为p_1，异丁烷在60℃时的饱和蒸汽压为p_2，丙烷的分子分数为X_1，异丁烷的分子分数为X_2，则由相关手册可查得：$p_1 = 2.12$ MPa（绝对），$p_2 = 0.86$ MPa（绝对）。已知$X_1 = 65\%$，$X_2 = 35\%$，则由

式(1—6)可得该混合液的饱和蒸汽压即为:

$$p_m = \frac{\sum X_i p_i}{100} = \frac{65 \times 2.12 + 35 \times 0.86}{100}$$

$$= 1.679 \text{ MPa(绝对)}$$

在多数情况下,按照气体混合液分析结果给出的数据往往是质量分数。那就应该按下列公式将质量分数换算为分子分数,然后再根据式(1—6)求出气体混合物的饱和蒸汽压。

$$X_i = \frac{W_i/M_i}{\sum W_i/M_i} \times 100\% \qquad (1—7)$$

式中 W_i——任一组分的质量分数,%;
   M_i——任一组分的相对分子质量;
   X_i——任一组分的分子分数,%。

[**例1—6**] 已知混合液各组分的质量分数为:丙烷65%,异丁烷35%,试计算其分子分数。

解:设丙烷的相对分子质量为 M_1,异丁烷的相对分子质量为 M_2。丙烷的质量分数为 W_1,异丁烷的质量分数为 W_2。则 $M_1 = 44.1$,$M_2 = 58.1$,$W_1 = 65\%$,$W_2 = 35\%$,则由式(1—7)可得:

丙烷的分子分数为:

$$X_1 = \frac{W_1/M_1}{W_1/M_1 + W_2/M_2} \times 100\%$$

$$= \frac{65/44.1}{65/44.1 + 35/58.1} \times 100\% \approx 71\%$$

异丁烷的分子分数为:

$$X_2 = \frac{W_2/M_2}{W_1/M_1 + W_2/M_2} \times 100\%$$

$$= \frac{35/58.1}{65/44.1 + 35/58.1} \times 100\% \approx 29\%$$

如已知混合液的体积百分数,则可按下式换算为分子分数,再求出其饱和蒸汽压。

$$X_i = \frac{V_i\rho_i/M_i}{\sum V_i\rho_i/M_i} \times 100\% \qquad (1-8)$$

式中 X_i——任一组分的分子分数，%；
　　　V_i——任一组分的体积分数，%；
　　　ρ_i——任一组分的液体密度，kg/L；
　　　M_i——任一组分的相对分子质量。

[例 1—7] 已知混合液在 60℃ 时的体积分数为：丙烷 65%，异丁烷 35%，试计算其分子分数。

解：设丙烷在 60℃ 时的液体密度为 ρ_1，异丁烷的密度为 ρ_2，则查手册可得：$\rho_1 = 0.429$ kg/L，$\rho_2 = 0.504$ kg/L，$M_1 = 44.1$，$M_2 = 58.1$，已知 $V_1 = 65\%$，$V_2 = 35\%$，由式（1—8）可得丙烷的分子分数为：

$$X_1 = \frac{V_1\rho_1/M_1}{V_1\rho_1/M_1 + V_2\rho_2/M_2} \times 100\%$$

$$= \frac{65 \times 0.429/44.1}{65 \times 0.429/44.1 + 35 \times 0.504/58.1} \times 100\% = 67.6\%$$

异丁烷的分子分数为：

$$X_2 = \frac{V_2\rho_2/M_2}{V_1\rho_1/M_1 + V_2\rho_2/M_2} \times 100\%$$

$$= \frac{35 \times 0.504/58.1}{65 \times 0.429/44.1 + 35 \times 0.504/58.1} \times 100\% = 32.4\%$$

2. 液化气体混合液的密度

已知混合液的质量分数或体积分数，可按下式求出混合液的密度。

$$\rho_m = \frac{100}{\sum W_i/\rho_i} \quad 或 \quad \rho_m = \frac{\sum \rho_i V_i}{100} \qquad (1-9)$$

若已知混合液的组成数据为分子分数，则可按下式将分子分数变换为质量分数，然后再按式（1—9）求出其液体密度。

$$W_i = \frac{X_i M_i}{\sum X_i M_i} \qquad (1\text{—}10)$$

式中符号及单位同上列各式。

[例1—8] 已知液化气体混合液在60℃时的液相分子分数为：丙烷65%，异丁烷35%，试求出其在60℃时的液体密度。

解：将 $X_1 = 65\%$，$X_2 = 35\%$，$M_1 = 44.1$，$M_2 = 58.1$ 代入式 (1—10)，则可求出丙烷的质量分数为：

$$W_1 = \frac{X_1 M_1}{X_1 M_1 + X_2 M_2} \times 100\%$$

$$= \frac{65 \times 44.1}{65 \times 44.1 + 35 \times 58.1} \times 100\% = 58.5\%$$

异丁烷的质量分数为：

$$W_2 = \frac{X_2 M_2}{X_1 M_1 + X_2 M_2} \times 100\%$$

$$= \frac{35 \times 58.1}{65 \times 44.1 + 35 \times 58.1} \times 100\% = 41.5\%$$

则由式（1—9）可求得该液化气体的混合液在60℃时的密度为：

$$\rho_m = \frac{100}{\sum W_i/\rho_i} = \frac{100}{W_1/\rho_1 + W_2/\rho_2}$$

$$= \frac{100}{58.5/0.429 + 41.5/0.504} = 0.457 \text{ kg/L}$$

3. 气-气混合物各组分的分压

通常情况下，气体混合物的制备多是在气瓶充装过程中按各组分的分压来配制的。如已知气-气混合液的体积分数（或分子分数），则可以按其体积分数或分子分数与总压力的乘积直接求出其分压，即：

$$p_i = V_i p_m \text{ 或 } p_i = X_i p_m \qquad (1\text{—}11)$$

式中 p_i——任一组分的分压，MPa；
V_i——任一组分的体积分数；
X_i——任一组分的分子分数；
p_m——气体混合物的总压力，MPa。

若已知混合气体的组成数据为质量分数，则可按下式将气体的质量分数换算成体积分数。

$$V_i = \frac{W_i/M_i}{\sum W_i/M_i} \times 100\% \qquad (1—12)$$

式中 V_i——任一组分的体积分数；
W_i——任一组分的质量分数；
M_i——任一组分的相对分子质量。

四、瓶装气体的数字编码 FTSC

FTSC 是由"火灾的潜在可能性"（Fire Potential）、"毒性"（Toxicity）、"气体状态"（State of Gas）和"腐蚀性"（Corrosiveness）的英文词组取字首简称而来。FTSC 数字编码用 4 位阿拉伯数字分别按顺序表示气体的上列 4 种特性，即第一位数表示火灾的潜在可能性（简称燃烧性），第二位数表示气体的毒性，第三位数表示气体在瓶内的状态，第四位数表示腐蚀性。而每一位数中的每一个阿拉伯数字都表示不同的状况。

（一）燃烧性

燃烧是一种剧烈的氧化反应，并伴有发光和发热。气体的燃烧性是指它产生这种反应的可能性和难易程度。气体是否具有易燃性，是根据其爆炸下限来区分的，爆炸下限小，表示其在空气中的含量较小就可以发生爆炸，说明它容易燃烧。GB 16163—1996《瓶装压缩气体分类》中规定：爆炸下限小于 10%（在空气中）的气体为易燃气体。这样划分显然不太符合实际情况。例如氨（NH_3）和溴甲烷（CH_3Br）本是可燃的，标准附录也把它列入可燃气体组，但如果根据上列划分原则，是不能划为易燃气体的，因为它们的爆炸下限都大于 10%（氨的爆炸极限为：

上限27%，下限15.5%；溴甲烷的爆炸极限为：上限14.5%，下限13.5%）。再如一氧化碳是众所周知的易燃气体，但其爆炸下限也大于10%，且爆炸极限范围很大（爆炸极限为12.5%～74.2%），按上列原则是不应划入易燃气体范围的，而标准却列入了。所以有人主张在不燃和易燃之间引入"可燃"一项，并按下列原则划分。即：

爆炸下限大于10%的，为可燃气体；

爆炸下限小于10%或爆炸上下限之差大于20%的，为易燃气体。

（二）毒性

毒性气体泛指会引起人体正常功能损伤的气体，用以表征气体毒性大小的计算单位，一般以引起实验动物的某种毒性反应时该毒物在空气中的浓度来表示。其中最常用的毒性反应是动物的半数致死浓度——即半数实验动物死亡的最低浓度，用LC_{50}表示。LC是由"致死浓度"（Lethal Concentration）第一个字母组成的缩写词。下标50是表示在此浓度下试验，有半数（50%）以上的动物致死。这项指标是在急性中毒实验中，对动物一次性染毒后，观察两周内死亡的情况测得的。

标准中的FTSC数字编码将气体毒性分为3个等级：

$LC_{50} > 5\,000$ ppm（V/V）为无毒；

200 ppm（V/V）$< LC_{50} \leqslant 5\,000$ ppm（V/V）为有毒；

$LC_{50} \leqslant 200$ ppm（V/V）为剧毒。

（ppm是浓度单位，全称是parts per million，原意是10^{-6}。过去长期使用过，但现在已不再用。此处只是按原标准列入）。

（三）气体状态

关于气体在瓶内的状态，在GB 16163—1996《瓶装压缩气体分类》的编码中分为7个类型。但国内的瓶装压缩气体实际只有4种状态，即永久气体、高压液化气体、低压液化气体与溶解气体。

（四）腐蚀性

标准 FTSC 数字编码将气体的腐蚀性分为 3 种类型，即无腐蚀、酸性腐蚀（卤氢酸腐蚀和非卤氢酸腐蚀）、碱性腐蚀。各种气体的具体数字编码可以很方便从国家标准 GB 16163—1996《瓶装压缩气体分类》中查到。通过 FTSC 数字编码，人们很容易确定气体的各种特性，例如乙烷，FTSC 数字编码是 2110，它的第一位数字为 2，表明它易燃；第二位数字为 1，表明其无毒；第三位数字也是 1，表明它是压力大于 3.5 MPa 的液化气体；第四位数字是 0，表明它无腐蚀性；再如二氟二氯甲烷（氟利昂 12），它的 FTSC 数码是 0100，这 4 位数字表明的特性分别是不燃，无毒，压力小于 3.5 MPa 的液化气体和无腐蚀性。

不过，要注意的是，编码中所指的仅限于纯气体。在很多情况下，气体的特性往往与它所含的杂质有密切关系，特别是它的腐蚀性。例如，干燥的一氧化碳对气瓶金属并无腐蚀作用，但充装含水的一氧化碳气瓶却会发生腐蚀开裂，甚至爆炸。氯化氢、光气、四氧化二氮等都会含水，即因不够干燥而对钢产生强腐蚀。实践证明，很多气体对钢的腐蚀与它的干燥程度密切相关。只有氨例外，含水的氨能减缓其对钢的腐蚀。

我国的气体 FTSC 数字编码见表 1—4。

表 1—4　　　　气体分类用的 FTSC 数字编码

F：燃烧性（第一位数）	
0	不燃（惰性）
1	助燃（氧化）
2	易燃：爆炸下限小于 10% 的气体（在空气中）
3	自燃：易燃气体在空气中的自燃温度小于 100℃
4	强氧化性
5	易分解或聚合且是可燃的

续表

T：毒性（第二位数）吸入半数致死量浓度（LC_{50}/h）

1	无毒 $LC_{50} > 5\ 000$ ppm（V/V）
2	毒 200 ppm（V/V）$< LC_{50} \leq 5\ 000$ ppm（V/V）
3	剧毒 $LC_{50} \leq 200$ ppm（V/V）

S：状态（第三位数）标示气瓶内气体在20℃的状态

0	压力小于3.5 MPa的液化气体
1	压力大于3.5 MPa的液化气体
2	液化气体（从液相排出）
3	溶解气体（乙炔）
4	压力等于或小于3.5 MPa的气相分离的气体
5	压力在3.5~30 MPa的永久气体
6	压力在3.5~20 MPa的永久气体或液相消失的高压液化气体

C：腐蚀性（第四位数）

0	无腐蚀
1	酸性腐蚀、不形成氢卤酸的
2	碱性腐蚀
3	酸性腐蚀、形成氢卤酸的

第三节 常用瓶装压缩气体

一、氮气

（一）性质

氮气是一种无色、无味、无毒的气体，是空气的主要组成部分（体积分数为78.03%、质量分数为75.6%）。氮气是不燃气体，在常温下的化学性质不活泼，但是可以与一些化学性质特别活泼的金属，例如锂（Li）和镁（Mg）等元素发生化学反应。在高温下，氮气还可以与氢气、氧气以及其他元素发生化学反应。氮的氧化物如 N_2O、NO、NO_2 及 N_2O_4 等也是助燃性气体，能促进某些物质的燃烧反应。氮气在水和其他液体中只能轻微溶解。

深冷温度下的液氮是无色透明的,且易于流动和不带磁性。

(二) 主要理化参数

氮气的分子式为 N_2,相对分子质量为 28.0,标准沸点为 $-195.8℃$,在标准状态下氮气的密度为 $1.25\ kg/m^3$。氮气的临界温度为 $-146.9℃$,临界压力为 $3.4\ MPa$(绝对),临界密度为 $311\ kg/m^3$。在深冷温度下氮气的饱和蒸汽压与密度见表 1—5。

表 1—5　　　　氮气的饱和蒸汽压与密度

温度(K)	饱和蒸汽压 (MPa,绝对)	密度(kg/L)	
		液体	蒸气
75	0.076 12	0.819 4	0.003 04
80	0.137 5	0.798 8	0.006 6
85	0.228 7	0.776 0	0.010 94
90	0.364 3	0.745 7	0.014 8
95	0.542 4	0.717 2	0.022 77
100	0.776 4	0.687 3	0.031 82
105	1.087 7	0.653 4	0.047 62
110	1.480	0.619 2	0.063 42
115	1.958	0.667 0	0.089 57
120	2.549	0.523 8	0.125 7

(三) 氮气的制取

氮气的制取方法主要是采用空气液化分馏法,即利用空气中各组分沸点的差异,通过液化空气的分馏,以获得氮气。

也可以利用其他方法从空气中获得氮气。例如通过水煤气(主要是一氧化碳和氢气)在燃烧室中的燃烧,使其中的氢气与空气中的氧气反应生成水,从余气中分离出氮气。

（四）主要用途

氮气在化学工业中的主要用途是与氢气在高温高压下合成氨；在冶金工业中则用做保护气，如轧钢、镀锌、镀铬、热处理、连续铸造等工艺中常用氮气作为保护气，也可以用氮气淬火法处理高级钢。氮气在电子工业中也得到广泛的应用，如在半导体电子元件生产中作为一种覆盖用气体，对电子装置进行吹扫和充填。在设备检修作业时，也常用氮气作为置换空气之用。

深冷温度下的液氮在食品工业和医疗方面都有所应用。例如用于食品的加工、包装及冷冻储存，远途运输中食物的冷冻等。在设备装配和检测作业中，液氮常用于金属部件的紧缩装配或低温检测的试件冷冻等。此外，在一些国家的航天工业中，液氮也被广泛应用。

（五）安全与防护

氮气虽然是一种无味、无毒的气体，但人和其他动物如果较长时间处在含高浓度氮气的环境中，也会因缺氧而窒息。症状轻时人们会感到头晕目眩、神志不清，若人们处在氮气含量高于94%的环境下，会在数分钟内窒息死亡。

二、氧气

（一）性质

氧气是一种无色、无味、无毒的气体，在空气中的含量约为21%（体积分数，质量分数则约为23%），仅次于氮气。氧气的最大特点是具有强烈的助燃性能。它的化学性质特别活泼，除惰性气体外，其他元素都能与氧气直接发生化学反应，生成氧化物。一些贵重金属在很高温度下也能氧化。剧烈的氧化反应称之为燃烧。物质燃烧时释放出大量的热量，从而产生高温。所有在空气中可燃的物质，在氧气中都会燃烧得更加剧烈；即使在空气中不易燃烧的物质，在纯氧中也很容易燃烧。磷和镁在环境温度下就会与空气中的氧气发生化学反应而自燃。某些可燃物，如油和油脂，若在氧气中点燃，其燃烧激烈程度近似于猛烈的爆炸。

氧气还可以使某些气体的爆炸范围扩大,即爆炸下限降低,爆炸上限增大。例如甲烷,在空气中的爆炸范围为:下限5.0%(体积分数,下同),上限15.0%;而在氧气中的爆炸范围则扩大为:下限5.4%,上限59.2%。氢气在空气中的爆炸范围为:下限4.0%,上限75%;而在氧气中的爆炸范围则扩大为:下限4.65%,上限93.9%。

纯氧本身不能燃烧。液氧则是透明的淡蓝色液体。

(二) 主要理化参数

氧气的分子式为 O_2,相对分子质量为32.0,标准沸点为 $-183℃$。在标准状态下氧气的密度为 $1.4289\ kg/m^3$。氧气的临界温度为 $-118.4℃$,临界压力为 $5.04\ MPa$,临界密度为 $430\ kg/m^3$。在深冷温度下,氧气的饱和蒸汽压与密度见表1—6。

表1—6　　　　氧气的饱和蒸汽压与密度

温度(K)	饱和蒸汽压(MPa,绝对)	密度(kg/m^3) 液体	密度(kg/m^3) 蒸气
85	0.057 2	1.163	0.003
90	0.099 7	1.145	0.004 5
95	0.16	1.123	0.008
100	0.244 2	1.096	0.012
105	0.374	1.067	0.016
110	0.547 2	1.036	0.024
115	0.758	1.006	0.032
120	1.017 3	0.975	0.043
125	1.345 6	0.944	0.056
130	1.745 9	0.809	0.072
135	2.243 4	0.868	0.090
140	2.819	0.817	0.112

（三）氧气的制取

氧气的制取方法主要也是采取空气液化分馏法，即利用空气中各种气体沸点的差异，先将空气压缩并冷却液化，然后逐渐升温，先后将不同沸点的纯气体分离出来。

获取氧气的另一种方法是水的电解法。通过电解法制取氢气，氧气则是一种副产品。

（四）主要用途

氧气与人类的生存息息相关。氧气是人类维持生命所不可缺少的。在医疗保健方面，某些缺氧、低氧或灭氧环境中，例如，潜水作业、登山运动、高空飞行、医疗抢救中，氧气用来供给呼吸。氧气也可以与其他气体一起用于麻醉。

氧气在工业生产中得到了更加广泛的应用。在机械工业中，用于金属的切割、焊接；在冶金工业中，用于吹氧炼钢、吹氧炼铝和吹氧炼铜。在化学工业中，主要是强化生产，也用做重油或煤粉的氧化剂，以实现加压氧化。此外，氧气在国防工业和航天工业中也都有很广泛的用途。

（五）安全与防护

氧气是强氧化性气体，因此，所有的可燃物，特别是油和油脂，都不得与高浓度的氧气接触。对所有可能的着火源，都必须安全地加以封闭，或者将它们从存放氧气或液氧处安全撤离。

液氧或未经绝热（或绝热失效）的氧气容器或管道若与人体直接接触，会导致人体皮肤的严重冻伤，使细胞组织遭到严重破坏，应特别注意加以预防。

三、氢气

（一）性质

氢气是一种无色、无味、无毒而易燃的气体。氢气的密度最小，在相同的条件下，其密度只是空气的7%；在高度较低的地球表面空气中也含有微量的氢气，其体积分数约为0.000 05%。

氢气具有强烈的燃烧性。氢气与空气或氧气的混合物中，在大气压下的引燃温度范围约为 566~578℃。氢气的点燃能量极小，仅为 0.019 mJ，因而极易着火，甚至是化纤摩擦产生的静电所形成的着火能量都要比氢气的点火能量大好几倍。

氢气具有很强的还原性，在化学工业中，氢气常被用做还原剂。

氢气在空气中燃烧时火焰呈淡蓝色，有时几乎看不见火焰。氢气与空气或氧气混合，在体积含量极宽的范围内都可能形成爆炸性气体。氢气与氧化亚氮、甲烷、光气等气体混合，也能形成爆炸性气体。氢气在适宜条件下，还可以直接与其他某些气体发生化学反应，并在形成化合物的过程中发生爆炸。例如，氢气可以在太阳光或强光源的照射下，与同体积的氯气结合，生成氯化氢，产生爆炸效应。

氢气还具有与其他永久气体不同的特性。大部分常用气体，如氧气、氮气等在常温下从高压向低压节流膨胀时都被冷却，而氢气则不是这样，在同样的条件下，氢气反而会被加热，导致温度稍有增加。

氢气在被冷却到它的沸点（-252.8℃）时，就会变成一种透明并且很轻的液体，其密度只是水的 1/14。

（二）主要理化参数

氢气的分子式为 H_2，相对分子质量为 2.016，标准沸点为 -252.8℃，在标准状态下氢气的密度为 0.089 8 kg/m³。氢气的临界温度为 -239.9℃，临界压力为 1.30 MPa，临界密度为 30 kg/m³。在永久气体中，除氦气（He）以外，氢气的沸点与临界温度是最低的，所以氢气难以液化。在深冷温度下，氢气的饱和蒸汽压与密度见表 1—7。

从表 1—7 可以看出，液氢的热膨胀系数要比其他低温液体大得多。例如，液氢由温度为 25 K 升至 30 K 时，1 kg 液氢的体积由 15.494 L 增大至 18.512 L，其平均热膨胀系数约为 0.039/K；

表1—7　　　氢气的饱和蒸汽压与密度

温度（K）	饱和蒸汽压力（MPa，绝对）	密度（kg/L）	
		液体	蒸气
15	0.012 58	0.076 04	0.000 23
20	0.091 54	0.069 0	0.001 27
25	0.324 6	0.064 54	0.003 92
30	0.819 8	0.054 02	0.108 1

而液氧由温度为95 K升至100 K时，1 kg液氧的体积由0.890 5 L增大至0.912 4 L，平均热膨胀系数约为0.004 9/K。两者的热膨胀系数相差约8倍。了解和掌握这一点，对低温绝热气瓶的充装、运输的维护很有必要。

（三）氢气的制取

工业上制取氢气常用的方法有下列几种。

1. 电解水、含水的酸溶液或碱溶液来生产氢气。氢气可以是主要产品，也可以是生产其他不同化工产品的电解装置的副产品。

2. 利用水煤气制取氢气。在水煤气发生炉内吹入水蒸气，使其与炽热的焦炭或煤发生化学反应，生成一氧化碳和氢气。其中的一氧化碳还可以经过变换转化，获得更多的氢气和副产品二氧化碳。

3. 利用石油液体或石油蒸气为原料的裂解工艺过程也可得到副产品氢气。

4. 以天然气或轻碳氢化合物作为原料，通过催化剂的作用使之与蒸气发生化学反应，也是制取氢气的一种方法。

（四）主要用途

氢气作为工业原料有着十分广泛的用途，实际应用中主要作为能源来应用，其应用前景十分宽广。

在化学工业上，氢气是合成氨和合成甲醇的主要原料。氢气常用于有机物的氢化反应（石油和油脂加氢）。对相应的酸和乙醛进行氢化可生产各种酒精。对各种食用油进行氢化可制成固体食品。在机械工业上，氢气可用于金属的切割和焊接，氢氧焰大多在有色金属，如铜、铝、镁特别是铅的焊接中应用。非铁金属、合金及铁合金的薄片焊接，常用的方法是原子氢焊接。

氢能是一种清洁能源，因为氢燃烧时生成的是水，对环境没有任何污染。所以作为石油煤炭的替代或补充能源，氢能是十分理想的。专家预言，氢能有望在石油时代的末期成为代替石油的二次能源。氢气作为能源应用的主要途径之一的氢燃料电池汽车已经开始应用，并受到人们的普遍关注。另外，作为燃料，液氢早已用做导弹和火箭的动力源。

（五）安全与防护

氢气也是一种窒息性气体。当空气中氢气浓度达到50%时，人就开始昏睡；若氢气浓度达到75%，就能致人死亡。所以若遇到氢气泄漏的作业现场，人们应迅速离开。

人体皮肤若接触到液氢或其蒸发产生的冷氢气，会导致严重的冻伤；眼睛暴露在冷氢气中也会造成严重的损伤；液氢溅到人的手上、脸上，也会引起皮肤损伤。人体若接触到装有液氢而不绝热的容器或管道时，皮肤还会被粘住，强行拉脱时还会造成皮肤撕裂。

要避免液氢或冷氢气冻伤事故发生，主要方法还是预防，包括保持设备绝热装置的完好状态、不随意触摸绝热装置等。

四、甲烷

（一）性质

甲烷是一种无色、无味的可燃性气体，是碳氢化合物芳香族系列中的第一个成员。甲烷可溶于酒精或乙醚，也可轻微溶于水。

（二）主要理化参数

甲烷的分子式为CH_4，相对分子质量为16.042，标准沸点为$-161.5℃$，在标准状态下甲烷的密度为$0.717\ kg/m^3$。甲烷的临界温度为-82.5℃，临界压力为4.6 MPa，临界密度为138 kg/m³。甲烷的爆炸范围（体积分数）为：下限5.0%，上限15.0%。在深冷温度下甲烷的饱和蒸汽压与密度见表1—8。

表1—8　　　　甲烷的饱和蒸汽压与密度

温度（K）	饱和蒸汽压 （MPa，绝对）	密度（kg/L）	
		液体	蒸气
115	0.115（-160℃）	0.419 3	0.002 38
120	—	0.411 9	0.003 3
125	0.238（-150℃）	0.404 3	0.004 48
130	—	0.396 4	0.005 9
135	0.443（-140℃）	0.388 1	0.007 68
140	—	0.379 5	0.009 98
145	0.753（-130℃）	0.370 3	0.012 46
150	—	0.360 6	0.015 6
155	1.195（-120℃）	0.350 2	0.019 38
160	—	0.339 1	0.024 08
165	1.802（-110℃）	0.326 9	0.035 79
170	—	0.312 2	0.036 98
175	2.607（-100℃）	0.297 5	0.046 3

（三）制取方法

甲烷主要是采用吸收或净化吸收的方法制取，也可以从裂解石油的组分中制取高纯度的甲烷。

由于天然气中绝大部分是甲烷，所以在很多情况下，天然气常常不经过净化即可当甲烷使用。

我国四川省产的天然气中甲烷的含量较高，约为98%，其他气体为一氧化碳和氢气。有些地方产的天然气，其甲烷含量也不低于95%，其他气体为乙烷及少量的丙烷与丁烷，其中，氮气、氧气和二氧化碳的总量不超过1%。美国产的天然气,其甲烷含量通常不低于93%。俄罗斯、日本产的天然气,其甲烷含量也高达97%~98%。当然,各国产的天然气,其成分也因其产地、气温等不同而稍有差异。

(四)主要用途

甲烷和天然气被广泛用做燃料,包括人们的生活用燃料。近年来我国开始用压缩天然气(CNG)取代汽油用于汽车发动机中。车用压缩天然气代替汽油,可以减轻汽车尾气对环境的污染,也有较高的经济效益。

液态天然气(LNG)作为车用燃料和人民生活用燃料,也引起了人们的广泛关注。国内开始制造的低温绝热气瓶就可以提供这方面的应用。

作为化工原料,甲烷可以用于制造某些重要化工产品,包括乙炔、氨、乙醇和甲醇等。甲烷经氯化处理,可生产四氯化碳、二氯甲烷等。

(五)安全与防护

甲烷是一种简单的窒息剂。人们一般认为甲烷是无毒的,当空气中甲烷的浓度高达9%时,人体也不会出现什么症状,但若浓度再高的话,人的头部和眼睛就会有不适的感觉。

甲烷的爆炸极限范围虽不太宽(5%~15%),但在气体的充装使用和储存中仍要注意防火。

五、液化石油气

液化石油气(Liquefied Petroleum Gas,LPG),即经液化的石油气。液化石油气是开采和炼制石油过程中的副产品。它有两个来源:在油气田,石油气是从比它密度小的气体和比它密度大的原油中分离出来的;在炼油厂,它是炼油过程中的副产品。当然,并不是所有油气田都能回收到大量的液化石油气,大多数国家都是从炼油厂回收液化石油气。

关于液化石油气的组分,原先规定其质量指标为 φ(C_1 +

C_2）<3%，C_5 以上组分含量<5%，H_2S 含量<20 mg/m³，总硫分含量<400 mg/m³。

国家标准 GB 11174—1997《液化石油气》中对液化石油气的技术要求为：蒸气压≤1 380 kPa（37.8℃），C_5 及 C_5 以上组分含量（体积分数）≤3.0%，总硫含量≤343 mg/m³。这与美国对液化石油气（商业级丙丁烷混合液）的质量要求是完全一样的。

其实，不同的产地、不同的时间所生产的液化石油气，其组分是不相同的，有的差别还很大。表 1—9 是某研究单位对国内几个重点城市的液化石油气储罐所储存的液化石油气的组分的抽样检测数据。

表 1—9　　　　　　液化石油气的组分

组分 城市	$C_1 + C_2$	丙烯	丙烷	异丁烷	正丁烷	丁烯 （四种）	C_5
天津（1984）	2.51	2.09	1.52	24.55	13.09	48.17	6.85
天津（1986）	0	0	45.30	30.78	13.82	9.73	0.00
天津（1988）	0	35.32	4.24	24.66	4.64	31.14	0.00
上海（1986）	1.10	0	14.43	24.51	15.30	44.67	0.00
上海（1988）	1.51	4.10	25.37	36.57	18.44	12.44	1.57
南京（1979）	3.5	23.70	12.30	31.40	5.60	16.10	7.40
武汉（1984）	0.23	31.84	15.73	16.12	4.64	28.19	3.25
武汉（1988）	0.34	35.07	10.04	14.64	4.78	31.31	3.82
广州（1985）	2.26	22.54	7.16	13.26	6.13	42.98	0.86
哈尔滨（1984）	0.70	29.40	12.80	24.80	5.20	26.0	1.10
哈尔滨（1988）	0.56	21.66	8.17	24.36	7.24	32.69	5.52

（一）性质

液化石油气是多种碳氢化合物的混合气，易燃、无色、不腐蚀和无毒，在大气压力下大都容易液化。液化石油气主要以液态

(气液并存状态)形式储存和运输,以气体的形式作为燃料使用。液化石油气的各种不同组分都可不同程度地溶于酒精和乙醚中。丙烷和丙烯则轻度溶于水。

在未经干燥的液化石油气中,可能溶有微量的水,水的溶解度随温度(气相或液相)的升高而增大。液化石油气温度降低时,溶于液相中的水就会因溶解度下降而从中离析出来,积于储罐、液相管等设备内,并随着温度的下降而逐步结冰。另外,当液化石油气混合液通过减压阀膨胀时,气体中的水也会离析出来而结冰,这就是常见的结冰现象。如果有充足的水量,生成的固态烃类水化物(白色结晶)还会不断积聚而将阀门、管道全部堵塞。

(二)理化参数

液化石油气中的主要组分,包括丙烯、丙烷、异丁烷、正丁烷、异丁烯、1-丁烯、(顺)2-丁烯、(反)2-丁烯等,其主要理化参数见表1—10。

表1—10 液化石油气主要组分的理化参数

组分名称	分子式	相对分子质量	沸点($℃$)	临界温度($℃$)	临界压力(MPa)	临界密度(kg/L)	爆炸极限(体积分数)	
							下限	上限
丙 烯	C_3H_6	42.1	-47.7	91.8	4.62	0.247	2.0%	11.1%
丙 烷	C_3H_8	44.1	-42.1	96.8	4.26	0.226	2.37%	9.50%
异丁烷	C_4H_{10}	58.1	-11.7	135.0	3.65	0.221	1.8%	8.44%
正丁烷	C_4H_{10}	58.1	-0.5	152.0	3.79	0.225	1.86%	8.41%
异丁烯	C_4H_8	56.1	-7.1	144.7	4.00	0.234	1.75%	9.7%
1-丁烯	C_4H_8	56.1	-6.2	146.4	3.92	0.233	1.6%	9.3%
(顺)2-丁烯	C_4H_8	56.1	3.7	162.4	4.21	0.239	1.75%	9.7%
(反)2-丁烯	C_4H_8	56.1	0.9	155.5	4.10	0.238	1.75%	9.7%

液化石油气混合物是由不同的碳原子与氢原子组成的。碳原子数增加,烷烃和烯烃的相对分子质量增大,沸点升高,在碳原子数相同的条件下,烷烃比烯烃的沸点要高。

液化石油气的饱和蒸汽压和液体密度是气瓶设计和充装的关键参数。表1—11列出液化石油气各主要组分在不同环境温度下的饱和蒸汽压和液体密度。

表1—11　液化石油气的液体密度和饱和蒸汽压

组分名称	下列温度下液体密度(kg/L,第一行)与蒸气压(MPa绝对,第二行)							
	0℃	10℃	20℃	30℃	40℃	50℃	60℃	70℃
丙烯	0.546	0.531	0.515	0.498	0.480	0.459	0.434	0.405
	0.59	0.77	1.03	1.31	1.66	2.07	2.52	3.04
丙烷	0.528	0.515	0.500	0.485	0.468	0.450	0.429	0.405
	0.47	0.64	0.83	1.08	1.37	1.72	2.12	2.58
异丁烷	0.581	0.569	0.557	0.545	0.532	0.518	0.504	0.489
	0.16	0.23	0.30	0.41	0.53	0.69	0.86	1.08
正丁烷	0.601	0.590	0.579	0.568	0.556	0.543	0.531	0.517
	0.10	0.15	0.21	0.28	0.37	0.49	0.63	0.79
异丁烯	0.618	0.606	0.594	0.581	0.568	0.554	0.540	0.524
	0.13	0.19	0.25	0.35	0.46	0.61	0.77	0.98
1-丁烯	0.619	0.608	0.596	0.584	0.571	0.558	0.544	0.530
	0.13	0.19	0.25	0.34	0.46	0.60	0.76	0.96
(顺)2-丁烯	0.645	0.633	0.621	0.609	0.597	0.584	0.570	0.556
	0.09	0.13	0.18	0.25	0.34	0.44	0.58	0.73
(反)2-丁烯	0.627	0.616	0.604	0.592	0.580	0.567	0.553	0.539
	0.10	0.14	0.20	0.27	0.36	0.48	0.62	0.79

(三) 制取方法

液化石油气的制备主要有两种方法：一是吸收法，即从湿天然气、石油伴生天然气中，用重油吸收石油气，也可以采用活性炭表面吸附或冷冻的方法等进行吸取；二是蒸馏法，先对原油加热分馏，再将初步分馏出的挥发性组分进一步分馏，然后把最轻的冷凝馏分作为原料，用催化重整法制取液化石油气。

(四) 主要用途

液化石油气的主要用途是用做燃料。作为燃料的液化石油气，除了用于人们日常生活中的烹饪、采暖、冷藏等之外，还用做汽车发动机能源。

在化学工业中，液化石油气也得到广泛的应用，特别是其中的单体组分可以用来制造许多种化工产品。例如，用异丁烯制造合成橡胶，用丁烯制造有机物，用液化石油气部分氧化生产甲醛、酸等。

此外，液化石油气在其他工业、农业等方面也应用得十分普遍。例如，建筑业中石灰、水泥的生产，冶金工业中冶炼、铸造、热处理等都离不开液化石油气。在农业中，液化石油气主要用于农产品干燥、果品冷藏和土壤改良等。

(五) 安全与防护

液化石油气虽然是无毒的，但人们如果较长时间地吸入高浓度的石油气，也会被麻醉。石油气也是一种简单的窒息剂。皮肤接触液态石油气会造成皮肤细胞组织冻伤，其冷蒸气也会导致皮肤冻伤。因此，对气瓶及其管道的泄漏处理，应备有个人防护用具。液化石油气又是易燃气体，在生产、运输和储存作业时，人们要时刻注意遵守相关规定，采取相应的防护措施。

六、氨气

(一) 性质

在大气压力和常温下，氨气是一种无色透明而具有刺激性气味的气体。为便于运输和应用，人们常把它压缩并冷却成液体。

液氨也是无色的。氨气极易溶于水，在0℃时，氨气可以溶解在相同质量的水中。温度越低，氨气在水中的溶解度越大。溶有氨气的水，通常称为氨水，呈弱碱性。氨水对铜、铜合金（磷青铜除外）及镀锌、搪锡表层有腐蚀作用。氨气可在大气压力下燃烧，但仅限于空气中氨气的体积含量为16%~25%的范围内，氨气的燃烧产物为氮和水。由于氨气对火的敏感性较差，美国DOT将它划入非易燃物，在我国国家标准GB 16163—1996《瓶装压缩气体分类》中，作为特例，把氨气的燃烧性划为"可燃"，而非"易燃"。氨气与氯气接触能自燃，并形成性能不稳定、极易爆炸的氯化氢。氨气在高温下能分解出氢气和氮气。

（二）理化参数

氨气的分子式为NH_3，相对分子质量为17.03，标准沸点为$-33.4℃$。在标准状态下，氨气的密度为$0.771\ kg/m^3$。氨气的临界温度为132.4℃，临界压力为11.3 MPa，临界密度为0.236 kg/L。无水氨气在空气中的爆炸范围为：下限16.0%，上限25.0%。在氧气中的爆炸范围则大为扩宽：下限13.5%，上限79%。

氨气在不同环境温度下的饱和蒸汽压与液体密度见表1—12。

表1—12　　　氨气的饱和蒸汽压与液体密度

参数 \ 温度（℃）	0	10	20	30	40	50	60	70
蒸气压（MPa，绝对）	0.43	0.62	0.85	1.17	1.56	2.03	2.62	3.31
液体密度（kg/L）	0.639	0.625	0.610	0.595	0.580	0.563	0.544	0.525

（三）氨气的制取

最早的氨气是在生产焦炭和煤气时，作为煤的干馏副产品制取的。

目前，绝大多数的制氨方法是氮氢直接合成法，即从空气分离取得的氮气和从水、煤气、焦炉煤气或天然气经过分离取得的氢气，在经过加压后，在催化剂的作用下，在氨合成塔中合成为氨气。

在近代的设备中，人们利用天然气、空气和蒸气在催化的条件下，用较高的压力进行反应，以制取氢气、氮气及碳的氧化物等气体混合物，然后再进行转化或去除氧化物，剩下的氮氢混合气经过加压、升温，通过催化剂的作用合成为氨气。

（四）氨气的用途

在化肥工业中，氨气主要用于制造固体化肥。如直接用氨气分别与硫酸、硝酸和磷酸等发生中和反应，即可制成硫酸铵、硝酸铵和磷酸铵。氨气和二氧化碳反应可以生产有机合成物——尿素。

制造炸药所用的硝酸，是氨气的主要衍生物，是由氨气氧化而取得的。硝酸铵与燃料油的混合物，广泛用于露天采矿及室外建筑，因为这种炸药易于管理、使用方便、价格便宜，也较为安全。

作为制冷剂，氨气使用得最早、最有效，也较为经济。

（五）安全与防护

在大气环境中，氨气对眼、鼻、喉、肺的黏膜具有强烈的刺激作用，接触会使人咳嗽、声音嘶哑。长期在较高浓度的氨气中停留作业，还会使人患肺气肿、肺炎。如大气中氨气的浓度更高，还会使人窒息、水肿，甚至导致人死亡。

液氨若与人的皮肤直接接触，会引起皮肤的化学性灼伤，造成皮肤糜烂。液氨溅入人的眼内，会造成眼睛冻伤。若人接触氨水或其蒸气，也会造成不同程度的皮肤损伤。

对于氨气的防护，首先是要保证设备、管道及管件的密闭不漏。万一发生氨气或液氨泄漏或气瓶破裂事故时，周围的人员应迅速撤离氨气的污染区域，如必须相关人员进入危险地区进行抢救或氨气止漏工作，则必须佩戴有效的防护用具，包括呼吸器、防护服和靴子等。

七、氯气

（一）性质

氯气是一种黄绿色、有强烈刺激性气味的非易燃气体。它的密度比空气的密度约大 2.5 倍。氯气通常是以液化气体的形式储存。液氯具有清澈的琥珀色，其密度约比水的密度大 1 倍。无论是气态或液态的氯，都是不易燃的，且为非爆炸性的。氯气最突出的化学性质是具有氧化性，它能对某些物质起助燃作用。许多有机化学物质都能与氯气迅速发生反应，在有些情况下，其反应还很激烈，带有爆炸性。氯气会与氨气发生化学反应，生成氯化铵、三氯化氮。后者是一种极易爆炸且爆炸威力很强的物质。

（二）理化参数

氯气的分子式为 Cl_2，相对分子质量为 70.91，标准沸点为 $-33.8℃$，在标准状态下，氯气的密度为 $3.217\ kg/m^3$。氯气的临界温度为 $144℃$，临界压力为 $7.7\ MPa$，临界密度为 $0.567\ kg/L$。氯气在不同环境温度下的饱和蒸汽压与液体密度见表 1—13。

表 1—13　氯气的饱和蒸汽压与液体密度

参数＼温度（℃）	0	10	20	30	40	50	60	70
蒸气压（MPa，绝对）	0.37	0.50	0.68	0.88	1.13	1.43	1.78	2.19
液体密度（kg/L）	1.468	1.439	1.409	1.377	1.345	1.311	1.276	1.239

（三）制取方法

工业用氯气主要采用电解法制得，即电解饱和食盐水生产氯气，副产品是氢气和氢氧化钠（烧碱）。

利用空气或氧气在催化剂的作用下将氯化氢（有机合成工业副产品）氧化，使其转化为氯气，也是近年来工业制取氯气的主要途径。

（四）主要用途

氯气是无机和有机工业中所不可缺少的重要原料，主要用于制造各种化学物质，包括各种溶剂、塑料和增塑剂、消毒剂、合成橡胶、合成纤维、冷冻剂和推进剂、农药等多种化工产品。

氯气还广泛用于纸浆、纸、纺织品的漂白，饮食用水、游泳池水的净化，某些工业废水的处理等。

（五）安全与防护

氯气是有毒气体，对人体的危害主要体现在对呼吸系统的黏膜有严重的刺激作用上。在吸入氯气后，首先是刺激鼻黏膜、呼吸系统和皮肤，浓度较高时能对人的眼睛产生强烈刺激并导致人咳嗽和呼吸困难。如果人们在这种场合停留的时间过长，就会感到焦躁不安、喉部刺痛、恶心呕吐，严重者还会因呼吸困难而由窒息至死亡。据有关资料可知，当空气中氯气的含量达 $14\sim21\ mg/m^3$ 时，人在半小时至 1 小时内就会有生命危险；如果氯气浓度高达 $900\ mg/m^3$，人就会立即死亡。若眼睛或皮肤接触液氯时，会引起局部的刺激和冻伤。

对受氯气危害的人员，应立即将其撤离受污染区，尽快进行医疗救援。如果液氯溅在人的皮肤或衣服上，应立即用大量清水进行冲洗，被污染的衣服应在冲洗时脱掉。即使是少量的液氯进入人的眼睛或是人的眼睛长时间暴露在高浓度氯气中，也应当立即用大量的流动水进行较长时间（至少 15 分钟）的冲洗。

进行止漏操作的人员，必须佩戴自供式呼吸器、橡胶手套、防护衣服等防护用品，并尽可能在上风位置进行操作。

八、二氧化碳

（一）性质

二氧化碳是碳与氧的化合物，俗称碳酸气，是一种无色、无味、无毒但有轻度的刺激性和辛辣味的气体。二氧化碳气体不会燃烧，不助燃，也无腐蚀性，溶解于水时，能生成碳酸（H_2CO_3）。在常温下的二氧化碳，其化学性质稳定，不会分解，也不与其他元素发生化学反应。但在高温下却很容易分解成一氧化碳和氧气，因而具有氧化性。二氧化碳也具有一切酸性氧化物的化学性质，并能与碱性氧化物或碱产生化学反应。

二氧化碳可以在温度为 -56.6℃、压力为 0.416 MPa（表压）的条件下以固体、液体和气体三相共存，该点称为三相点。低于三相点的温度和压力时，二氧化碳可以是固体，即干冰（压力较高），也可以为气体（压力较低时）。固体二氧化碳在温度为 -78.3℃和标准大气压下可直接转化为气体而不经过液相，这就是升华。如果压力更低，则升华的温度也越低。在温度和压力都高于三相点、但温度低于 31.1℃时，装在密闭容器内的二氧化碳则呈气、液两相共存的形式。若温度高于 31.1℃，则完全是气态。

（二）理化参数

二氧化碳的分子式是 CO_2，相对分子质量为 44.0，标准沸点为 -78.3℃（升华）。在标准状态下，二氧化碳气体的密度为 1.9768 kg/m³。临界温度为 31.1℃，临界压力为 7.38 MPa，临界密度为 0.468 kg/L。二氧化碳在不同环境温度下的饱和蒸汽压与液体密度见表 1—14。

表 1—14　二氧化碳的饱和蒸汽压与液体密度

参数	温度（℃）	-10	0	10	20	30	31.1
蒸气压（MPa，绝对）		2.65	3.48	4.50	5.73	7.21	7.38
液体密度（kg/L）		0.982	0.929	0.863	0.775	0.593	0.468

（三）制取方法

非精制的二氧化碳可以从下列化工生产过程中取得：

1. 从煤、焦炭、天然气、油及其他碳素燃料的燃烧气中获取二氧化碳。

2. 发酵酿酒过程中的副产品。

3. 在石灰生产过程中，碳酸钙加热分解，其副产品为二氧化碳。

4. 合成氨生产的副产品。工业合成氨大多是利用焦炉气、水煤气、重油等含烃和碳元素物质为主要原料，在高温下与蒸气发生化学反应，制取氢气和一氧化碳，其中一氧化碳又通过化学反应转换为二氧化碳。

5. 某些天然矿泉和井中也含有大量二氧化碳。

这些"粗"的二氧化碳大多都要经过精炼来提高纯度，方法一般是先液化，再净化。

（四）主要用途

人们认识二氧化碳，是从它可以制取汽水（碳酸饮料）、作为灭火剂使用等用途开始的。其实，二氧化碳的用途很广，在工业、农业、国防、商业、运输等部门都得到了广泛的应用。

在食品工业中，二氧化碳广泛用做冷冻剂、制冷剂、防腐剂和保鲜剂。在化学工业中，二氧化碳和氨合成尿素或生产碳酸氢铵，和苯酚合成水杨酸，和环氧乙烷合成乙烯碳酸酯等。在机械工业中，二氧化碳除了作为金属焊接的惰性气体覆盖物（二氧化碳保护焊）外，还可以用于铸造、金属冷处理、零部件冷缩装配等。利用二氧化碳底吹转炉炼钢，可提高钢的冶炼质量。此外，二氧化碳还可用于人工降雨、农作物的气体肥料、植物生长促进剂等。

（五）安全与防护

二氧化碳的密度较大，是空气密度的 1.5 倍多，因而常聚集在生产和使用二氧化碳的场所内的低凹处。又因为它是一种无色无臭的气体,不太容易被人察觉。若长时间置身于具有高浓度二氧化碳的场地,人就会因呼吸和心率的增加以及人体内酸度的改变而发生二氧化碳中毒事故。如果空气中的二氧化碳浓度极高,氧气被排挤置换,还会使人窒息,甚至死亡。

液体二氧化碳直接排入大气时所生成的干冰与皮肤接触,会导致皮肤冻伤,所以应该避免与液体二氧化碳接触,预防皮肤冻伤事故发生。

目前还没有特效解救药来解救因二氧化碳中毒的人员,只能是尽快将中毒人员撤离二氧化碳污染环境,采用人工呼吸法救治。必要时,可用高压氧治疗。

九、碳氟化合物

所谓碳氟化合物,不仅指含有碳和氟两种元素的化合物,也包括含有氢元素和氯、溴等卤族元素的碳氟化合物。

作为制冷剂用的碳氟化合物,商品名称为氟利昂。碳氟化合物的种类较多,有百余种。瓶装的液化气体中有很多是各种不同的碳氟化合物,其中的很多种又关系到人类生存环境的保护问题,所以在本节中有必要对这类气体稍加介绍。

(一)碳氟化合物综述

1. 大气层与地球生态环境

众所周知,地球表面包围着大气层。根据大气在空气中的分布及运动情况来分,大气层由内到外可分为对流层、同温层、中间层、热成层和逸散层五层。在同温层中,在距地球表面 25~35 km 的区间里,大气中的臭氧浓度达到最大值,这一层被称为臭氧层。臭氧是大气中的一种气体,分子式是 O_3,它是由 3 个氧原子组成的。普通氧分子在强烈的紫外线照射下发生均裂,生成两个氧原子(自由基),氧原子再与氧分子结合生成臭氧分子。臭氧层能吸收绝大部分太阳紫外线,阻挡强紫外线辐射到地球表面,使地球上的生物和人类免受紫外线的伤害。

20 世纪 70 年代,分布在全球各地的地面监测点发现,全球臭氧总量在逐年减少，有时甚至会出现"臭氧空洞"。这一事件引起了人们的极大关注，也促使人们对这一现象进行深入研究。1974年，美国科学家首先提出，后又被许多科学家证实，破坏臭氧层的元凶是一种含氯的碳氟化合物，即氟氯烃。正是这种最早在世界范围内大量生产和使用的制冷剂，由于人们对其危害性缺乏认识或回收利用困难等原因，大部分被排放到大气中，从而导致臭氧层的破坏。

氟氯烃（CFCs）类产品从1930年开始投产，由于生产工艺不断改进和优化，生产成本越来越低，生产品种也越来越多。氟氯烃的化学性质十分稳定，不易在对流层内发生分解（有些氟氯烃在大气中可以存在100年以上），而能扩散进入到臭氧层中。氟氯烃是含氯的碳氟化合物，在短波长紫外线的照射下会分解形成氯自由基，释放出来的氯原子与大气中的氧气结合，形成一氧化氯。一氧化氯起着加速破坏臭氧层的催化作用。应该说，破坏臭氧层的主要元素是氟氯烃中的氯，而并非是氟。

2. 氟氯烃的淘汰与取代

科学家的实验证明，如果不阻止氟氯烃（CFCs）的大量生产和使用，它最终会毁坏地球的保护层。因此，淘汰氟氯烃（CFCs）、开发它的替代物也就很快为人们所普遍关注，也向相关的工业领域提出了新的挑战和机遇。

氟氯烃取代产品的开发研究，也经历过一个阶段，科学家们最初选择氢氟氯烃（英文缩写HCFCs，用氢原子取代氟氯烃中的部分氯原子）类物质来过渡替代CFCs。但是HCFCs类物质虽然其臭氧消耗、温室效应都比CFCs类物质要小一些，但由于它们的分子结构中还含有氯，仍然会产生不良影响，所以只能作为一种临时的过渡性替代物。

近期研究开发的另一类碳氟化物——氢氟烃（英文缩写HFC，氟氯烃中的氯原子全部由氢原子所取代），是目前比较理想的CFCs替代物。这类碳氟化物无毒，不会消耗臭氧，不过，它们还是有一定的温室效应。在没有研究开发出新的、综合性能更好的CFCs替代物之前，氢氟烃将会在制冷业和其他领域中得到广泛应用。目前已商品化的HFC类产品较多，其中主要的有四氟乙烷（HFC-134a）、二氟甲烷（HFC-32）、三氟乙烷（HFC-143a）、五氟乙烷（HFC-125）和二氟乙烷（HFC-152a）。

1985年，联合国制定《保护臭氧层维也纳公约》。中国政府也于1989年9月正式加入《保护臭氧层维也纳公约》，并于1989年12月生效。1987年9月，又制定有《关于消耗臭氧层物质的蒙特利尔议定书》（以下简称《议定书》）。该《议定书》又在1990年伦敦、1992年哥本哈根、1995年维也纳和1997年蒙特利尔的会议上进行了几次调整，加快对消耗臭氧层物质淘汰的时间，还增加了新的受控物种。根据修订后的《议定书》的规定，发达国家，即人均消费CFCs大于0.3kg的国家，要求在1996年1月1日前停止CFCs和哈龙（Halon，含溴的氟氯烃或氟溴烃的商品名称）的生产和消费。发展中国家，即人均消费CFCs低于0.3kg的国家，必须从1997年7月1日起，逐年削减CFCs的生产和消费，并于2010年1月1日完全停止。我国有关部门确定，家用冰箱行业2005年前在生产中淘汰CFCs的使用，维修的使用可以延续到2010年。至于氟氯烃的过渡替代品——氢氟氯烃也要逐步淘汰。现已明确规定，发达国家将于2020年停止使用HCFC类氢氟氯烃类产品，发展中国家使用期限为2040年。不过，目前HCFC类产品削减或淘汰的步伐正在加快。在《议定书》列出的CFCs的物质中，包括3种哈龙在内的共20种，其中的10种我国有生产和消费，包括常用的制冷剂三氯甲烷（CFC-11）、二氯二氟甲烷（CFC-12）、二氯四烯乙烷（CFC-114）和三氟溴甲烷等。《议定书》中列出的CFCs替代品（主要是HCFC）共有74种，其中我国有生产和消费的还不到10种，包括常用的二氯一氟甲烷（HCFC-21）、一氯二氟甲烷（HCFC-22）和二氟氯乙烷（HCFC-142b）等。

3. 碳氟化合物的命名

作为制冷剂的碳氟化合物，都是以特定的字母和数字组合来命名的，包括前缀的英文字母和数字，个别的还有后缀字母。

在制冷行业中，一般在制冷剂的数字前加上字母"R"，即英文 Refrigerant（制冷剂）的第一个字母，如 R-22、R-134a 等。如果用做推进剂，则前缀为 P。但从 20 世纪 70 年代初科学家发现氟氯烃对臭氧层的破坏作用以后，很多文献资料又采用由元素缩写词组成的代表卤代烷烃的前缀，例如 CFC、HCFC、HFC 等。这些字母表明制冷剂的主要组分是 C、F、H、Cl，其中大写字母"C"代表碳（carbon）或氯（chlorine），"F"代表氟（fluor），"H"代表氢（hydrogen）。如 CFC，即为氯—氟—碳，HFC 即为氢—氟—碳。对同类化合物，通常在其代号下面加小写字母"s"，如 CFCs 表示氯氟烃类，HFCs 表示氢氟烃类，HCFCs 表示氢氟氯烃类。

名称中的数字的含义是这样的：制冷剂中最重要的一类卤代烃，包括甲烷、乙烷、丙烷及其卤代衍生物，都用 3 位数字表示，即 000 系列、100 系列、200 系列。在这 3 位数中，最右边的数字代表 F 的原子数，中间的数字是氢原子数加 1，左边的数字是碳原子数减 1，如果为零（即 1 个碳原子），就予以省略。简单地记就是："从左到右，碳减 1，氢加 1，氟不变"。化合物的氯原子数，是从可以与碳原子结合的原子总数减去已结合的氟原子、溴原子和氢原子数的和后求得的。例如 R-22，它左边的数字应该是零（被省略），即碳原子是 1 个，中间的数字为 2，则氢原子就是 2 减 1，即 1 个，右边的数字为 2，氟的原子数就是 2。因为是烷烃，可以与 1 个碳原子结合的原子总数是 4，那么氯的原子数就是 1，所以该制冷剂的分子式即为 $CHClF_2$。如果化合物中含有 Br 原子，则在后面加字母 B，字母 B 后面的数字表示 Br 原子的原子数，如三氟溴甲烷（$CBrF_3$）命名为 R-13B1。

此外，数字的 300 系列是环类有机化合物，400 系列是非共沸混合物，500系列是共沸混合物，600系列是碳氢有机化合物，700系列是无机化合物，1 000系列是不饱和有机化合物。如一氯三氟乙烯（C_2ClF_3）命名是R-1113。

（二）碳氟化合物的性质和用途

1. 性质

碳氟化合物的惰性比较大，一般不易燃（在一般条件下，以任何浓度存在于空气中），毒性也很低，通常是以液态（气液共存）的形式装运。液体碳氟化合物是无色的，固态时则是白色。碳氟化合物在空气中的浓度高时，有轻微的、像醚一样的味道。在化学性质上，碳氟化合物与碳氢化合物相似，只因碳氢化合物中的氢完全或大部分被氟和氯（或溴）所取代，所以它们的气体密度较高，稳定性也较好。碳氟化合物的溶解性低，表面张力、绝缘性能较高，抵抗热分解性强。它们分解时会生成毒性物质，特别是接触火焰时，毒性产物的刺激性更大，即使浓度很低，人们也会感觉到。在中性或酸性溶液中，碳氟化合物抵抗水解的能力很强。

2. 理化参数

碳氟化合物的品种较多，但氟氯烃类已经或即将全部被淘汰，所以这里选择少量的氢氟氯烃加以介绍，如一氯二氟甲烷（HCFC-22）、一氯二氟乙烷（HCFC-142b）和较多的氢氟烃类，如四氟乙烷（HFC-134a）、二氟甲烷（HFC-32）、三氟乙烷（HFC-143a）、五氟乙烷（HFC-125）和二氟乙烷（HFC-152a）等，其主要理化性质见表1—15。

表1—15　几种碳氟化合物的主要理化性质

名称	分子式	相对分子质量	沸点	临界温度（℃）	临界压力（MPa，绝对）	临界密度（kg/L）
一氯二氟甲烷	$CHClF_2$	86.5	-40.6	96.2	4.99	0.513
一氯二氟乙烷	$C_2H_3ClF_2$	100.5	-9.6	137.1	4.12	0.435

续表

名称	分子式	相对分子质量	沸点	临界温度（℃）	临界压力（MPa，绝对）	临界密度（kg/L）
四氟乙烷	$C_2H_2F_4$	102.03	-26.1	101.1	4.06	0.515
二氟甲烷	CH_2F_2	52.02	-51.7	78.1	5.78	0.424
三氟乙烷	$C_2H_3F_3$	84.04	-47.2	72.7	3.76	0.431
五氟乙烷	C_2HF_5	120.02	-48.1	66.02	3.63	0.568
二氟乙烷	$C_2H_4F_2$	66.05	-24.0	113.3	4.52	0.368

作为瓶装的液化气体，其饱和蒸汽压和液体密度是气瓶设计和充装的主要参数。表1—16列出了上述几种碳氟化合物在不同环境温度下的液相密度和饱和蒸汽压。

表1—16　几种碳氟化合物的液相密度和饱和蒸汽压

名称	下列温度下的液相密度（kg/L，第1行）和饱和蒸汽压（MPa，绝对，第2行）							
	0℃	10℃	20℃	30℃	40℃	50℃	60℃	70℃
一氯二氟甲烷	1.285	1.250	1.213	1.174	1.131	1.085	1.032	0.971
	0.5	0.68	0.91	1.20	1.53	1.94	2.42	3.0
一氯二氟乙烷	1.171	1.147	1.124	1.098	1.070	1.041	1.010	0.977
	0.15	0.21	0.29	0.39	0.52	0.68	0.86	1.09
四氟乙烷	1.295	1.261	1.225	1.188	1.146	1.102	1.052	0.996
	0.293	0.415	0.572	0.770	1.017	1.318	1.682	2.117
二氟甲烷	1.055	1.02	0.981	0.940	0.893	0.839	0.773	0.680
	0.813	1.107	1.475	1.928	2.478	3.141	3.933	4.877
三氟乙烷	1.024	0.989	0.951	0.908	0.860	0.803	0.729	0.601
	0.62	0.836	1.105	1.434	1.831	2.307	2.874	3.553
五氟乙烷	1.320	1.272	1.219	1.159	1.089	1.001	0.870	—
	0.670 7	0.908 8	1.205	1.568	2.008	2.537	0.317 1	—

续表

名称	下列温度下的液相密度（kg/L，第1行）和饱和蒸汽压（MPa，绝对，第2行）						
	0℃	10℃	20℃	30℃	40℃	50℃	60℃	70℃
二氟乙烷	0.959	0.936	0.912	0.887	0.860	0.831	0.799	0.765
	0.264	0.373	0.513	0.690	0.909	1.177	1.501	1.886

3. 制取方法

碳氟化合物的品种较多，制造方法也不尽相同。一般来说，氢氯氟烃类是用氢氟烃处理氯仿并在有氯化锑存在的情况下加热加压制成的。氢氟烃的合成途径也很多，起始原料有烷烃及其卤代物、烯烃及其卤代物等。合成的反应包括氟化氢对烯烃或炔烃的加成反应、氟化和氟卤交换反应、歧化反应、氟氯反应、异构化反应和氢化反应等。

4. 主要用途

碳氟化合物的用途广泛，可直接用做制冷剂，也可用于制造绝热材料和泡沫聚合物的媒介物，也可作为溶胶喷射剂。某些碳氟化合物也用来制造溶剂、清洗剂和灭火剂。这类化合物也常用做绝热液体、能量转换液和食物制冷剂。

两种或多种碳氟化合物的气体混合物或由碳氟化合物与碳氢化合物所组成的特殊混合物，在制冷或喷射气溶胶应用中可以按不同需要的理化性质进行适当配比，可获得理想的效果。

练习思考题1

1. 压力（压强）的法定计量单位是什么？过去常用、现在废除的压力单位主要有哪些？试写出它们与法定计量单位之间的换算关系。

2. 什么是表压力？什么是绝对压力？它们之间怎么换算？

3. 原子量、分子量、克分子数等量的标准名称是什么？

4. 简述气体的临界温度和临界压力的概念。

5. 试写出理想气体状态方程式与真实气体状态方程式。

6. 瓶装压缩气体按状态分类时，可以分为哪几类？是如何区分的？

7. 已知液化气体混合液在温度为60℃时，液相的体积分数为丙烷30%、异丁烷70%，试计算混合液在60℃的饱和蒸汽压（相关数据可参阅本章例题）。

8. 已知液化气体混合液在60℃时，液相的分子分数为丙烷30%、异丁烷70%，试计算混合液在60℃时液体的密度。

9. 碳氟化合物中哪一类化合物对大气臭氧层的破坏最为严重？是什么元素在起破坏作用？目前世界各国准备使用哪些替代品？

第二章 气瓶与气瓶设计制造

第一节 气瓶概论

一、气瓶分类

气瓶作为一种盛装、运输压缩气体的移动式压力容器,其结构看似简单,但实际上还是有许多值得研究探讨和待开发的技术内涵的,特别是近期国内迅速兴起的新型产品,如缠绕气瓶、焊接绝热气瓶、大容量长管气瓶(长管拖车气瓶)等。我国国家标准 GB/T 13005—1991《气瓶术语》中关于气瓶的定义为:公称容积不大于 1 000 L,用于盛装压缩气体的可重复充气而无绝热装置的移动式压力容器,但目前无论是在容积、充装和结构上,气瓶都已经全面突破,"气瓶"得以重新定义。

气瓶的结构形式较多,盛装的介质也比较复杂,从不同的角度出发,气瓶有很多种分类方法。例如,从充装介质上分类,可以分为永久气体气瓶、液化气体(包括液化石油气)气瓶和熔解气体气瓶。从结构形式上分类,有无缝气瓶、焊接气瓶、缠绕气瓶和焊接绝热气瓶。从瓶体材质上分类,有钢质气瓶(包括碳钢气瓶、锰钢气瓶、铬钼钢气瓶、不锈钢气瓶)、锰合金气瓶和复合材料气瓶(金属内胆外层缠绕高强纤维)。从形状上分类,有瓶状气瓶、桶状气瓶、球形气瓶和串球形气瓶。从工作压力(公称工作压力)大小上分类,有高压气瓶(压力大于等于 8 MPa)和低压气瓶(压力小于 8 MPa)。从气瓶容积上分类,有小容积气瓶(容积等于小于 12 L)、中容积气瓶(12~100 L)和大容积气瓶(容积大于 100 L)。按所装介质的用途分类,可分为民用、工业用、医用、潜水、吸附、机动车用气瓶等；按气瓶充装次数分类，又可分为可重复充装气瓶和非重复充装气瓶等。根据我国国家质量监督检验检疫总局颁布的《锅炉压力容器制造监督管理办法》中锅炉压力容器制造许可级别划分，气瓶属压力容器的 B 级，B1 级为无缝气瓶，B2 级为焊接气瓶（包括溶解乙炔气瓶），B3 级为特种气瓶（包括机动车用、缠绕、非重复充装、低温绝热气瓶）。

气瓶的综合分类如图 2—1 所示。

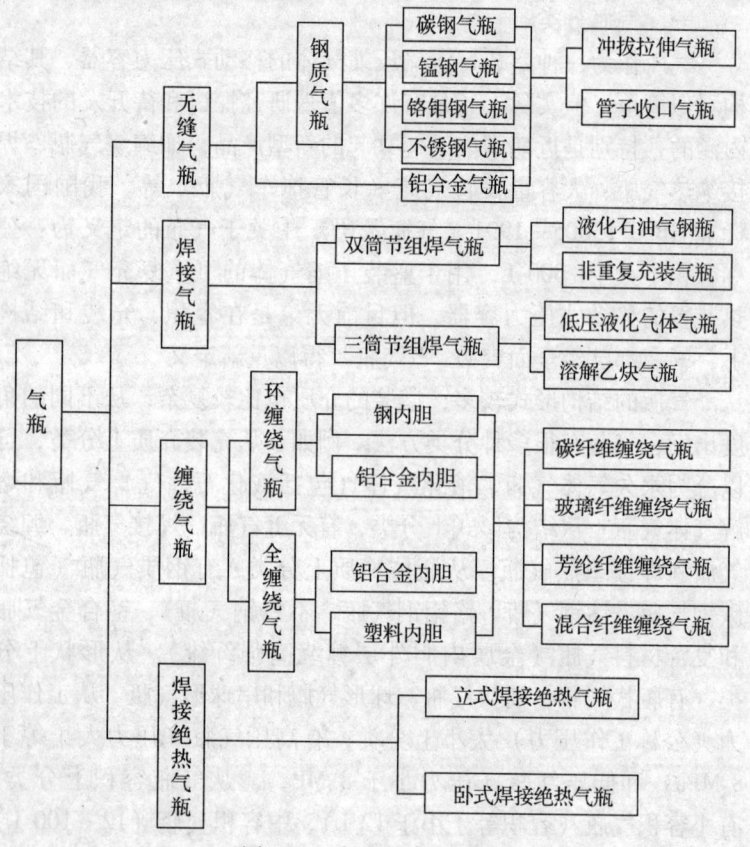

图 2—1　气瓶综合分类图

二、气瓶主要技术参数与气瓶型号

（一）气瓶公称工作压力和水压试验压力

气瓶公称工作压力是我国特有的气瓶术语。按照我国《气瓶安全监察规程》和国家标准 GB/T 13005—1991《气瓶术语》的规定，气瓶的公称工作压力，对于盛装永久气体的气瓶，系指在基准温度时（一般为20℃）所盛装气体的限定充装压力；对于盛装液化气体的气瓶，系指温度为60℃时瓶内气体压力的上限值。《气瓶安全监察规程》中还规定，气瓶的水压试验压力，一般应为公称工作压力的1.5倍；特殊情况者，按相应国家标准的具体规定。

《气瓶安全监察规程》规定的压力系列见表2—1。

表2—1

压力类别	高 压					低 压			
公称工作压力（MPa）	30	20	15	12.5	8	5	3	2	1
水压试验压力（MPa）	45	30	22.5	18.8	12	7.5	4.5	3	1.5

表2—1中所列的公称工作压力8 MPa的气瓶产品，国内外气瓶制造厂都没有正规生产，也没有气体制造厂按此规定压力进行充装。

国际标准ISO 11622中，对永久气体气瓶，有设定压力（稳定压力，Settled Pressure）的规定，定义为瓶内气体在15℃时的压力，用符号p_{15}表示，最低水压试验压力规定为设定压力的1.5倍。充装低压液化气体的气瓶，无设定压力，最低水压试验压力规定为不小于瓶内所装介质在65℃时的压力值，也不小于1 MPa。充装高压液化气体的气瓶，也没有设定压力，气瓶的最小试验压力按不同介质在不同充装系数的情况下确定。其压力级别比较繁杂，分别有30 MPa、25 MPa、20 MPa、19 MPa、18 MPa、16 MPa、15 MPa、14 MPa、12 MPa、10 MPa等。

水压试验压力是气瓶最主要的技术参数，气瓶设计、壁厚计算都是以水压试验压力为基准的。

国内生产的有些低压液化气体气瓶，水压试验压力不在《气瓶安全监察规程》所规定的压力系列范围内，由相关气瓶产品标准明确规定，其具体水压试验压力分别见表2—2。

表2—2　　部分低压液化气体气瓶的水压试验压力

所装介质名称	液化石油气	丙烯	丙烷
水压试验压力（MPa）	3.2	3.8	3.3

非重复充装气瓶的试验压力要比盛装同样介质的可重复充装气瓶的试验压力低得多，是所装介质在60℃时的饱和蒸汽压力。国家标准GB 17268—1998《工业用非重复充装焊接钢瓶》中规定的几种低压液化气体钢瓶的试验压力见表2—3。

表2—3　　几种低压液化气体钢瓶的试验压力

介质名称	二氟一氯乙烷等	二氯二氟甲烷等	四氟乙烷等	一氯五氟乙烷	一氯二氟甲烷	一氯二氟甲烷/五氟氯乙烷（R502）	三氟乙烷
试验压力（MPa）	1.2	1.4	1.7	2.0	2.3	2.5	2.7

溶解乙炔气瓶壳体的水压试验压力为5.2 MPa。

（二）气瓶容积和直径

气瓶容积也是气瓶的重要参数。气瓶的容积不仅决定了它的充气量，而且气瓶的一些技术要求也因容积大小不同各异。

公称容积是指气瓶容积系列中的容积等级。气瓶容积系列一般是直接以容积单位升（L）的整数值划分等级的。

气瓶的实际容积与公称容积的偏差，对气瓶的充装质量有直接影响，特别是低压液化气体气瓶，所以气瓶的容积不应有负偏差。

气瓶的直径虽然与容积有一定的关系（因为气瓶的径高一般都在变化不太大的范围内），但直径的偏差对气瓶的充装和使用并无太大的影响，因而气瓶的直径偏差允许值可以大一些。

值得一提的是，由于气瓶制造工艺方面的原因，气瓶的公称直径，对无缝气瓶是指它的外直径；而对焊接气瓶，一般是指它的内直径。

（三）无缝气瓶的公称容积与外径

1. 根据国家标准 GB 5099—1994《钢质无缝气瓶》的规定，钢瓶的公称容积和外径应符合表 2—4 的规定。

表 2—4　　　　钢瓶的公称容积和外径

类别	公称容积（L）	水容积允许偏差（%）	外径（mm）	允许偏差（%）
小容积	0.4	+20 −0	60, 70	+1.25 −2.00
	0.7		70	
	1.0		89	
	1.4			
	2.0		89, 108	
	2.5		108, 120, 140	
	3.2		120, 140	
	4.0			
	5.0			
	6.3	+10 −0		
	7.0			
	8.0		140, 152	
	9.0			
	10.0		152, 159	
	12.0		152, 159, 178, 180	

续表

类别	公称容积 (L)	水容积允许 偏差（%）	外径 (mm)	允许偏差 (%)
中容积	20.0	+5 -0	203, 219	±1.25
	25.0			
	32.0			
	36.0			
	38.0		219, 229, 232	
	40.0			
	45.0			
	50.0			
	63.0		245, 267, 273	
	70.0			
	80.0			

2. 根据国家标准 GB/T 11640—2001《铝合金无缝气瓶》的规定，铝瓶的公称容积和外径见表2—5。

表2—5　　　　铝瓶的公称容积和外径

类别	公称容积 (L)	容积允许偏差 (%)	外径 (mm)	外径允许偏差 (%)
小容积	0.4~2.0	+20	60, 70, 89, 108	+1.25 -2.00
	2.5~6.3	+10	108, 120, 140	
	7.0~12.0	0	140, 152, 159, 180	
中容积	13.0~36.0	+5	203, 219	±1.25
	38.0~52.0	0	219, 229, 232	

（四）焊接气瓶的公称容积和公称直径

1. 根据国家标准 GB 5100—1994《钢质焊接气瓶》的规定，

钢瓶公称容积和公称直径见表2—6。

表2—6　　　　焊接气瓶容积和公称直径

公称容积 (L)	10~25	>25~50	>50~100	>100~ 200	>150~ 200	>200~ 600	>600~ 1 000
公称直径 (mm)	200,230 (217)	250,300 (314)	300,350 (314)	400 (350)	400 (500)	600 (700)	800 (900)

注：( )内的数值尽量不采用。

2. 根据国家标准 GB 5842—2006《液化石油气钢瓶》的规定，钢瓶的型号、内直径、公称容积和最大充装量见表2—7。

表2—7　　　液化石油气钢瓶的型号和参数

型　号	参　　数		
	钢瓶内直径（mm）	公称容积（L）	最大充装量（kg）
YSP4.7	200	4.7	1.9
YSP12	244	12.0	5.0
YSP26.2	294	26.2	11.0
YSP35.5	314	35.5	14.9
YSP118	400	118	19.5

3. 根据国家标准 GB 11638—2003《溶解乙炔气瓶》的规定，乙炔瓶的公称直径和公称容积应符合表2—8的规定。

表2—8　　　乙炔瓶的公称直径和公称容积

公称直径（mm）	160	180	210	250	300
公称容积（L）	10	16	25	40	60

（五）气瓶型号

气瓶型号由气瓶代号和气瓶规格组成，必要时加改型序号。

气瓶型号的表示方法如下：

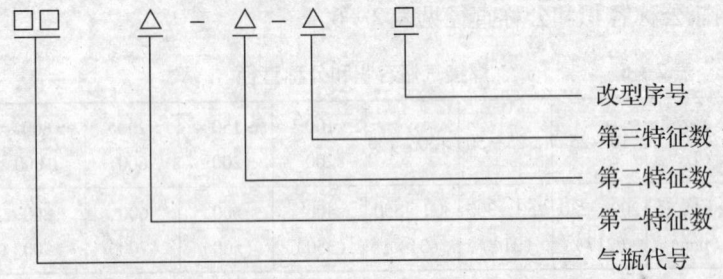

气瓶代号由气瓶的类（表示气瓶名称）、型（表示气瓶结构形状）两部分按顺序组成，各部分用有代表性的大写汉语拼音字母表示。3个字母连续书写，字母间不留间隔。类、型代表字母按表2—9、表2—10的规定选用。表中未列入的气瓶类和型，可按型号表示方法的原则命名。如代表字母已有规定，则用其他字母表示，不应在相同部分重复使用同一字母。

表2—9　　　　气瓶类的代表字母

类	钢质焊接气瓶	溶解乙炔气瓶	液化石油气气瓶	铝合金气瓶	潜水气瓶	吸附储氢气瓶	钢质无缝气瓶		
							Mn正火	Mn淬火	CrMo
代表字母	HJ	RY	YS	LW	QS	ZQ	WM	WZ	WG

表2—10　　　　气瓶型的代表字母

型	无缝凹形底	无缝凸形底	无缝H形底	无缝双头	有缝卧式	缠绕式	立式双环缝	立式单环缝
代表字母	A	T	H	S	W	C	L	P

气瓶规格由3个特征数组成，第一特征数表示气瓶的公称直径，单位为mm，其中焊接气瓶（包括溶解乙炔气瓶）为内径，其他气瓶为外径；第二特征数表示气瓶的公称容积，单位为L；第三特征数表示气瓶的公称工作压力，单位为MPa（溶解乙炔气瓶则表示气瓶在基准温度15℃时的限定压力）。

改型序号是表示一个系列中某一种规格气瓶的设计改型，包括气瓶瓶体材料牌号、热处理方式的改变等，用罗马字母Ⅰ、Ⅱ、Ⅲ等表示，在第三特征数空一字母间隔书写。

例如，型号为 WGA239-40-20Ⅰ的气瓶，表示是 CrMo 钢质无缝凹形底气瓶，公称直径（外径）为 239 mm，公称容积为 40 L，公称工作压力为 20 MPa，第一次设计改型。

液化石油气钢瓶的型号作了简化，国家标准 GB 5842—2006《液化石油气钢瓶》规定液化石油气钢瓶的型号为 YSP△—□。其中 YSP 表示液化石油气立式单环缝钢瓶，只有一个特征参数，表示钢瓶的公称容积。最后一个符号是用罗马字母表示的改型序号。

三、气瓶的基本结构

（一）无缝气瓶的结构形式与特点

顾名思义，无缝气瓶就是没有焊缝的密闭容器。虽然从几何形状上来看，无缝气瓶也是由一段圆筒体与两端的封头构成，但它是整体结构。

无缝气瓶的端部形状，常见的有如图 2—2 所示的 5 种形式。端部的形式都是由金属坯直接冲压成型，或由无缝管子旋压（液压）成型。

如图 2—3 所示是凹形底和带底座凸形底无缝气瓶的典型结构。气瓶瓶体是承受内压的主体，它包括以下部位：顶部的瓶口，这是瓶内介质的进出口处。瓶口部位的瓶体缩颈部分，称为瓶颈，通常有内螺纹用以连接瓶阀。容积大于 12 L 的钢瓶的瓶颈外面还套有颈圈，颈圈可以用钢板压制，也可以用铸钢制成，颈圈用热碾的方法固定连接在瓶颈外侧口，它的用途是装接瓶帽。气瓶筒体与瓶颈之间的上封头部分是瓶肩。瓶底是指气瓶瓶体封闭端的非筒体承压部分。瓶底与筒体连接的过渡部分称为瓶根。气瓶底座套装在凸形底气瓶的外面，其形状有圆筒状和四角状两种，底座的固定方法一般是加热套合。底座的用途是使凸形底气瓶能稳定站立。

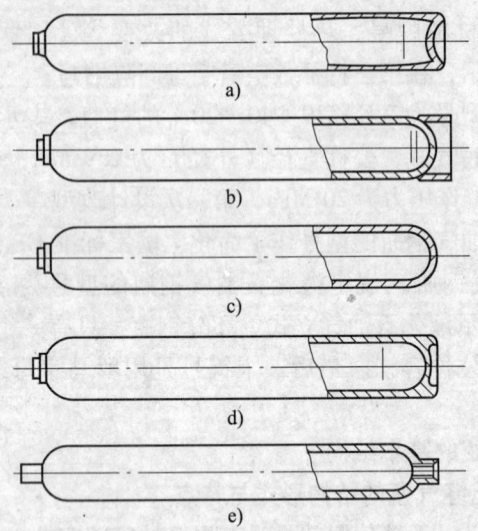

图2—2 无缝气瓶瓶体形式

a) 凹形底 b) 带底座凸形底 c) 凸形底 d) H形底 e) 双口形

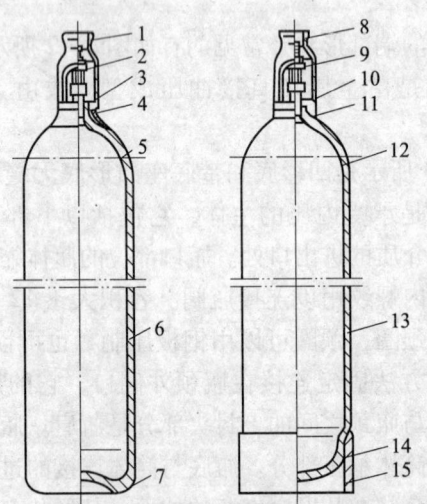

图2—3 凹形底和带底座凸形底无缝气瓶的典型结构

1，8—瓶帽 2，9—瓶阀 3，10—瓶口 4，11—颈圈 5，12—瓶肩
6，13—筒体 7，14—瓶底 15—底座

无缝气瓶是非焊接结构，其在选用材料上比较灵活，不用考虑金属材料的可焊性，可以选择强度较高的材料制造。相对壁厚较大的无缝气瓶，在加工难度上也要比焊接气瓶小一些，所以无缝气瓶通常都用做高压气瓶。无缝气瓶的制造周期也较短，适宜于大批量生产。但无缝气瓶的生产需要有大型的冲拔和收口设备，制造工艺技术也较为复杂，产品质量控制要求也较为严格。目前国内无缝气瓶的生产能力较大，气瓶贸易已由二三十年前的进口商品转变为出口商品。

（二）焊接气瓶的结构形式与特点

常用焊接气瓶的结构与固定式压力容器的结构基本相同。如图2—4a所示是最早也是最常用的焊接气瓶，如液氯、液氨瓶等，都是由一节圆筒壳体与两端的封头对接组焊而成的。其共有3条焊缝，即一条纵焊缝、两条环焊缝。圆筒体用钢板冷卷成型。直径较大的封头一般都是热压成型。封头的形状可以是半球形、椭圆形和碟形，一般多采用椭圆形，特别是标准椭圆形封头（椭圆形封头的高度与半径之比为1/2），因为这样可以使封头的设计壁厚与圆筒完全一致，免除壁厚不同的两焊件对焊时所带来的麻烦，焊缝的焊接接头均采用全焊透对接形式。圆筒体的纵焊缝不得有永久性垫板。为保证根部焊透，筒体（或封头）与封头的对接环焊缝内侧一般设置有衬圈（永久性垫板，见图2—4b）。或者采用缩口形式，即将一筒体（或封头）的端部缩颈，做成台阶形的整体垫板，插入与之相对接的另一封头的筒端进行对焊。

焊接气瓶的封头上焊有阀座，由其内螺纹与瓶阀相连接。阀座外圈套有颈圈，颈圈上加工螺纹，可装接瓶帽。需要装设安全泄压装置的焊接气瓶，则在封头上焊接有塞座（一个或多个，视泄放面积需要而定），塞座内孔加工有锥螺纹，用以装配易熔合金塞。气瓶两端封头都焊有一个用钢板卷焊成的圆形护罩，用以保护瓶帽、阀座（大护罩）或易熔合气塞（小护罩），使其免

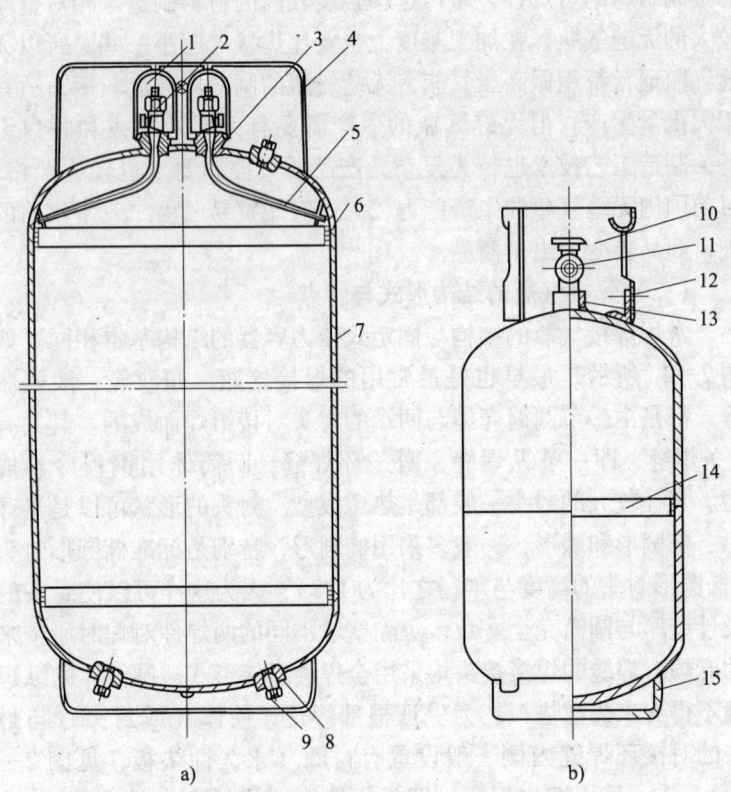

图 2—4 焊接气瓶结构示意图

a) 焊接气瓶　b) 液化石油气钢瓶

1—瓶帽　2, 11—瓶阀　3, 13—阀座　4, 10—护罩　5—导管
6, 14—衬圈　7—筒体　8—易熔塞座　9—易熔合金塞　12—瓶耳　15—底座

受碰撞,还可兼做提手。护罩口部卷边,以增强其强度和刚度。大小护罩上都有吊孔。大护罩上留有缺口,以免气瓶直立放置时存水腐蚀瓶体。气瓶内还有两根导管,与瓶阀相连,插入气瓶内腔,用以排放介质(液态或气态)。

焊接气瓶受加工工艺（卷制、焊接）的制约，壳体的相对壁厚不能太大。而且可焊性较好的钢板，特别是碳钢，材料的强度一般都比较低，通常都限于做低压气瓶，用以盛装低压液化气体。焊接气瓶制造工艺较为简单，也不需要特别大型的工艺设备，宜于制造容积较大的气瓶。建厂投资较少，从建厂到投产的期限也较短。国内最早生产的焊接气瓶，如常用的液氨瓶、液氯瓶等，容积都比较大。

焊接气瓶充分利用许多常用气体稍微加压即能液化的物理性能，增大介质的密度，以较低的承压强度、较小的容积来盛装较多的介质（液化），用它来储运低压液化气体具有较高的经济效益。

液化石油气钢瓶也是一种焊接气瓶，它是由两个深冲压的封头对接焊接而成的，没有纵焊缝，只有一条环焊缝。其他的结构与充装常用液化气体的焊接气瓶（见图2—4a）基本一样，其结构示意图，如图2—4b所示。

（三）缠绕气瓶的构造与特点

缠绕气瓶以金属或非金属制成的圆筒形密闭容器作为内胆，在其外面用浸渍有树脂的连续纤维多层缠绕而成的复合材料层构成。按连续纤维的缠绕方式来分，缠绕气瓶可以有环向缠绕和全缠绕两种形式。

环向缠绕气瓶的结构形式如图2—5所示。内胆是由低合金钢或铝合金制成的两端为半球形封头的圆筒形密闭容器。瓶口开设在一端封头的正中央，如图2—5a所示。也有两端都开设有瓶口的，如图2—5b所示。

复合材料层仅在内胆的圆筒体部分作环向缠绕。纤维在纵方向不承载压力载荷。两端封头没有缠绕层，是单层的金属构件。由理论分析可知，球形壳体承内压的强度是相同直径、相同壁厚的圆筒的两倍，因而不需要增设复合加强层。

环向缠绕气瓶的内胆承受一半以上的瓶内气体压力载荷，因

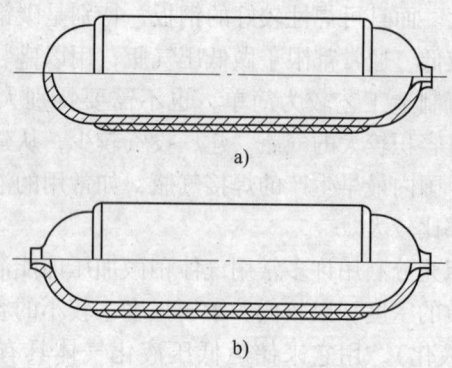

图 2—5　环向缠绕气瓶
a) 一端开设瓶口　b) 两端开设瓶口

此,需用具有较高强度的金属制成,一般用铝合金,或者是低合金钢。

　　全缠绕或称整体缠绕。气瓶也是由内胆和复合材料层构成的。但它的内胆一般不承载压力载荷,主要作用是保证气瓶的气密性。由于不需要承压能力,内胆通常用薄的铝合金或塑料制成,以减轻气瓶的整体重量。全缠绕气瓶的复合层承受气瓶的全部压力载荷。连续纤维以与气瓶中轴线成一定的角度(称缠绕角),按螺旋式层层缠绕。缠绕角的设定是用以保证气瓶的复合层在轴向(纵向)和环向(周向)的承载基本均衡。全缠绕气瓶的结构示意图如图 2—6 所示。

　　缠绕气瓶的连续纤维具有高强度、低密度的物理性能,以保证其制成的气瓶重量轻,承压能力高。常用的连续纤维有玻璃纤维、芳纶纤维或碳纤维。连续纤维的浸渍材料可以是热固性或热塑性树脂。

　　缠绕气瓶的制造工艺比较复杂。纤维缠绕操作都是由计算机或机械自动控制的。用碳纤维作结构增强材料的气瓶,气瓶内胆

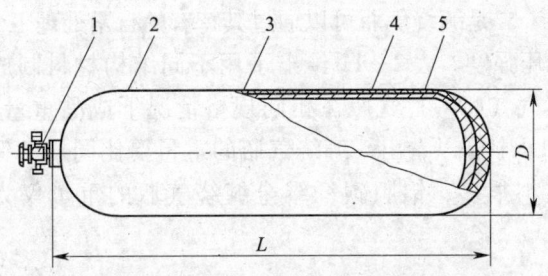

图 2—6 全缠绕气瓶的结构示意图
1—瓶阀　2—外部保护层　3—复合材料加强层　4—胆　5—内部保护层

在缠绕连续纤维前还要施加保护层，以防止金属部件产生电化学腐蚀。缠绕时还应对连续纤维施加适宜的控制张力，以保证各纤维层保持一致的紧密程度（在理论上还可以使内胆产生压应力，但实用上不予考虑）。缠绕结束后，如果是使用热固型树脂浸渍纤维，还要经过加热固化的过程。在水压试验前，气瓶成品还须进行自紧处理。所谓自紧，是缠绕气瓶特有的一项工艺措施。它通过对气瓶内腔施加较高的自紧压力（自紧压力一般稍高于气瓶的水压试验压力），使内胆屈服，产生塑性流动。然后将内压卸放，但内胆已不能恢复原状，产生较大的残余变形。在复合层回复的挤压下，内胆留存较大的残余压缩应力，而复合层则产生残余拉伸应力，结果使整个壳体在承受内压（工作压力）时，内外层产生的应力较为均衡，有利于提高缠绕气瓶的承压强度。

缠绕气瓶的生产和应用已有三四十年，特别是近期得到了迅速发展。缠绕气瓶与其他金属气瓶（包括无缝气瓶与焊接气瓶）相比较，具有如下特点。

1. 气瓶整体重量轻，重容比较小。与金属气瓶相比，缠绕气瓶的最大优越性就是重容比（气瓶毛重与气瓶单位容积所装气体重量之比）小得多。其原因一是因为缠绕气瓶主要构造材料是高强度连续纤维,这些材料具有极高的强度/密度比,特别是碳纤维。二是缠绕气瓶可以通过其特有的自紧处理工艺,提高气瓶的承压强度。表2—11给出了用不同结构材料制成的车用压缩天然气(CNG)气瓶在相同规格情况下成品重量的比较。从表2—11中可以看出,缠绕气瓶的重量要比同样的钢质无缝气瓶重量小很多,铝胆碳纤维全缠绕气瓶的重量仅为钢瓶的1/4。

表 2—11　　　　车用 CNG 气瓶重量与造价

结构材料与结构形式	相 对 重 量	相 对 造 价
钢质无缝气瓶	1	1
钢胆玻纤环缠绕气瓶	0.65	2
铝胆玻纤环缠绕气瓶	0.55	2.4
铝胆玻纤全缠绕气瓶	0.45	2.25
铝胆碳纤全缠绕气瓶	0.24	2.5

2. 缺口敏感性低,气瓶安全性能好。无论是钢质无缝气瓶还是焊接气瓶,如果存在制造裂纹、焊接缺陷或其他原因造成的瓶体裂纹,都有可能因为缺陷的传递、扩展而导致气瓶的爆破失效。缠绕气瓶则可以避免由于缺口敏感性所造成的破坏,因为是连续纤维缠绕结构,复合层中的纤维断裂或其他裂纹缺陷一般不易扩展到其他各层。

3. 抗冲击和抗震性能高,气瓶不会因受跌落冲击或碰撞而发生爆破。这是因为缠绕气瓶复合层的裂纹缺陷不易扩展,可以避免像金属瓶那样因冲击碰撞而碎裂的缘故。

4. 复合层的导热性较差,可以降低瓶内气体的温升压力。对于一些有隔热要求的气瓶来说,瓶体导热性差,有利于防止由于环境温度高而导致瓶内气体的温度上升,压力增大。

5. 气瓶抗腐蚀性能强。金属气瓶常因使用环境恶劣,如湿度大、接触腐蚀性液体或气体等，而致使瓶壁遭受腐蚀，严重时也会造成气瓶的破坏。缠绕气瓶可以有效避免这类情况的发生，这是因为用做缠绕气瓶壳体材料的树脂，一般都具有较好的抗腐蚀性能。

缠绕气瓶最大的弱点是造价太高，从表2—11也可以看出，缠绕气瓶的造价要比钢质气瓶高一倍以上，这一弱势基本抵消了它重量轻的优势。所以只有那些对重量轻有特别要求的气瓶，才能推广使用。

我国近十多年来也已开始缠绕气瓶的试制和生产，包括环缠绕气瓶和全缠绕气瓶。目前，铝合金内胆碳纤维全缠绕气瓶主要用于消防呼吸器、医药卫生、煤矿安全救护等行业中，也有少量用于航天工程领域之中。钢内胆或铝合金内胆玻璃纤维环缠绕气瓶也已开始在车用压缩天然气（CNG）气瓶中推广使用。

（四）焊接绝热气瓶的基本构造和特点

焊接绝热气瓶，俗称杜瓦瓶、低温瓶，也曾称作低温绝热气瓶，主要用于储存、运输和使用低温液化永久气体，如液氧、液氮、液氢等，也可以用于盛装和储存临界温度较低的常用液化气体，如液体二氧化碳（LCO_2）、液体氧化亚氮（LN_2O）的盛装和储存。

焊接绝热气瓶在构造上与常用的焊接气瓶有很大的不同，虽然它也属于圆筒形的移动式压力容器，也是焊接结构，但它是一个两层中空的密闭式容器。它所盛装的低温液化永久气体在 0.101 3 MPa 压力下的温度低到 -196℃，所以必须与常温的使用环境隔热，才能维持瓶内介质的液体状态。

根据使用上的需要，焊接绝热气瓶的工作压力可以分为中压和高压两大类（焊接绝热气瓶的中高压界限与压力容器或其他气瓶不同），中压为 1.4 MPa（表压，下同），高压为 2.02 MPa。

焊接绝热气瓶的外形结构有立式和卧式两种。目前国内使用的大多数是立式焊接绝热气瓶，主要用于储运液氧、液氮和液氢等。少量的容积较大的卧式焊接绝热气瓶主要用于充装液化天然气（LNG），包括车用、工业用或民用液化天然气。

焊接绝热气瓶主要由内胆、外壳、真空绝热夹层、支撑系统、内置式汽化器、阀门管路、保护圈和底圈等部分组成。图2—7所示是美国DOT-4L型深冷气瓶的立面图。

内胆是焊接绝热气瓶的最主要部件，是一个由圆筒体与两端封头焊接制成的密闭容器，直接盛装低温介质，承受极低的温度和介质的饱和蒸汽压力。在正常情况下，内胆下部是液态介质，上部是饱和蒸汽。内胆用耐低温的奥氏体不锈钢所焊制。

外壳是焊接绝热气瓶的保护层，也是一个圆筒形密闭容器，它套装在内胆的外面，与内胆构成一个密闭的夹层空间。焊接绝热气瓶的外壳由不锈钢或碳钢焊接制成。由于它内部的夹层是真空状态，所以外壳是一个承受外压的圆筒形容器。外壳还有保护内部构件的作用。

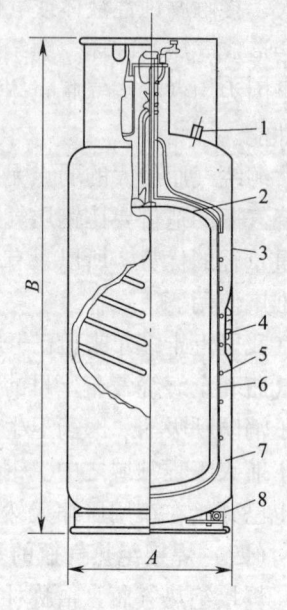

图2—7　美国DOT-4L型气瓶
1—真空泄放装置　2—内胆
3—外壳　4—绝热层
5—排放管　6—铜辐射保护
7—塑料减震器　8—防震装置

真空绝热夹层是由外壳与内胆构成的夹层空间，经抽真空处理形成一个高真空区域，并通过设置在夹层内的吸附材料的吸附作用，使其能够长期维持高真空状态，以阻止在运行过程中瓶外的热量通过对流等方式传递到内胆。真空夹层内设置有多层绝热材料，可以有效地防止热辐射和热传递，避免内胆的液态介质不断蒸发和损耗。

内置式汽化器是设置在夹层空间内的多圈蛇形盘管，其用途是保证气瓶的连续供气。在连续用气的情况下，汽化器不断地通过外壳外部吸收热量，将液态介质汽化。

阀门管路系统包括气瓶运行时用于操作的各个阀门以及与它们连接的管道，包括出气阀、进出液阀、增压阀、放空阀、调节阀等，还有安全阀、内胆爆破片、真空夹层爆破片以及压力表和液位计等。由于是低温运行，这些管件基本上都是用不锈钢材料制造。为便于操作，整套阀门管路都设置在气瓶的顶部。

支撑系统的作用是使气瓶的内部构件保持位置固定，不因气瓶震动或冲击而造成损坏。

保护圈除了有效地保护阀门管路系统之外，还可以供搬运、吊装气瓶时使用。

气瓶底部的不锈钢圈能起到有效的防震作用。

焊接气瓶的产品型号按 GB/T 15384—1994《气瓶型号命名方法》进行命名。例如，型号为 DPL450 - 175 - 1.4 Ⅱ 表示公称容积为 175 L、工作压力为 1.4 MPa、内胆公称直径为 450 mm、第二次改型的立式焊接绝热气瓶。为了方便，又常把型号简化为只有 DPL、公称容积和中压（或高压）三个单元组成。如 DPL450 - 175 - 1.4 简化为 DPL—175MP 等。

焊接绝热气瓶的性能参数见表 2—12。

表 2—12　　　　　焊接绝热气瓶的性能参数

型式	DPL - 175MP	DPL - 195 MP	DPL - 175HP	DPL - 195HP
规格（外径×高）（mm×mm）	508 × 1 480	508 × 1 640	508 × 1 490	508 × 1 660
空瓶重量（kg）	117	127	~131	~144
容积（L）公称/有效	175/165	195/185	175/165	195/185

续表

型式		DPL-175MP	DPL-195 MP	DPL-175HP	DPL-195HP
压力(MPa)	工作压力/常用压力	1.38/0.27~1.1	1.38/0.27~1.1	2.02/0.55~2.2	2.02/0.55~2.2
	阀设定/出厂设定	1.58/0.86~0.96	1.58/0.86~0.96	2.41/2.07~2.17	2.4/2.07~2.17
气体容量(m^3)(在阀的设定压力下)	氧气	120	134	114	127
	氮气	97	108	91	102
	氩气	117	130	111	124
	二氧化碳	—	—	89	99
	氧化亚氮	—	—	84	94
最大装液量(kg)(在阀的设定压力下)	氧气	172	191	163	182
	氮气	121	135	114	127
	氩气	209	233	198	221
	二氧化碳	—	—	176	195
	氧化亚氮	—	—	166	185
气流量(m^3/h)		9.2	9.2	9.2(下面两介质为3)	9.2(下面二者两介质为3)
蒸发率(%/d)		液氮≤2.1	液氮≤2.0	液氮≤2.1	液氮≤2.0

  焊接绝热气瓶的用途很广,可以广泛应用于机械、造船、医疗、化工、电子、生物、食品、材料、能源和科研等国民经济各领域中。它可盛装工业液氧,用于金属切割、焊接和加热等;可盛装液氮,用于纯氮保护或食品、医药生物和超导体等-196℃液氮冷载体;可盛装液氩,用于氩弧焊和其他氩气保护场合;也可盛装医用液氧,作为集中供气设备。较大容积的卧式焊接绝热气瓶还可用来盛装液化天然气,作为车用燃料或城市居民小区的生活用燃料。

  焊接绝热气瓶的最大特点是自身较轻、装载率高,用做气体的储存运输有较大的经济效益。以氧的包装为例,用型号为

DPL-195MP的焊接绝热气瓶充装液氧，最大充液量为191 kg，空瓶重量为127 kg，每千克介质所需的瓶重约为0.665 kg。用钢质无缝气瓶充装高压氧气，其重容比（每立方米标准状态下的气体所占的空瓶重量）约为$5\sim 7$ kg/m^3，对于氧气，则每千克介质所需的瓶重约为$3.5\sim 5$ kg。焊接绝热气瓶的装载率要比常用的钢质无缝气瓶高出好几倍。

焊接绝热气瓶的工作压力低，安全性能较好。焊接绝热气瓶盛装的液化永久气体的工作压力为$1.4\sim 2.02$ MPa，远比常用的钢质无缝气瓶低，因而比较安全。也因为工作压力较低，对壳体的承压强度要求不高，可用较薄的钢板制造，易于壳体的加工成型与组装焊接。

气瓶使用方便，特别是用气量很大时，不用经常更换气瓶。一个公称容积为195 L的中压焊接绝热气瓶所装的氧气量约相当于22个公称容积为40 L、压力为15 MPa的钢质无缝气瓶的充装量。

当然，焊接绝热气瓶也有它的一些弱点。一方面，造价太高。因为是深冷运作，气瓶主体的制造必须选用低温钢——奥氏体不锈钢。不锈钢板的价格要比焊接气瓶用钢板高$5\sim 7$倍，因而产品成本过高，售价昂贵；另一方面，焊接绝热气瓶由于受内置汽化器传热面积等的限制，气流量不是很大，往往不能满足大流量连续供气作业的要求。在这种情况下，就得在瓶外增设外置式汽化器，这给用户带来了诸多不便。

（五）瓶阀的基本结构

瓶阀是装设在气瓶瓶口上用以控制气体进入或放出的组合装置。气瓶瓶体只有装接有瓶阀才能构成一个完整的密闭容器，才具有盛装气体的功能。应该说，瓶阀是气瓶的主要部件。

瓶阀主要由阀体、阀杆、阀芯（活门）密封圈、压紧帽等零件组成。大部分瓶阀都配有手轮，用以转动阀杆，进行阀的开启和关闭工作，也有用专用扳手替代手轮的。

瓶阀阀体的尾部柱面加工有外螺纹（一般是锥螺纹），用以与气瓶瓶口紧密连接。瓶阀出口连接螺纹的形式，按气瓶所装介质的特性而有专门的规定。

要特别关注的是，就气瓶的安全充装和使用方面来说，瓶阀出气口的连接形式及其尺寸至关重要。为了防止气瓶错装误用而导致发生重大事故，世界上许多国家对不同气体瓶阀的出口连接形式和尺寸都有十分详细和严格的规定。改革开放前，我国有关法规对此也有过简要的规定，即盛装助燃和不可燃气体的瓶阀，出气口螺纹为右旋；而盛装可燃气体的瓶阀，出气口螺纹为左旋。这一从瓶阀螺纹结构上来防止气瓶错装的安全措施虽然有些简单，也不够完善，但对当年预防气瓶发生爆炸事故曾经起过重大作用。后来，一些气体制造或充装单位为简化操作，提高充装工作效率，在进行气瓶充装作业时，将待充气瓶与充气总管的连接方式由螺纹连接改为卡具连接，由此就使原有用不同的螺纹旋向来防止气瓶错装的安全措施失去了效用。为此，许多年前，作者就曾建议有关管理部门关注此一问题，并提出了具体的进一步完善的安全措施，即除了规定用不同的螺纹旋向以外，还应规定助燃与不燃气体瓶阀出气口螺纹用外螺纹，而可燃气体用内螺纹。这样，即使气瓶充装仍用卡具连接，也不会发生错装。因为不同气体用不同尺寸的卡具插头，助燃气体充装卡具插头细而短，可燃气体充装卡具插头粗而长，如果误用气瓶来充装，则因为卡具插头尺寸不同而无法充气。但由于种种原因，这一简单有效的安全措施至今尚未得以完全贯彻实施。

有些气瓶需要装设安全泄压装置，如爆破片、易熔合金塞等，一般也都设置在瓶阀上。

制造瓶阀阀件的材料，包括阀体、阀杆、密封件等，则根据所装介质的特性来选定。主要的要求是，阀件材料应不与瓶内盛装的介质发生化学反应，也不会影响所包装气体的质量；阀内使用的非金属密封材料必须与瓶内介质相适应。例如氧气阀瓶，必须选用铜合金制造，而不能用钢。因为铜的阀件不会在瓶阀开启和关闭时相互摩擦而产生火花（静电火花或机械火花），而引起瓶阀着火燃烧。液氨瓶阀则禁止使用瓶阀，因为氨会与金属铜产生化学反应，导致阀件损坏。氧气和强氧化性气体的瓶阀，密封材料必须选用无油脂的阻燃材料。

下面介绍几种常用的气体瓶阀的结构和特点。

1. 氧气瓶阀

氧气瓶阀分带手轮和不带手轮两种形式。阀体上有的装设安全泄压装置，有的则没装。如图 2—8 所示是带手轮、装有安全泄压装置（爆破片）的氧气瓶阀的结构示意图，它也常用于氮气和空气气瓶。

瓶阀的公称压力不大于 30 MPa，耐压性压力为公称工作压力的 1.6 倍，即 48 MPa。耐温性的许用温度为：一般地区为 $-20 \sim 60℃$；寒冷地区为 $-50 \sim 60℃$。

瓶阀的阀体、阀杆、阀芯及压紧螺母等均为 HPb 铅黄铜棒材，阀体锻压成型。密封垫圈大多为聚四氟乙烯。

阀的进气口螺纹为锥螺纹。螺纹规格为 PZ19.2（基准面直径）和 PZ27.8 两种。出气口螺纹连接形式有内螺纹连接、锥面密封；外螺纹连接，锥面密封；外螺纹连接、平面密封等三种。

2. 液氨瓶阀

液氨瓶阀的结构示意图如图 2—9 所示。

液氨瓶阀的公称工作压力为 3 MPa，耐压性压力为公称工作压力的 2 倍，即 6 MPa；适用的工作温度为 $-40 \sim 60℃$。

瓶阀的阀体、阀杆、压帽等均为优质碳素结构钢。密封圈为油浸石棉盘根、聚四氟乙烯。阀体及其他金属零件表面均经过防腐蚀处理。

瓶阀进气口螺纹为锥螺纹，规格为 PZ27.8（基准面直径）。

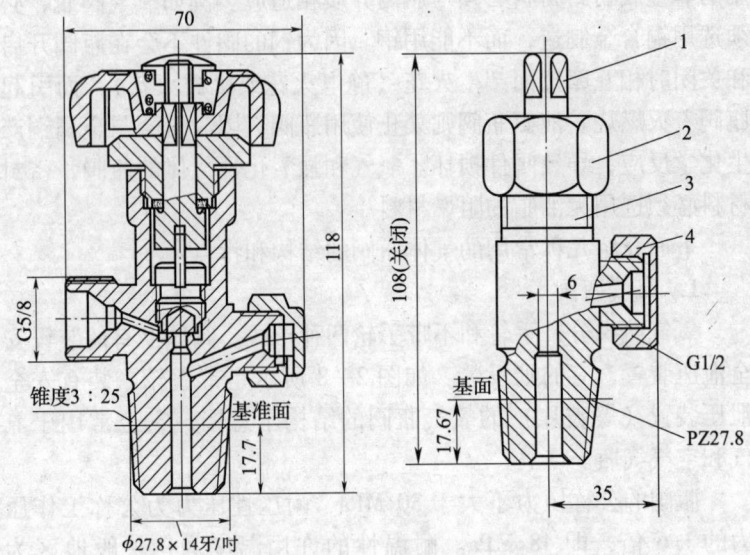

图 2—8 氧气瓶阀的结构示意图　图 2—9 液氨瓶阀的结构示意图
1—阀杆　2—压帽　3—阀体　4—安全帽

阀出气口螺纹为外螺纹，规格为 $G\frac{1}{2}$。阀公称通径为 6 mm。

3．液化石油气瓶阀

液化石油气瓶阀是一种不可拆卸的阀。这种阀上的所有零件都不能随意拆卸。瓶阀的结构分为有自闭装置和无自闭装置两种。所谓自闭装置，是指设在阀的出气口内、与调压器连接后能自动打开阀，卸去调压器以后又能自动关闭阀的一种保护装置。如图 2—10 所示是无自闭装置的液化石油气瓶阀的结构示意图。

瓶阀的公称工作压力为 2.5 MPa，适用的环境温度为 -40 ~ 60℃。

瓶阀的主要零件材料为 HPb59 - 1 铅黄铜棒材。阀体锻压成型。密封圈材料为橡胶。

瓶阀进气口螺纹为锥螺纹，螺纹规格有两种，即 PZ27.8

（基准面直径）和 PZ19.2。阀出气口螺纹为 M22×1.5 左旋内螺纹。瓶阀的公称通径有 7 mm 和 5 mm 两种。

4. 溶解乙炔气瓶阀

溶解乙炔气瓶阀的结构示意图如图 2—11 所示，这是一种无手轮的针形式瓶阀。作为安全泄压装置的易熔合金装在阀体上，与瓶阀的进气口连通。瓶阀公称压力为 3 MPa，耐压性压力为 6 MPa。在公称工作压力下，阀保持在 -40~65℃ 的温度范围内不泄漏。

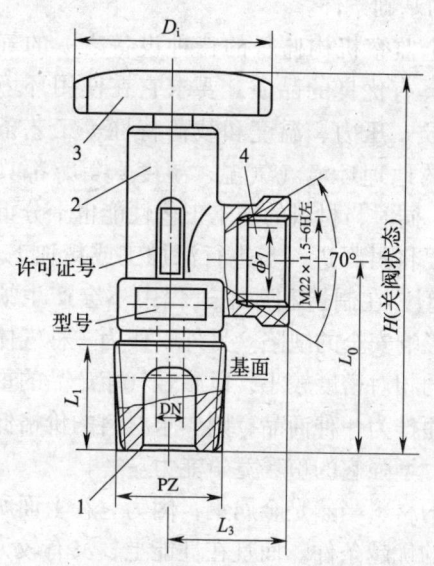
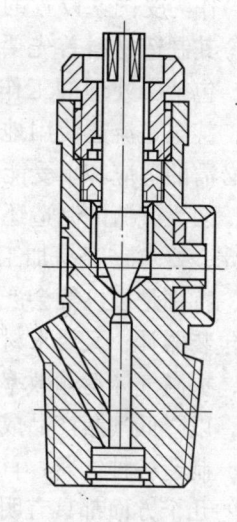

图 2—10　无自闭装置的液化石油气瓶阀的结构示意图　　图 2—11　溶解乙炔气瓶阀的结构示意图

1—阀进气口　2—阀体　3—手轮　4—阀出气口

瓶阀的阀件及其他主要零件，如挡环、压帽等均为 HPb59-1 铅黄铜棒材，阀体经锻压成型。若使用其他铜合金材料，则其含铜量应小于 70%（质量分数）。这是因为乙炔会与铜作用，生成乙炔铜（爆炸性化合物），而且铜又能促使乙炔发生分解爆炸。

瓶阀阀杆用不锈钢（2Cr13）加工而成。阀进气口内孔设置有不锈钢过滤网。密封圈材料为尼龙1010、聚四氟乙烯。

瓶阀进气口螺纹为锥螺纹，规格为PZ39。阀的公称通径为4 mm。

第二节 气瓶制造材料的选用

正确而合理地选用制造材料，是气瓶设计中的关键问题，是保证气瓶安全运行及使用的基础条件。

作为受国家设置的安全监察机构监督的特种设备之一的气瓶，其制造材料首先要求具有优良的品质，要求它在使用环境下，包括所处理的工作介质、压力、温度和载荷特性等工艺条件，甚至是流通使用地域的地理环境（气温、湿度）等，都具有必需的适应和承受能力。同时，材料的加工工艺性能也十分重要，因为气瓶的制造还需要将材料进一步进行深加工或精加工。因此，要求它容易加工成型，在制造和加工过程中不会产生缺陷，特别是裂纹等会严重影响安全的缺陷。另外，作为一种气体的包装器具，又要求材料的相对密度较小，以减轻气瓶产品的重量，提高气体运输效率。而作为一种商品，则要求材料的价格低廉，以降低气瓶产品成本，增强它的市场竞争能力。

制造各种气瓶，首选的材料当然是金属钢，因为它在上面所讲的几个方面都具有明显的优越条件。而且在性能上，又有较为宽广的选用范围，以适应各种气瓶制造或使用条件的要求。其次是金属铝。与钢相比，虽然铝的价格较高，但它有相对密度小（即强度与密度之比相对较高）的特点，也适合于用来制造有特殊需要的气瓶。

就金属而言，确定材料的品质首先是看其冶金质量。冶金质量一般包括冶炼方式、硫磷及偶存于钢中的其他有害元素的含量、晶粒度、夹杂物的类型、数量和分布，气体含量以及是否存在疏松、偏析、裂纹等缺陷。

对于钢的冶炼方式，我国《气瓶安全监察规程》规定，钢质气瓶瓶体材料及缠绕气瓶钢质内胆材料，必须是电炉或氧气转炉冶炼的镇静钢。

气瓶的制造材料之所以必须用镇静钢，而不能用沸腾钢，是因为沸腾钢含硅量较少，脱氧不完全，钢中常夹有氧化铁或者气泡，因而组织疏松，质量较差。特别是它在焊接后经过一段时间还可能会自行开裂。

下面仅就气瓶的制造和安全使用上，介绍对选用材料在性能上的要求。

一、对材料性能的基本要求

（一）工艺性能

材料的制造工艺性能对保证气瓶的制造质量来说十分重要。制造工艺性能差的材料不但难以加工制造，而且还容易在制造加工过程中产生各种缺陷。

就制造气瓶的材料而言，对它的制造工艺性能主要应考虑的是压延加工性能、焊接性能和热处理性能。

1. 良好的压延加工性能

无缝气瓶一般是用钢坯冲孔、拉拔后再加工收口制成。焊接气瓶的筒体、封头等，也大都是用钢板滚卷或冲压加工成型的，所以要求材料具有良好的压延加工性能。压延加工性能是材料冷塑性变形的能力。加工性能好的材料在压延加工时容易变形和形状固定，而且不会因产生较大的塑性变形而在构件上产生裂纹等缺陷。压延加工性能与材料的延塑性有关。一般来说，如材料的机械性能在塑性方面符合要求，则它的压延加工性能也都可以满足冲压工艺性能的要求。对于需要热加工成型的气瓶或其部件，则要求材料具有较宽的热加工温度范围和较好的高温塑性。

2. 较好的可焊性

焊接气瓶的焊接质量，在很大程度上与材料的焊接性能有关。

可焊性差的材料,不但会由于焊接加热而降低焊接热影响区材料的韧性和塑性,还会在焊缝或热影响区产生各种缺陷,包括裂纹或未焊透等严重缺陷。焊接性能好的材料,在焊接时不需要采用其他的附加工艺措施,即可获得没有焊接缺陷并有良好机械性能的焊接接头。在钢材所含的化学元素中,对焊接性能影响最大的是碳元素。所以常把钢中含碳量多少作为判别钢材焊接性能的主要标志。钢中含碳量越高,焊接性能越差。此外,钢中其他元素,如锰、钼、铬、镍、硅等的含量对它的焊接性能也都有影响,但影响的作用程度不同,一般可以将这些元素对钢材焊接性能影响的大小,折合成相当的碳元素含量(碳当量),并按焊接碳当量的大小评定钢材的焊接性能。焊接碳当量的折算方法,各国的标准和规范的规定不甚相同。国家质量监督检验检疫总局(以下简称国家质检总局)颁布的《锅炉压力容器制造许可条件》中规定,用于焊接结构压力容器主要受压元件的碳钢和低合金钢,钢材的含碳量不应大于0.25%,且按下列公式计算的碳当量(Ceq)不大于0.45%。

$$Ceq = C + Si/24 + Mn/6 + Ni/40 + Cr/5 + Mo/4 + V/14$$

3. 适宜的热处理性能

对于钢质焊接气瓶材料的热处理性能,主要是要求消除气瓶焊接及加工过程中产生的残余内应力,而且要求热处理时不会产生裂纹。对一些具有焊后热处理裂纹敏感的材料,不能用以制造气瓶瓶体及其主要部件。对无缝气瓶选用的调质钢,应有良好的淬透性和回火性,并且可以按照气瓶设计要求的力学性能,通过调质处理后得到最合适的强度、塑性和韧性的良好配合。

(二) 力学性能

金属材料的各项力学性能往往是既相互联系又相互矛盾的。因此,在选用材料时,要考虑气瓶的使用条件。首先要满足工艺过程对材料的最主要要求,然后再适当照顾其他方面的要求。

1. 适当的强度

制造气瓶部件的材料应具有较高的强度,以保证其有足够的承压能力，也不会因材料强度太低而导致气瓶壁厚太大，显得特别笨重，影响运输效率。但是高强度钢的其他性能，如塑性、韧性等一般都比较差，制造焊接气瓶也比较容易产生裂纹等缺陷。而且，强度较高的合金钢，对一些具有应力腐蚀倾向性的气体（如湿硫化氢含量较高的压缩天然气）比较敏感。因而盛装这些气体的合金钢无缝气瓶，还必须对它在调质处理后的强度加以适当限制。所以，制造气瓶材料的选用，应根据气瓶的运行条件（压力、温度、介质特性等）及制造加工工艺等进行综合考虑，选用适当的强度，不能片面地追求高强度。

2. 良好的塑性

金属材料在断裂前发生塑性变形的能力称为塑性。塑性好的材料能在外力作用下产生较大的永久变形而不被破坏。制造气瓶的材料，要求具有良好的塑性，一方面是加工工艺上的需求，气瓶的加工成型，包括钢板的滚卷、压延，钢坯等的冲压、拉拔等，都是通过施加外力，使材料经过较大的永久变形来达到的。只有具有良好的塑性，才能保证气瓶易于加工成型，具有较高的产品质量。另一方面是保证气瓶安全运行的需要。因为有些气瓶必须有较大的塑性储备，使它能承受较大的塑性变形而不致破裂爆炸。例如盛装低压液化气体的焊接气瓶、液化石油气钢瓶等，常会因充装过量，在温度升高时，瓶内液态介质受热膨胀出现"满液"，并导致瓶内压力急剧增大。如果气瓶材料具有较好的塑性，使壳体产生较大的塑性变形，气瓶容积随之增大，这样就会使瓶内压力升高的趋势得以缓解，避免气瓶发生爆炸。而发生过明显塑性变形的气瓶，则可以因形状变异而在日常的检查或定期检验中被发现而淘汰。此外，材料的良好塑性，还可以使构件在局部高应力的部位（如气瓶开孔接管处）通过微量的塑性变形，产生新的应力分布状态，缓解构件由于应力集中而造成断裂的后果。金属的塑性以它在断裂后的塑性变形大小来表示。工程上，常用来衡量金属材料塑性高低的指标是断后伸长率和断面收缩率。断后伸长率是指材料拉伸试验的试样拉断后单位标距长度伸长的百分数，用符号 A 表示。断面收缩率是指试样拉断后，断裂处单位横截面缩小的百分数，用符号 Z 表示。可以间接表示材料塑性的另一个指标是屈强比 v，它是材料屈服强度与抗拉强度的比值，即 $v = R_e/R_m$（注：本书根据国家标准 GB/T 228—2002《金属材料室温拉伸试验方法》规定，使用最新性能名称和符号）。此值越小，材料的屈服强度与抗拉强度的差距越大，表示材料的塑性越好。对于制造气瓶的材料，目前还没有统一的塑性指标，但对于制造压力容器承压部件的材料，一般要求其断后伸长率的下限值为碳钢或锰钢不小于16%，合金钢不小于14%。

3. 较好的韧性

冲击韧性是材料抵抗冲击载荷的能力。气瓶的主要载荷是压力载荷。在正常情况下，是不会产生很大的压力冲击的，除非气瓶内发生燃爆等激烈化学反应。但是，气瓶在使用过程中，瓶体常会受到冲击，例如气瓶运输时的激烈震动，瓶体相互撞击，气瓶装卸时的坠落、碰撞，气瓶使用的突然跌倒等，都会使瓶体材料受到直接或间接的冲击。近年来，国内曾经发生过因野蛮装卸造成气瓶落地碰撞冲击而爆炸的重大事故。在一定条件下，材料的强度和韧性常常是相互矛盾的。强度较高的材料，通常是伴随着韧性的降低。强度高而塑性、韧性较差的材料，常会在冲击载荷下突然发生破坏。尤其重要的是，韧性差的材料，一般对缺口脆性比较敏感，特别是裂纹等缺陷，气瓶材料在制造过程中（如焊接、调质处理）都可能存在或产生这样的缺陷。气瓶受到冲击载荷而不发生脆性断裂的条件是钢材应具有良好的冲击韧性。

二、各类气瓶制造材料的相关规定

（一）无缝气瓶

无缝气瓶瓶体的主要制造材料是碳锰钢、铬钼钢和铝合金。

1. 无缝气瓶用钢

国家标准 GB 5099—1994《钢质无缝气瓶》对瓶体材料的选用有如下限定：

（1）瓶体材料必须采用碱性平炉、电炉或吹氧碱性转炉的无时效性镇静钢。

（2）对于容积大的气瓶，制造钢瓶的钢种应选用优质锰钢、铬钼钢或其他合金钢。对于小容积钢瓶，若选用正火处理方法，可选用碳钢材料；若选用调质处理，可选用合金钢材料。

（3）钢瓶的瓶体材料，应具有良好的冲击性能。

（4）钢瓶瓶体材料的化学成分限定见表2—13。

表2—13　钢瓶瓶体材料的化学成分限定

成分（%）\钢种	碳锰钢		铬钼钢或其他合金钢	
	Mn①	MnH②	CM	
C	max0.40	max0.40	0.26~0.34	0.32~0.40
Mn	1.40~1.75	max1.70	0.40~0.70	0.40~0.70
Si	max0.37	max0.37	0.17~0.37	0.17~0.37
S	max0.030	max0.035	max0.035	max0.035
P	max0.035	max0.035	max0.030	max0.030
S+P	max0.06	max0.06	max0.055	max0.055
V	max0.12			
Cr			0.80~1.10	0.80~1.10
Mo			0.15~0.25	0.15~0.25
采用热处理方式	正火或正火后回火		淬火后回火	

注：①正火或正火后回火用碳锰钢种。
②淬火后回火用碳锰钢种。

2. 铝合金气瓶

国家标准 GB/T 11640—2001《铝合金无缝气瓶》规定材料代号为6061与6351，这些铝合金的化学成分见表2—14。

表 2—14　　　　　铝合金气瓶的化学成分

元素 \ 材料代号		6061	6351
Si		0.40~0.80	0.70~1.30
Fe		≤0.70	≤0.50
Cu		0.15~0.40	≤0.10
Mn		≤0.15	0.40~0.80
Mg		0.80~1.20	0.40~0.80
Cr		0.04~0.35	
Zn		≤0.25	≤0.20
Ti		≤0.15	≤0.20
其他	单个	≤0.05	≤0.05
	总和	≤0.15	≤0.15
Al		余量	余量

标准要求应优先采用6061。标准也允许瓶体采用其他具有良好的工艺性能和较高的抗蚀能力的铝合金材料，但应通过腐蚀试验。

（二）焊接气瓶

焊接气瓶主要用于盛装低压液化气体，对材料的强度不要求太高，但要求具有良好的可焊性。

1. 焊接气瓶用钢板

在碳素结构钢中，我国规定有专供焊接气瓶用的钢板。焊接气瓶用钢板的牌号用"焊瓶"二字汉语拼音第一个字母"HP"与一个表示材料屈服强度的三位数组成。如牌号HP295，表示屈服强度为295 MPa的焊接气瓶用钢板。

焊接气瓶用钢由氧气转炉、平炉及电炉冶炼。为保证钢的非时效性，采用铝脱氧或铝补充脱氧。各牌号中又常加入适量的稀土元素,以改善钢的内在质量。

国家标准 GB 6653—1994《焊接气瓶用钢板》对钢板的化学成分、力学和工艺性能的规定见表2—15 和2—16。

表2—15　　　　焊接气瓶用钢板的化学成分

牌号	化学成分（%）						
	C	Si	Mn	P	S	P+S	Als
HP245	≤0.16	≤0.35	≤0.60	≤0.035	≤0.035	≤0.060	≥0.015
HP265	≤0.19		≤0.80				
HP295			≤1.00				
HP325	≤0.20						
HP345			≤1.50				
HP365							

注：①钢中铝含量仅供参考。
　　②酸溶铝 Als 含量可以用测定总含铝量代替,此时铝含量应不小于0.020%。

表2—16　　　　焊接气瓶用钢板的力学和工艺性能

牌号	屈服强度 R_e(MPa)	抗拉强度 R_m(MPa)	断后伸长率 A(%)	180°冷弯试验 d—弯心直径 a—试样厚度	冲击试验			
					温度	方向	尺寸(mm)	冲击功 A_{kv}(J)
HP245	≥245	≥390	≥28	$d=1.5a$	常温	横向	5×10	15
HP265	≥265	≥410	≥27					
HP295	≥295	≥440	≥26					
HP325	≥325	≥490	≥21	$d=2a$			10×10	27
HP345	≥345	≥510	≥20					
HP365	≥365	≥540	≥20					

国家标准 GB 5100—1994《钢质焊接气瓶》对瓶体的化学成分和力学性能作了如下具体规定：

钢瓶主体的化学成分（熔炼分析）应符合表2—17规定。

表 2—17　　焊接钢瓶主体材料的化学成分　　　　%

化学元素	C	Si	Mn	P	S	P+S
不大于	0.22	0.45（0.60）	1.60	0.04	0.04	0.07

注：（ ）内化学成分的材料适用于制造 $V>150$ L 的钢瓶材料。

对含有微量合金元素的钢材，其含量应符合表 2—18 规定。

表 2—18　　焊接钢瓶主体材料微量元素　　　　%

微量合金元素	Nb	Ti	V	Nb+V
不大于	0.08	0.20	0.20	0.20

焊接钢瓶瓶体材料的屈强比（R_e/R_m）应不大于 0.8。当钢瓶瓶体名义壁厚 $S\geqslant 6$ mm，且在 -20℃以下的环境温度使用时，主体材料的冲击吸收功 A_{kv} 应符合表 2—19 的规定。

表 2—19　　　　　　钢板的冲击功

瓶体名义壁厚 （mm）	试样规格 （mm×mm×mm）	试验温度 （℃）	冲击吸收功 $A_{kv}\geqslant$（J）
6~10	5×10×55	常温	15
		-40	14
>10	10×10×55	常温	27
		-40	20

国家标准 GB 5842—2006《液化石油气钢瓶》对瓶体化学成分规定的范围是：碳 C≤0.18%，硅 Si≤0.10%，锰 Mn=0.70%~1.50%，硫 S≤0.020%，磷 P≤0.025%，硫 S+磷 P≤0.040%。规定主体材料的屈强比（R_{eL}/R_m）不得大于 0.80。

2. 非重复充装焊接气瓶用钢

工业用非重复充装钢瓶由冷轧薄钢带经深冲拉伸成直边高度很高的封头两个对接焊接而成。为了适应深冲工艺的需要，保证壳体的成形质量，要求材料有非常好的延性和韧性。目前国内适宜制造非重复充装焊接气瓶的薄钢带牌号是 SC1（08Al，GB/T 5213—2001）和 DC04（st14、st15，企标）等。这些材料的含碳量都很低，w（C）$\leqslant 0.12\%$，冷轧后退火状态下的规定非比例延伸强度 $R_{p0.2} \leqslant 210$ MPa，抗拉强度 $R_m = 270 \sim 350$ MPa，断后伸长率 $A \geqslant 38\%$。拉伸成形后的气瓶产品，$R_p \geqslant 390$ MPa，$R_m \geqslant 430$ MPa。

（三）缠绕气瓶用材料

缠绕气瓶由内胆和连续纤维缠绕制成。内胆有钢和铝合金两种，连续纤维有碳纤维、玻璃纤维和芳纶纤维三种。

我国近年来已研发试制成功缠绕气瓶，所用材料大多参照国外的一些标准的要求。

1. 缠绕气瓶钢胆材料

缠绕气瓶钢胆一般选用优质铬钼无缝钢经收口制成。钢材应是电炉或氧气转炉冶炼的无时效性镇静钢。钢材的化学成分见表2—20。

表 2—20　　　　缠绕气瓶钢胆材料的化学成分　　　　　%

元素	C	Si	Mn	Cr	Mo	S	P	S+P
含量	$\leqslant 0.4$	$0.17 \sim 0.37$	$0.40 \sim 0.70$	$0.80 \sim 1.10$	$0.15 \sim 0.25$	$\leqslant 0.020$	$\leqslant 0.020$	$\leqslant 0.030$

2. 缠绕气瓶铝合金内胆材料

气瓶内胆材料一般选用6061铝合金，其化学成分限定见表2—21。

3. 缠绕纤维材料

（1）聚丙烯腈（PAN）碳纤维。材料抗拉强度不宜超过5 171 MPa，弹性模量不超过290 GPa，伸长率不小于1%。

（2）玻璃纤维。S型玻璃纤维抗拉强度不小于2 750 MPa；E型玻璃纤维抗拉强度不小于1 350 MPa。

表 2—21　　　铝合金内胆材料的化学成分限定　　　　　　%

元素		Si	Fe	Cu	Mn	Mg	Cr	Zn	Ti	Pb	Bi	其他		Al
												单项	总体	
含量	最小	0.40	—	0.15	—	0.80	0.04	—	—	—	—	—	—	余量
	最大	0.80	0.70	0.40	0.15	1.20	0.035	0.25	0.15	0.003	0.003	0.05	0.15	

（四）焊接绝热气瓶材料

焊接绝热气瓶由内胆和外壳两部分组焊制成。由于内胆接触的介质温度极低（-196℃），因此，制作内胆的材料应采用低温钢。

低温钢的碳含量很低，因为碳强烈地影响钢的低温韧性，而镍则具有改善钢的低温韧性的功能。铬镍系的奥氏体不锈钢是理想的深冷用钢材料。

我国目前制造焊接绝热气瓶内胆材料的化学成分见表 2—22。其力学性能符合表 2—23 的规定。

表 2—22　　　焊接绝热气瓶内胆材料的化学成分

化学成分	C	Mn	P	S	Si	Ni	Cr
百分含量	≤0.07	≤2.00	≤0.035	≤0.03	≤1.00	8.00~11.0	17.00~19.00
允许偏差	±0.01	±0.04	+0.005	+0.005	±0.05	±0.10	±0.20

表 2—23　　　焊接绝热气瓶内胆材料的力学性能

抗拉强度 R_m	规定非比例延伸强度 $R_{p0.2}$	断后伸长率 A
≥520 MPa	≥205 MPa	≥40%

焊接绝热气瓶的外壳温度并不是很低，材料可以用不锈钢，也可以用可焊性好的碳素结构钢。后者价格低廉，但不抗锈蚀。前者较为美观，抗锈蚀，但成本较高。

第三节 气瓶壁厚计算

正确确定壁厚对气瓶设计来说至关重要。对于气瓶壁厚，首先要求其有足够的强度，满足气体包装的承压需求，确保气瓶安全运行。但又不能过分笨重，以提高气体运输效率，降低气瓶产品成本。

一、受内压圆筒的应力

（一）薄膜理论与薄膜应力

薄膜理论分析薄壁壳体的应力时做了两点假设，即壳体处于两向应力状态，只存在径向（对称轴方向）应力和环向（圆筒方向）应力，而不存在径向（厚度方向）应力；应力沿壁厚均匀分布，也就是说内外壁的应力相等。

根据薄膜理论分析，可以比较容易地通过静力平衡条件求解任何形状的回转壳体，包括球形、圆筒形、椭圆形、碟形等壳体在压力载荷下的应力。

气瓶瓶体绝大部分是圆筒形壳体。根据薄膜理论分析，可以求得它在内压的作用下所产生的两向应力分别是：

环向应力 $$\sigma_\theta = \frac{pR}{S} = \frac{pD}{2S}$$

径向应力 $$\sigma_\varphi = \frac{pR}{2S} = \frac{pD}{4S} \tag{2—1}$$

式中 σ_θ——圆筒体的环向应力，MPa；

σ_φ——圆筒体的径向应力，MPa；

p——圆筒体的内压，MPa；

D——圆筒体的直径，mm；

S——圆筒体的壁厚，mm。

（二）受内压圆筒体的三向应力分量

薄膜理论分析承压壳体所做的两点假设，对相对壁厚很小的壳体是比较近似的。但用于器壁较厚的壳体,这种假设与实际情况就相差较远了。

承受内压(或内外同时承受压力)的圆筒体,实际存在3个应力分量,除径向应力(对圆筒体,也称轴向应力)和环向应力(对圆筒体,也可称周向应力)以外,还有径向应力,即在厚度方向的应力。这3个应力分量可分别用σ_z、σ_t和σ_r表示。其中,除轴向应力σ_z是沿壁厚均匀分布,因而可以用截面法根据静力平衡条件求解以外,周向应力σ_t和径向应力σ_r都是沿壁厚非均匀分布的,需要从筒体中截取微元体,综合它的平衡方程、几何方程和物理方程建立并求解应力的微分方程才能求出。而根据分析结果可知,这两个应力分量的绝对值在筒体内壁最大,外壁最小。

仅受内压的圆筒体,内壁材料上所产生的3个应力分量分别是:

$$\sigma_z = \frac{p}{K^2 - 1}$$
$$\sigma_r = -p \qquad (2\text{—}2)$$
$$\sigma_t = \frac{p(K^2 + 1)}{K^2 - 1}$$

二、强度理论与壁厚计算公式

(一) 强度理论

在内压作用下,气瓶瓶壁产生了3个大小各异的应力,如何将这样复杂状态的应力与材料在简单拉伸条件下的测试数据相对比来建立强度条件,以判定气瓶的强度是否足够,就得应用强度理论,并引入"当量应力"的概念。

强度理论是人们在观察和研究了各种类型的材料在不同的受力条件下的破坏情况后,根据对材料破坏现象的分析所提出的几种假设。每种假说(强度理论)都认为材料的破坏是由某一种因素所引起的。目前较为常用的在常温、静载荷条件下的强度理论有4个,即最大拉应力理论、最大伸长线应变理论、最大切应力理论和形状改变比能理论,并按照提出的先后次序,分别简称为第一、第二、第三和第四强度理论。在气瓶壁厚计算中,应用最多的是形状改变比能理论和最大伸长线应变理论,个别的也有用最大拉应力理论的。

最大拉应力理论是根据最大正应力理论经过修正而得出的。它的基本假设是:构件材料中某一处的3个主应力(就大小排列为σ_1、σ_2和σ_3)中最大的拉应力σ_1达到材料的抗拉强度,构件即发生脆断破坏。按照此论点,对处于复杂应力状态的构件,其安全条件就是最大拉应力σ_1不能大于材料的许用应力$[\sigma]$,即强度条件为:

$$\sigma_1 \leqslant [\sigma] \qquad (2—3)$$

最大伸长线应变理论是根据最大线应变理论经过修正后得出的,它的基本假设是:最大伸长线应变ε_1是引起材料脆断破坏的因素。认为构件内某一处的最大伸长线应变ε_1达到材料在简单拉伸状态下的极限伸长值,构件即发生脆断破坏。按照此观点,对处于复杂应力状态下的构件所建立的强度条件为:

$$[\sigma_1 - \mu(\sigma_2 + \sigma_3)] \leqslant [\sigma] \qquad (2—4)$$

形状改变比能理论的基本假设是:形状改变比能是引起材料屈服破坏的因素。构件在复杂应力状态下,形状改变比能达到材料在简单应力状态下的这一极限时,构件即发生屈服破坏。按照这一论点,对处于复杂应力状态下的构件所建立的强度条件即为:

$$\sqrt{\frac{1}{2}[(\sigma_1-\sigma_2)^2+(\sigma_2-\sigma_3)^2+(\sigma_3-\sigma_1)^2]} \leqslant [\sigma]$$

$$(2—5)$$

(二)按不同强度理论导出的壁厚计算公式

1. 中径薄膜公式

中径薄膜公式是按最大薄膜应力(σ_θ)不大于材料的许用

应力 [σ] 的原则导出的。公式中的直径 D 一般取圆筒中间曲面的直径为计算基准。

根据式（2—1），并按气瓶常用外径 D_o 为公称直径的习惯，以 $(D_o - S)$ 取代式中的 D，即得圆筒所需的最小壁厚。

$$\sigma_t = \frac{pR}{2S} = \frac{p(D_o - S)}{2S} \leqslant [\sigma], S \geqslant \frac{pD_o}{2[\sigma] + p} \quad (2\text{—}6)$$

2. 最大伸长线应变理论（以下简称第二强度理论）公式

按此理论公式建立的强度条件为：

$$\sigma_t - \mu(\sigma_z + \sigma_r) \leqslant [\sigma] \quad (2\text{—}7)$$

由式（2—2）可以看出，受内压圆筒内壁的 3 个主应力分量中，最大的主应力为周向应力 σ_t，即 $\sigma_1 = \sigma_t$，最小的主应力为轴向应力 σ_z，即 $\sigma_2 = \sigma_z$，$\sigma_3 = \sigma_r$，以式（2—2）代入式（2—7）得：

$$\frac{p(K^2 + \mu K^2 + 1 - 2\mu)}{K^2 - 1} \leqslant [\sigma]$$

代入钢的泊桑比 $\mu = 0.3$，得：

$$[\sigma] \geqslant \frac{p(1.3K^2 + 0.4)}{K^2 - 1}, K \geqslant \sqrt{\frac{[\sigma] + 0.4p}{[\sigma] - 1.3p}}$$

以气瓶圆筒的外直径表达的最小壁厚计算式为：

$$S = \frac{D_o}{2}\left(1 - \sqrt{\frac{[\sigma] - 1.3p}{[\sigma] + 0.4p}}\right) \quad (2\text{—}8)$$

3. 形状改变比能理论（以下简称第四强度理论）公式

按此理论公式建立的强度条件为：

$$\sqrt{\sigma_1^2 + \sigma_2^2 + \sigma_3^2 - (\sigma_1\sigma_2 + \sigma_2\sigma_3 + \sigma_3\sigma_1)} \leqslant [\sigma]$$

代入圆筒内壁的三向应力，即：$\sigma_1 = \sigma_t = \dfrac{p}{K^2 - 1}(K^2 + 1)$；

$\sigma_2 = \sigma_z = \dfrac{p}{K^2 - 1}$；$\sigma_3 = \sigma_r = -p$

则得 $\dfrac{\sqrt{3}pK^2}{K^2 - 1} \leqslant [\sigma]$，$K \geqslant \sqrt{\dfrac{[\sigma]}{[\sigma] - \sqrt{3}p}}$

气瓶最小壁厚计算公式即为:

$$S = \frac{D_o}{2}\left(1 - \sqrt{\frac{[\sigma] - \sqrt{3}p}{[\sigma]}}\right) \qquad (2-9)$$

(三) 各理论公式计算壁厚的比较

为了便于比较,不妨引用一个新的参数 $[\sigma]/p$(许用应力 $[\sigma]$ 与压力 p 之比),若以符号 B 表示,即 $B = [\sigma]/p$。将上列3种壁厚计算公式整理成以 B 为函数的 K 值(外径内径之比)的表达式。即为:

中径薄膜公式:因 $\sigma_\theta = \dfrac{pR}{2S} = \dfrac{p(D_o + D_i)}{2(D_o - D_i)} = \dfrac{p(K+1)}{2(K-1)} \leqslant [\sigma]$,整理后得:

$$K_1 = \frac{2[\sigma] + p}{2[\sigma] - 1} = \frac{2B + 1}{2B - 1}$$

第二强度理论公式:

$$K_2 = \sqrt{\frac{[\sigma] + 0.4p}{[\sigma] - 1.3p}} = \sqrt{\frac{B + 0.4}{B - 1.3}}$$

第四强度理论公式:

$$K_4 = \sqrt{\frac{[\sigma]}{[\sigma] - \sqrt{3}p}} = \sqrt{\frac{B}{B - \sqrt{3}}}$$

这样,在材料的许用应力 $[\sigma]$ 及气瓶内压力 p 确定以后,就可以很容易算出各公式的 K 值,并比较出壁厚值的大小。因为壁厚 $S = \dfrac{D_i}{2}(K - 1)$,$K$ 值越大,表明气瓶所需的最小壁厚就越大。

表2—24是在不同的 B 值下,按不同理论公式计算得到的 K 值。

表2—24表明,在相同的许用应力 $[\sigma]$ 和内压力 p 的情况下,第二强度理论公式计算得到的 K 值最小,也即壁厚最小。以中径薄膜公式计算得到的 K 值最大,但差异并不是很大。以

表 2—24　　　　不同 $[\sigma]/p$ 比值的 K 值

$B=[\sigma]/p$	第四强度理论公式 K_4	第二强度理论公式 K_2	中径薄膜公式 K_1
8	1.129 8	1.119 7	1.133 3
10	1.099 8	1.093 3	1.105 3
12	1.081 1	1.076 5	1.087 0
15	1.063 3	1.060 2	1.069 0
18	1.051 9	1.049 7	1.057 1
20	1.046 3	1.044 5	1.051 3
24	1.038 2	1.036 8	1.042 6
28	1.032 4	1.031 3	1.036 4
32	1.028 2	1.027 3	1.031 7
36	1.025 0	1.024 2	1.028 2
40	1.022 4	1.021 7	1.025 3

$(K-1)$ 之值相比,即可得出第四强度理论公式与第二强度理论公式所计算得到的相对壁厚(即单位径长的壁厚)的比值: $[\sigma]/p=8$,两式计算的相对壁厚之比为 $(K_4-1)/(K_2-1)=(1.129\ 8-1)/(1.119\ 7-1)=1.084$;第四强度理论公式与中径薄膜公式计算的相对壁厚之比为 $(K_4-1)/(K_1-1)=(1.129\ 8-1)/(1.133\ 3-1)=0.974$。当 $B=[\sigma]/p=40$ 时,第四强度理论公式与第二强度理论公式计算所得的壁厚比为 $(1.022\ 4-1)/(1.021\ 7-1)=1.032$。也就是说,在 $B=[\sigma]/p=8\sim40$ 的情况下,第四强度理论公式计算壁厚约为第二强度理论公式的 $1.08\sim1.03$ 倍,约为中径薄膜公式的 $0.97\sim0.88$ 倍。

三、各有关气瓶标准所采用的瓶体壁厚计算及其比较

世界各国和国际标准组织（ISO）所制定的气瓶标准（或规范）都对气瓶的最小壁厚作出明确的规定。由于采用不同的理论计算公式、不同的材料许用应力选定方法及具体取值，按各标准规范计算的气瓶壁厚计算结果也不完全相同。下面介绍几个有代表性的气瓶标准关于气瓶承压所需的最小壁厚的计算，包括中国气瓶国家标准、国标标准组织气瓶标准和美国联邦的气瓶规范。

（一）有关标准（规范）规定的气瓶瓶体壁厚计算

1. 中国气瓶国家标准采用中径薄膜公式

我国国家标准 GB 5099—1994《钢质无缝气瓶》规定，筒体设计最小壁厚公式为：

$$S = \frac{p_h D_o}{2FR_e + p_h} \qquad (2\text{—}10)$$

式中　S——钢瓶筒体设计壁厚，mm；
　　　p_h——水压试验压力，MPa；
　　　D_o——钢瓶筒体外径，mm；
　　　F——设计应力系数；
　　　R_e——瓶体材料热处理后的屈服应力保证值，N/mm²。

设计应力系数 F 的取用规定为：对正火或正火后回火热处理的钢瓶设计，F 值取用 0.82；对淬火后回火热处理的钢瓶设计，F 值取用 0.77。

国家标准 GB 5100—1994《钢质焊接气瓶》规定，筒体设计壁厚计算公式为：

$$S = \frac{p_h D_i}{\dfrac{2R_e \phi}{1.3} - p_h} \qquad (2\text{—}11)$$

式中　S——瓶体设计壁厚，mm；
　　　p_h——水压试验压力，MPa；

D_i——钢瓶内直径，mm；

R_e——屈服应力或常温下材料屈服强度，MPa；

ϕ——焊缝系数。

GB 5099—1994《钢质无缝钢瓶》、GB 5100—1994《钢质焊接气瓶》所采用的壁厚计算公式，其理论基础是完全一样的，即都是中径薄膜公式。两个标准壁厚计算所依据的内压力也都是气瓶的水压试验压力 p_h，标准也都规定水压试验压力为公称工作压力的1.5倍。但在形式上两公式则有不同的表现。无缝钢瓶以气瓶外径 D_o 为计算基准，而焊接钢瓶则以气瓶内径 D_i 为基准进行计算。这是因为两种气瓶制造工艺不同，规格参数取用习惯各异，但两式是可以等量变换的，因此，计算结果也就完全相同。两公式中的许用应力的表达方式也不相同，无缝钢瓶的许用应力为设计应力系数与材料屈服强度的乘积，即 $[\sigma] = FR_e$。焊接钢瓶的许用应力则为材料屈服强度的 1/1.3，即 $[\sigma] = R_e/1.3$。对于调质处理的钢瓶（淬火+回火），许用应力也是相同的。正火处理的无缝钢瓶，许用应力则要比焊接钢瓶稍大一些。

2. 国际标准采用第四强度理论公式

国际标准 ISO 9809—2000《可重复充装无缝钢瓶设计、结构和试验》、ISO 11120—1999《容积 150~3 000 L 可重复充装无缝钢瓶设计、结构和试验》规定气瓶的制造壁厚不小于由下式计算所得的值。

$$S = \frac{D_o}{2}\left[1 - \sqrt{\frac{10FR_e - \sqrt{3}p_h}{10FR_e}}\right], F \leq \frac{0.65}{R_e/R_g} \text{ 或 } 0.85，取最小者。$$

(2—12)

国际标准 ISO 9809—2000 与 ISO 11120—1999 所采用的公式的理论基础是第四强度理论。壁厚计算所依据的内压力也是气瓶的水压试验压力 p_h。水压试验压力也是工作压力的1.5倍。公式中的许用应力用设计应力系数与材料屈服强度的乘积来表示,即 $[\sigma] = FR_e$,但设计应力系数 F 则因按不同的热处理方式选取不同的数值:ISO 9809—1（第一部分,抗拉强度低于1 100 MPa 的淬火加回火钢瓶）规定设计应力系数不大于0.65 除以材料屈强比 R_e/R_g,(R_e、R_g 均为保证值),且不大于0.85。即 $[\sigma] = FR_e$,$F \leq \dfrac{0.65}{R_e/R_g}$ 或 0.85。与 ISO 11120—1999 规定的设计应力 F 相同。ISO 9809—2（第二部分,抗拉强度大于等于1 100 MPa的淬火加回火钢瓶）规定 $F \leq \dfrac{0.65}{R_e/R_g}$ 或 $F \leq 0.77$。ISO 9809—3（第三部分,正火处理的钢瓶）规定的设计应力系数不大于0.85。

3. 美国联邦规范采用第二强度理论公式

美国联邦规范 49CFR§178.37《3AA 和 3AAX 无缝钢瓶规范》中用另一种方式确定气瓶承压所需壁厚:即规定按其选用的公式计算出气瓶在试验压力下器壁所产生的应力不超过其限定值［对工作压力≥9 000 psi（约 62 MPa）的钢瓶,不超过材料抗拉强度的 67%,且不大于70 000 psi（约 482 MPa）］。规范采用的应力计算公式为:

$$\sigma = \left[\frac{p_h(1.3D_o^2 + 0.4D_i^2)}{D_o^2 - D_i^2}\right]$$

式中 p_h——水压试验压力,MPa;

D_o、D_i——气瓶外、内径,mm;

σ——器壁计算应力（原式的应力符号为"S",为避免其与国内常用以表示壁厚的符号相混,这里改用"σ"）。

美国联邦规范所采用的公式,其理论基础为第二强度理论,即最大伸长线应变理论。通过等量变换,可以将公式改写成以气瓶外直径表达的壁厚计算公式:

$$S = \frac{D_o}{2}\left(1 - \sqrt{\frac{[\sigma] - 1.3p_h}{[\sigma] + 0.4p_h}}\right)$$

计算式中的许用应力按照前述条文,应不大于材料抗拉强度的67%,且不小于70 000 psi(约482 MPa)。

壁厚计算所依据的内压力仍然是水压试验压力,但规范中规定水压试验压力为气瓶工作压力的5/3倍。

我国国家标准 GB 17258—1998《汽车用压缩天然气钢瓶》也采用此公式,并取安全系数为1.33,即$[\sigma] = \dfrac{R_e}{1.33}$,壁厚计算公式即为:

$$S = \dfrac{D_0}{2}\left(1 - \sqrt{\dfrac{R_e/1.33 - 1.3p_h}{R_e/1.33 + 0.4p_h}}\right)$$

式中的水压试验压力 p_h,标准中规定为公称工作压力的5/3倍。

(二)各标准(规范)计算瓶体壁厚的比较

上面通过表2—24所作的计算壁厚的比较,仅仅是理论公式的计算结果的比较,即在相同的安全系数(许用应力)的前提下进行的比较。但是,各个规范在采用不同的理论公式的同时,也采用了不同的安全系数,对于同样的材料,用同样的热处理方法,许用应力并不完全一样。国际标准 ISO 9809—1—2000 和 ISO 11120—1999 规定的许用应力 $[\sigma]$ 为材料最小屈服强度乘以设计应力系数 F,而设计应力系数 F 则规定为不大于0.65除以材料屈强比 R_e/R_g,且不大于0.85。目前各国制造的高压气瓶,所用的低合金钢一般都经调质处理(淬火加回火),所以实际上起作用的是前者,即 $F = \dfrac{0.65}{R_e/R_g}$,故 $[\sigma] \leq 0.65R_g$。美国联邦规范,规定工作压力为9 000 psi(约62 MPa)以上的钢瓶,试验压力下的瓶壁应力不超过钢材最小抗拉强度的0.67%,亦即 $[\sigma] \leq 0.67R_m$。国家标准 GB 5099—1994《钢质无缝气瓶》规定经调质处理的钢瓶,许用应力为材料经处理后屈服强度保证值的77%。对高压气瓶常用的低合金钢,屈强比都在0.8~0.9,也就是说,国标规定的许用应力 $[\sigma] \approx (0.69 \sim 0.62)R_m$。

也就是说，我国国家标准与国际标准 ISO 9809—1—2000、ISO 11120—1999对相同材料所采用的许用应力 $[\sigma]$ 基本一致。这样，考虑许用应力选用上的差异，按国际标准 ISO 9809—1 计算的瓶壁厚度要比美国规范 49CFR 约大 7%~9%，但比国家标准 GB 5099—1994《钢质无缝气瓶》的计算壁厚小约 3%~12%。

对比按各规范所计算气瓶壁厚的大小，还有一个问题更值得关注，即气瓶水压试验压力的倍值。因为气瓶的设计壁厚是以水压试验压力为基准计算的，而各规范所规定的水压试验压力倍值（即水压试验压力为工作压力的倍数）不尽相同。国际标准 ISO 9809—1 和国家标准 GB 5099—1994《钢质无缝气瓶》规定，气瓶水压试验压力为其工作压力的 1.5 倍，而美国联邦规范 49CFR 则规定为其工作压力的 5/3 倍。相同的气瓶工作压力，美国联邦规范 49CFR 规定的水压试验压力要比国际标准 ISO 9809—1 和国家标准 GB 5099—1994 约大 11%。

综合起来进行比较，在相同的工作压力下，用力学性能相同的材料，按国际标准 ISO 9809—1 计算要比按美国规范 49CFR 所计算所得的壁厚还要小一些，但差异不大。下面举一些实际例子进行具体比较。

工作压力 $p_w=20$ MPa 的钢质无缝气瓶，用外径 $D_o=245$ mm 的铬钼钢钢管制造，材料经调质处理（淬火加回火）后的最小抗拉强度保证值 $R_g=800$ MPa，最小屈服强度 $R_e=680$ MPa，试按 3 种规范计算其承压所需壁厚：

按国际标准 ISO 9809—1 计算：

许用应力 $[\sigma]=800\times 0.65=520$ MPa，水压试验压力为 $p_h=1.5p_w=1.5\times 20=30$ MPa

$$B_4=\frac{[\sigma]}{p_h}=\frac{520}{30}=17.333$$

$$K_4 = \sqrt{\frac{B_4}{B_4 - \sqrt{3}}} = \sqrt{\frac{17.333}{(17.333 - \sqrt{3})}} = 1.054$$

则承压所需壁厚 $S_4 = \frac{D_o}{2}\left(1 - \frac{1}{K_4}\right) = \frac{245}{2}\left(1 - \frac{1}{1.054}\right) = 6.28$ mm

按美国规范 49CFR 计算：

许用应力 $[\sigma] = 800 \times 0.67 = 536$ MPa

水压试验压力 $p_h = \frac{5}{3} \times 20 = 33.33$ MPa

$$B_2 = \frac{[\sigma]}{p_h} = \frac{536}{33.33} = 16.08$$

$$K_2 = \sqrt{\frac{B_2 + 0.4}{B_2 - 1.3}} = \sqrt{\frac{16.08 + 0.4}{16.08 - 1.3}} = 1.0559$$

承压所需壁厚 $S_2 = \frac{D_o}{2}\left(1 - \frac{1}{K_2}\right) = \frac{245}{2}\left(1 - \frac{1}{1.0559}\right) = 6.49$ mm

按国家标准 GB 5099—1994《钢质无缝气瓶》计算：

许用应力为 $[\sigma] = 0.77 \times R_e = 0.77 \times 680 = 523.6$ MPa

水压试验压力 $p_h = 1.5 \times 20 = 30$ MPa

$$B_1 = [\sigma]/p_h = \frac{523.6}{30} = 17.453$$

$$K_1 = \frac{2B + 1}{2B - 1} = \frac{35.906}{33.906} = 1.059$$

承压所需壁厚 $S_1 = \frac{D_o}{2}\left(1 - \frac{1}{K_1}\right) = \frac{245}{2}\left(1 - \frac{1}{1.059}\right) = 6.825$ mm

四、大容量长管气瓶计算壁厚的校核

大容量长管气瓶（俗称长管拖车气瓶）的长径比（瓶体长度与直径之比）要比一般工业用气瓶大得多，而且都是靠两端的固定与支撑横置在拖车或集装管束上。因此，在设计计算壁厚时，要比一般工业气瓶多考虑一个问题，就是它的弯曲应力。

(一) 长管气瓶弯曲应力的计算

两端支撑固定的长管气瓶受自重（包括壳体重量和水压试验时装满水的重量）的作用而产生的弯曲，可以按受均布载荷的简支梁来计算。最大弯矩产生在气瓶的中间。

气瓶的最大弯矩按下式计算：

$$M_{max} = 9.8WL^2/8 = 1.225WL^2$$

式中 M_{max}——气瓶的最大弯矩，mm·N；

W——气瓶单位长度上的重量，包括壳体金属重量和内腔装水重量，kg；

L——气瓶全长（两支撑点间的距离），mm。

气瓶因弯矩而引起的最大轴向拉伸应力为：

$$\sigma_w = \frac{M_{max} \cdot R_0}{I}$$

$$I = \frac{\pi}{64}(D_o^4 - D_i^4) = 0.049\,087(D_o^4 - D_i^4)$$

$$\sigma_w = (1.225WL^2 R_0)/0.049\,087(D_o^4 - D_i^4)$$

$$\approx 12.48WL^2 D_o/(D_o^4 - D_i^4)$$

式中 σ_w——由弯矩而产生的最大轴向拉伸应力，N/mm²（MPa）；

D_o——气瓶外直径，mm；

D_i——气瓶内直径，mm。

I——惯性矩，mm⁴

(二) 瓶体轴向综合应力的校核

长管气瓶在水压试验压力下产生的轴向拉伸应力 σ_z 与由自重（壳体重与水重）产生弯曲而引起的最大轴向应力 σ_w 相叠加，构成更大的轴向拉伸应力 σ_T。

根据美国规范 49CFR§178.37《3AA 与 3AAX 无缝钢瓶规范》的规定，长管气瓶的轴向综合应力为由弯曲引起的瓶壁外层的最大拉伸应力的两倍与水压试验压力产生的轴向拉伸应力之和，其值应不超过材料最小屈服强度的80%。

$$\sigma_T = 2\sigma_w + \sigma_z \approx \left(\frac{p}{K^2-1}\right) + \frac{25WL^2 D_o}{D_o^4 - D_i^4}$$

设计大容量长管气瓶时，应先计算出其承压所需壁厚，并根据钢管规格及气瓶容积确定其外内直径 D_o、D_i 及气瓶全长 L，算出轴向综合应力 σ_T。如果这一轴向综合应力超过材料最小屈服强度（保证值）R_e 的80%，则必须适当增大壁厚，并重新进行轴向综合应力的校核。

第四节　气瓶制造质量控制与检验

一、钢质无缝气瓶制造质量与检验

（一）瓶体及其内外表面质量

1. 瓶体允许制造公差

（1）筒体的圆度，在同一截面上测量其最大与最小外径之差，不应超过该截面平均外径的2%。

（2）筒体的直线度不得超过瓶体长度的0.002。

（3）瓶体的垂直度不应超过其长度的0.008。

2. 瓶体内外表面质量

（1）筒体内、外表面应光滑圆整，不得有肉眼可见的裂纹、折叠、波浪、重皮、夹杂等影响强度的缺陷；对氧化皮脱落造成的局部圆滑凹陷和修磨后的轻微痕迹允许存在，但必须保证筒体设计壁厚。

（2）经挤压伸拔制成的瓶体，其凹形底深度应符合设计规定值，底部球壳和环壳的厚度均应符合设计要求。凹形底的环壳和筒体之间的过渡段与筒体的连接应圆滑过渡。

（3）无缝钢管经收底制成的瓶坯，应进行工艺评定；瓶体底部内表面不应有肉眼可见的凹孔、皱褶、凸瘤和氧化皮；底部缺陷允许清除，但必须保证瓶底设计厚度；瓶底不允许作补焊处理。

(4) 瓶肩与筒体必须圆滑过渡，瓶肩上不允许存在沟痕。

3. 瓶口内螺纹质量要求

(1) 螺纹的牙型、尺寸和公差应符合规定，不允许有倒牙、平牙、牙双线、牙底平、牙尖、牙阔以及螺纹表面上的明显跳动波纹。

(2) 瓶口基面起有效螺距数，中容积瓶体不得少于 8 个螺距，小容积瓶体不得少于 7 个螺距。

(3) 瓶口螺纹基面位置的轴向变动量为 +1.5 mm。

气瓶产品的瓶体及其内外表面质量（包括瓶口内螺纹）都必须逐只检验。

(二) 金相组织与瓶底解剖

1. 瓶体热处理后的金相组织

(1) 正火或正火后回火处理的瓶体，晶粒度应不小于 6 级 (100 倍)，带状组织不大于 3 级，魏氏组织不大于 2 级。

(2) 淬火后回火处理的瓶体，其组织体应呈回火索氏体。

(3) 瓶体的脱碳层深度，外壁不得超过 0.3 mm，内壁不得超过 0.25 mm。

2. 底部解剖经酸蚀后，断面试样上不得有肉眼可见的缩孔、气泡、未熔合、裂缝、夹杂物或白点，底部形状与尺寸应符合设计要求。

3. 采用淬火后回火处理的瓶体，应逐只进行无损探伤，且不得有裂纹或裂纹性缺陷。

金相组织及底部解剖一般在型式试验和批量检验中抽查。

(三) 力学性能测试

气瓶应在型式试验和批量检验时，在成品中随机抽取样瓶，按有关标准的规定制取试样进行力学性能试验，包括拉伸试验、冲击试验、冷弯试验或压扁试验。

1. 拉伸试验

拉伸试验测定数值应符合下列要求。

（1）试样的屈服强度 R_e、抗拉强度 R_m 均应不小于钢瓶制造厂的热处理保证值。对盛装有应力腐蚀倾向气体的钢瓶，抗拉强度 R_m 不应大于 880 MPa。

（2）热处理后的屈强比 R_e/R_m，对正火后回火处理的，不大于 0.80；淬火后回火处理的，不大于 0.92（但有应力腐蚀倾向的，则限定为不大于 0.90）。

（3）试样的断后伸长率 A，对正火或正火后回火处理的，不小于 16%。淬火后回火处理的铬钼钢瓶，不小于 14%。

2. 冲击试验

按标准夏比 V 形缺口冲击试样测定的冲击吸收功 A_{kv}，对正火或正火后回火处理的钢瓶，3 个试样在 -20℃ 时的平均值（截面 5 mm × 10 mm）不小于 33 J/cm²。对淬火后回火处理的铬钼钢瓶，3 个试样在 -50℃ 时的平均值（截面 5 mm × 10 mm）不小于 50 J/cm²，单个试样最小值不小于 40 J/cm²。

3. 冷弯与压扁试验

（1）冷弯试验应将试样绕弯心弯曲 180° 后，在弯曲处无任何裂纹为合格。弯心直径按表 2—25 的规定。

（2）对正火或正火后回火处理的瓶体，其抗拉强度实测值超过保证值 15% 的，对淬火后回火处理的瓶体，其抗拉强度实测值超过保证值 10% 的，应以压扁试验代替冷弯试验。

（3）压扁试验应将瓶体压至一定的间距，压扁瓶体的侧边不出现任何裂纹为合格。压头间距按表 2—25 的规定。

表 2—25　冷弯压扁试验的弯心直径和压头间距

瓶体实测抗拉强度（MPa）	弯心直径（≤）	压头间距
≤580	3S	6S
>580 ~ 685	4S	6S
>685 ~ 784	5S	6S
>784 ~ 880	6S	7S

续表

瓶体实测抗拉强度（MPa）	弯心直径（≤）	压头间距
>880~950	7S	8S
>950~1 100	8S	9S

注：表中 S 为瓶体实测壁厚。

（四）压力试验

气瓶的压力试验包括水压试验、气密性试验、水压爆破试验。

1. 水压试验

水压试验是验证气瓶总体强度的试验，气瓶制成后应逐只进行水压试验。

水压试验压力为气瓶公称工作压力的 1.5 倍。无缝钢瓶应在水压试验同时测定容积残余变形。气瓶在试验压力下保持压力 1 min，压力表指针不回降，瓶体无泄漏或明显变形，测定的容积残余变形率不大于 3%，则气瓶水压试验合格。

2. 气密性试验

气瓶的气密性试验在水压试验合格后进行。气密性试验压力为气瓶公称工作压力。在气密性试验压力下，检查瓶体及其与附件的连接处不泄漏为合格（因装配不当而产生的泄漏，允许返修后重做试验）。

3. 水压爆破试验

在型式试验和批量检验中，气瓶产品都应在成品中随机任选样瓶进行水压爆破试验，试验结果应符合下列规定。

（1）实测爆破压力不得小于下式的计算值：

$$p_b = \frac{2R_m S}{D_o - S} \times C \qquad (2—13)$$

式中　p_b——实测爆破压力，MPa；

D_o——气瓶外直径，mm；

S——气瓶设计壁厚，mm；
R_m——瓶体材料热处理后的抗拉强度保证值，MPa；
C——修正系数，对正火或正火后回火处理气瓶，$C = 1$；对淬火后回火处理气瓶，$C = 1.05$。

实测爆破压力 p_b 还应大于等于气瓶水压试验压力 p_h 的 1.7 倍，即 $p_b \geq 1.7 p_h$。

（2）实测气瓶屈服压力 p_y 与爆破压力 p_b 的比值，应与瓶体材料实测屈服强度 R_e 与抗拉强度 R_m 的比值相接近。

（3）瓶体爆破后无碎片，突破口必须在筒体上。瓶体破口形状与尺寸应符合图 2—12 的规定。

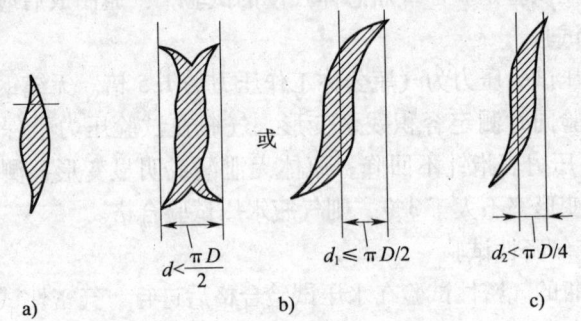

图 2—12 破口形状与尺寸示意图
a) 各种热处理状态的破口形状
b) 正火或正火后回火处理的破口形状
c) 淬火后回火处理的破口形状

（4）瓶体主破口应为塑性断裂，即断口边缘有明显的剪切唇；断口上不得有明显的金属缺陷；破口裂缝不得引申超过瓶肩高度的 20%。

二、钢质焊接气瓶制造质量与检验

（一）形状与尺寸允许偏差

1. 筒体尺寸偏差

（1）筒体同一横截面最大最小直径差 e 不得大于筒体外径

D_o 的 1%，即 $e = (D_{max} - D_{min}) \leqslant 0.01 D_o$。

(2) 筒体纵焊缝对口错边量（见图 2—13）不大于瓶体名义壁厚 S 的 10%，即 $b \leqslant 0.1S$。

(3) 筒体纵焊缝棱角高度 E （见图 2—14）不大于瓶体名义壁厚 S 的 10% 加 2 mm，即 $E \leqslant 0.1S + 2$ mm。

(4) 由两部分组对的钢瓶，圆筒形部分的直线度应不大于其长度的 0.2%。

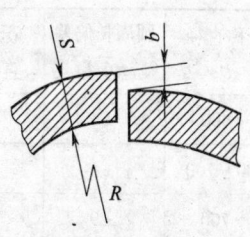

图 2—13　纵缝错边

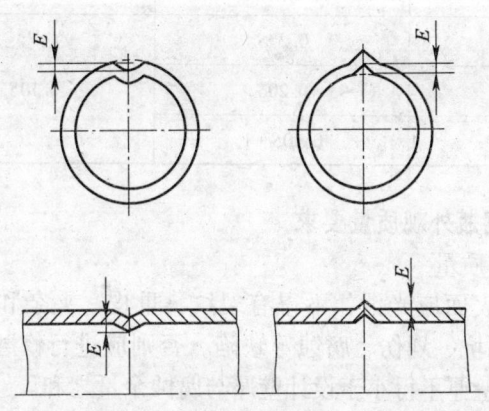

图 2—14　纵缝棱角

2. 封头形状与尺寸偏差

(1) 气瓶封头必须用整块钢板压制成型，不得拼焊。

(2) 封头实测壁厚不小于封头设计壁厚与腐蚀量之和。

(3) 封头直边部分的纵向皱褶深度不大于封头外径的 0.25%，且不大于 1.5 mm。

(4) 封头形状与尺寸偏差不超过表 2—26 的规定。

(5) 封头与筒体对接环焊缝的对口错边量 b 和棱角高度 E 不超过表 2—27 的规定。

表 2—26　　　　　封头形状与尺寸偏差　　　　　　　mm

公称直径 D	圆周长偏差 $\pi\Delta D_i$	最大最小直径差 e	表面凹凸量 c	曲面与样板间隙 a	内高公差 ΔH_i
<400	±4	2	1	2	+5 −3
400~700	±6	3	2	3	
>700	±9	4	3	4	

表 2—27　　　　　环焊缝错边量与棱角高度　　　　　mm

瓶体名义壁厚 S	对口错边量 b	棱角高度 E
<6	$0.25S$	
6~10	$0.20S$	$0.10S+2$
>10	$0.10S+1$	

（二）钢瓶外观质量要求

1. 表面质量

钢瓶外表面应光滑，不得有裂纹、重皮、夹杂和深度超过 0.5 mm 的凹坑、划伤、腐蚀等缺陷。否则应进行修磨，修磨处应圆滑，其壁厚不得小于设计壁厚与腐蚀余量之和。

2. 焊缝外观

（1）瓶体对接焊缝的余高为 0~3.5 mm，同一焊缝最宽最窄处之差不大于 4 mm。

（2）阀座、塞座角焊缝的几何形状应圆滑过渡至母材表面。

（3）瓶体上的焊缝不允许咬边，焊缝和热影响区表面不得有裂纹、气孔、弧坑、凹陷和不规则的突变，焊缝两侧的飞溅物必须清除干净。

（三）力学性能试验

钢质焊接气瓶应按批抽样进行力学性能试验。对公称容积小于或等于 150 L 的钢瓶，随机任选样瓶制作试件；对公称容积大于 150 L 的钢瓶，可按批制备产品焊接试板进行性能试验。在钢瓶瓶体上取样试验时，由两部分组成的钢瓶，在封头顶部和圆筒部分各取一件试件进行拉伸试验，并在垂直于环焊缝部位取 3 个试件，一个做拉伸试验，另两个分别做纵横向面弯曲和横向背弯（曲）试验。由三部分组成的钢瓶，除上列试验外，还需加圆筒纵焊缝的拉伸、横向面弯和背弯试验。

用产品焊接试板上取样试验时，应在垂直于焊缝方向部位取样：2 件做拉伸试验，2 件做弯曲试验，3 件做冲击试验。

力学性能测试结果应符合下列规定：

1. 拉伸与弯曲试验

（1）钢瓶瓶体母材的实测抗拉强度 R_m 不得小于母材标准规定值的下限，断层伸长率 A 不小于表 2—28 的规定。

表 2—28　　母材抗拉强度与伸长率

瓶体名义壁厚 S（mm）	实测抗拉强度 R_m	
	≤490 MPa	>490 MPa
	伸长率 A（%）	
<3	22	15
≥3	29	20

（2）焊接接头试样无论断裂发生在什么位置，其实测抗拉强度 R_m 均不得小于母材标准规定值的下限。

（3）焊接接头试验弯曲至 100°时无裂纹（试样边缘的先期开裂可以不计）。

2. 冲击试验

（1）母材和焊接接头试样冲击试验测定结果（3 个试样的算术平均值）应符合表 2—29 的规定，允许其中一个试验比规定的合格数值低 1/6。

(2) 名义壁厚 $S \geqslant 6$ mm，且在 -20℃ 以下的环境温度使用的钢瓶，若在使用温度下，按钢瓶内压力计算的一次薄膜应力大于常温下材料标准屈服强度的 1/6，则瓶体材料应做 -40℃ 下的夏比 V 形缺口冲击试验，其冲击吸收功 A_{kv} 应符合表 2—29 的规定。

表 2—29　　　　　瓶体试样的冲击吸收功

瓶体名义壁厚 （mm）	试样规格 （mm×mm×mm）	试验温度 （℃）	冲击吸收功 （J）
6~10	5×10×55	常温	≥15
		-40℃	≥14
>10	10×10×55	常温	≥27
		-40℃	≥20

3．压力试验

（1）水压试验。气瓶应逐只进行水压试验。水压试验应在热处理后进行。水压试验压力为气瓶公称压力的 1.5 倍。气瓶在水压试验压力下保压 3~5 min，对瓶体、焊缝、附件连接接头等处进行检查。钢瓶不得有宏观变形、渗漏、压力表指针回降等现象。

（2）气密性试验。钢瓶气密性试验在水压试验合格后进行。低压液化气钢瓶的气密性试验压力为公称工作压力，溶解乙炔气瓶的气密性试验压力为 3 MPa。在试验压力下保压 1~3 min，钢瓶不得有泄漏现象。

（3）水压爆破试验。对于公称容积不大于 150 L 的钢质焊接气瓶，应按制造批次随机抽取取样进行水压爆破试验，试验结果应符合下列规定：

1）实测爆破压力 p_b 不小于下式计算值：

$$p_b = \frac{2R_m S}{D_o - S} \qquad (2\text{—}13)$$

2) 钢瓶破裂时的容积变形率（钢瓶容积增加量与试验前钢瓶实际容积之比）不小于表 2—30 的规定。

表 2—30　　　　　钢瓶破裂时的容积变形率

瓶体长度与公称直径比 L/D	R_m（MPa）		
	≤360	>360～490	>490
	容积变形率（%）		
>1	20	15	12
≤1	14	20	8

3) 钢瓶破裂不产生碎片，爆破口不发生在封头上（只有一条环焊缝、$L \leq 2D_o$ 的钢瓶除外）、纵焊缝及其熔合线上、环焊缝上（垂直于环焊缝除外）。

4) 钢瓶的爆破口为塑性断口，即断口上有明显的剪切唇，但没有明显的金属缺陷。

练习思考题 2

1. 钢质无缝气瓶与焊接气瓶主要适用于盛装哪一类气体？为什么？
2. 缠绕气瓶为什么有环缠绕与全缠绕两种形式？各用于什么条件下的结构设计？
3. 焊接绝热气瓶为什么采用双套筒结构？它主要盛装哪一类气体？
4. 说明国际标准采用的瓶体壁厚计算公式。试按此标准计算出钢质无缝气瓶的最小壁厚（直径、压力、材料强度等参数自定)。
5. 说明钢质无缝气瓶的主要质量要求。
6. 说明钢质焊接气瓶的主要质量要求。
7. 钢质无缝气瓶和焊接气瓶最适合选用哪些钢种？为什么？
8. 制造工业用非重复充装焊接钢瓶的材料有什么特殊要求？

第三章 气瓶安全装置

第一节 气瓶安全泄压装置

一、安全泄压装置的使用与装设原则

(一) 气瓶安全泄压装置及其作用

安全泄压装置是包括气瓶在内的所有承压设备的保护装置。它在设备超压(因种种原因)运行时能迅速自动泄放气体,降低压力,以保护设备不因过量超压而发生爆炸。

气瓶安全泄压装置的主要作用(甚至是唯一的作用)是保护气瓶在遇到周围发生火灾时,不会因瓶体受热、瓶内温升过高而造成气瓶爆炸。

气瓶超压的原因较多,例如,瓶内发生混合气爆炸或燃烧反应,产生大量的燃烧热,使瓶内的气体受热膨胀,压力急剧上升。一般情况下,压力升高 3~4 倍,最高可达 9.2 倍(乙炔空气混合气)。但是这种化学反应的压力上升速度极高(平均速度一般为 10~20 MPa/s,最高可达 70 MPa/s),这样的增压速度远高于各种安全泄压装置的反应速度,装设安全泄压装置不能防止气瓶爆炸。

瓶内高分子单体聚合放热。有些高分子单体是具有化学活性的物质,如丁二烯、氯丁烯、环氧丙烷等,可能在适宜的情况下,这些物质在瓶内有一部分自动聚合,产生大量的反应热,使瓶内的液状单体温度升高,饱和蒸汽压力增大。但是这种情况仅在个别的一些易聚合的介质中产生,而对盛装这些介质的气瓶,在充装储存时都应加入阻聚剂,使其介质稳定。只有操作失误,如未加入阻聚剂或添加的阻聚剂失效,或液状单体混入酸、碱等对聚合具有促进作用的杂质等,才会使瓶内介质聚合放热而致气瓶超压。这种集合几种特殊条件才会发生的事件,几率极小。

低压液化气体充装过量,瓶内因"满液"膨胀而造成超压,但是气瓶装设安全泄压装置也不能防止这种情况的发生。而且既使安全泄压装置及时泄放,喷出的液体也会产生不良的后果。

所以,气瓶的安全泄压装置仅在遇到火灾时才能起到保护作用。

气瓶所充装的介质中有许多是可燃气体,如天然气、液化石油气、丙烯、丙烷等。如果气瓶焊缝或瓶阀等处发生泄漏,或搬运时因碰撞、冲击而造成瓶体破裂、瓶阀撞断等,则泄漏出的可燃气体有可能被点燃而发生火灾(当然也有可能是其他许多原因引起的火灾)。气瓶在火焰的烘烤下,瓶内液体升温蒸发,气体体积膨胀压力增大,瓶体金属也会在高温下因强度降低而促使气瓶破裂。

(二)气瓶装设安全泄压装置的利弊

气瓶作为一种盛装各类压缩气体的移动式压力容器,是否必须装设安全泄压装置,一直是国内外的行家在探讨和争议的论题。对于一般固定压力式容器,凡是容器内压力有可能因各种原因而升高的,都应该装设安全泄压装置,以保护设备不会因超压而发生爆炸重大事故。安全装置的装设也不会产生什么不良后果。而在气瓶上装设安全泄压装置,情况就要复杂一些。

一种意见认为,气瓶上的安全泄压装置,其主要功能是在气瓶周围着火的情况下,防止瓶内介质因温度升高而导致气瓶超压爆炸。由于气瓶上的安全泄压装置不可能像固定式压力容器那样装接排气管,将装置动作时所泄放出的气体引放至安全地带,如果气瓶上的泄压装置一旦动作,就只能是就地泄放。而气瓶内所装的介质，很多都是助燃（如氧气、空气等）、易燃（如氢气、烃类等）或有毒（如氯气、氨气等）的介质。在火灾现场，如安全泄压装置动作、喷气，将会进一步使灾情扩大，影响灭火工作的顺利进行。相反，若气瓶上不装设安全泄压装置，在遇到周围着火时，它还需要经过较长一段时间才能使瓶内压力升高到气瓶爆炸，这就可以为灭火工作提供较为充裕的时间和便利的工作条件。另一方面，气瓶上的安全泄压装置常常在正常的工作环境下发生误动作，包括易熔塞泄漏、脱落、爆破片提前破裂等。其结果是污染环境，甚至引起中毒、火灾或气瓶飞出伤人等重大恶性事故。因此，认为气瓶上的安全泄压装置是利少弊多，主张除盛装惰性气体的气瓶外，其他的则不应装设安全泄压装置。

另一种意见则认为，气瓶上的安全泄压装置在火灾情况下过早地排气泄压（因为装置的动作压力比气瓶的爆炸压力小得多），的确给灭火工作带来一定的困难，但这些都是可以采取一定措施予以防范的，更不可能使灭火工作无法进行。而如果气瓶不装设安全泄压装置，则它在火灾过程中随时都可能发生爆炸的危险。这不但会给消防人员增加心理压力和工作障碍，影响灭火工作的效果，而且一旦气瓶在火灾现场发生爆炸，则其后果更是难以设想。至于安全泄压装置发生误动作，并由此带来一些不良后果，在国内也是确实存在的，而且有些情况还相当严重。例如 1984 年 5 月，在某市就发生过一起液氯安全泄压装置误动作事件（易熔塞装置泄漏），大量氯气溢出，导致中毒数百人。从作者调查收集到的气瓶安全泄压装置（大部分是易熔塞装置）动作情况统计的资料来看，装置的误动作占了绝大部分，正常动作（因火灾等温度升高压力增大而发生动作）只是个别的。由此也就常给人们留下了气瓶安全泄压装置利少弊多的印象。但是，对于具体问题应作具体分析。气瓶安全泄压装置的误动作，并不是装置本身固有的缺陷，而是由于装置制造质量低劣,或气瓶使用不当而造成的。例如在收集到的易熔塞装置误动作事件中,有很多是因为易熔合金成分配比或烧铸工艺不当,造成合金塞与塞座之间存在间隙,因而引起泄漏的。也有些是使用维护不周(例如焊接火花掉落在易熔塞装置上或用蒸气喷射加热瓶体,使易熔塞局部受热熔化)而造成误动作的。事实上,随着易熔塞装置国家标准的颁布和贯彻实施以及气瓶使用操作人员安全知识的普及,近年来气瓶安全泄压装置误动作事件在逐年减少。因此,绝不能因噎废食,不应该因易熔塞(仅是安全泄压装置中的一种)质量不良或维护不周而引起误动作,就全盘否定气瓶安全泄压装置的有效作用,甚至将其废弃不用。

综上所述,气瓶装设安全泄压装置确实是利弊并存,而且利弊得失也不易将其量化而进行对比。况且装设的利弊还与装置的质量、动作的可靠性密切相关。

(三) 气瓶安全泄压装置的装设原则

根据我国的安全生产方针和技术政策,结合国内气瓶和安全泄压装置生产技术水平的实际情况,国内使用的气瓶,其安全泄压装置可以按下列原则装设:

1. 盛装剧毒介质(如氯气、氟气、一氧化碳、光气、四氧化二氮等)的气瓶,禁止装设安全泄压装置,以防它在正常条件下发生误动作(包括气体渗漏),严重污染环境,甚至酿成中毒或伤亡事故。

2. 民用液化石油气气瓶允许不装设安全泄压装置。因为这种气瓶一般都安放在面积狭小的厨房内,离炉灶(明火)较近,多数用户又缺乏有关的安全知识,一旦安全泄压装置出现误动作(多数为渗漏),容易引起火灾或空间爆炸事故。目前在役的液化石油气气瓶数量巨大(约 3 000 多万只),也都没有装设任何泄压装置。

3. 为了防止气瓶火灾现场内发生爆炸,避免灾情的扩大、恶化，其他气瓶，包括介质为助燃、易燃或不燃，具有一般毒性的永久气瓶、液化气体气瓶和熔解乙炔气瓶，原则上应根据其介质特性选装相应的安全泄压装置。

4. 如果气瓶的使用场合因其他原因使其遭遇火灾的情况可能性不大，装设安全泄压装置确实利少弊多，例如气瓶适宜装设的泄压装置比较容易发生误动作（提前泄放气体），而且泄放的介质又会造成环境的污染等，则可不必装设安全泄压装置。例如工业用非重复充装焊接气瓶，使用时遭遇火灾的几率很小，气瓶爆破时释放的能量所造成的危害远比气瓶泄压装置误动作时排出介质对环境污染的危害要小，所以最好不装设安全泄压装置。

二、气瓶安全泄压装置的类型与结构型式

（一）泄压装置的类型

气瓶的安全泄压装置可以独立装设，即直接装接在气瓶封头上，也可以装接在气瓶所用的瓶阀上。

目前国外常用的气瓶安全泄压装置有 4 种，即易熔塞装置、爆破片装置、安全泄压阀和爆破片－易熔塞复合装置。各类安全泄压装置各具特点，有其最适宜的使用场合。

1. 易熔塞装置

易熔塞装置结构简单，其结构示意图如图 3—1 所示。易熔塞装置是气瓶上应用得较早的一种泄压装置。这种装置是通过控制温度来控制瓶内的温升压力的，所以也只宜用于气瓶，而不适用于固定式容器。易熔塞装置由钢制塞体及其中心孔中浇铸的易熔塞合金塞构成。为了防止易熔合金塞因受压力而脱落，常将塞体内孔（即浇铸易熔合金处）做成带螺纹形、

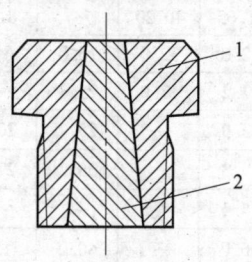

图 3—1　易熔塞装置的结构示意图

1—塞体　2—易熔合金

阶梯形或锥形（如图 3—1 所示，锥体大端承受压力）。

易熔合金由熔点很低的金属组成。组成的金属必须与瓶内介质相适应（不发生化学反应），而且熔化后具有良好的流动性。

易熔合金中各金属的组分则根据所要求的熔化温度进行适当调节。作为安全泄压装置构件的易熔合金，最好是共晶合金。当它达到熔化温度时，合金全部熔化、吹出，不会在孔内残留有熔点较高的金属，以致减少气体流通面积，阻碍气体顺利泄放。表 3—1 是常用易熔合金的组成及其熔化温度。

表 3—1　　　　易熔合金的组成及其熔化温度

合金成分（%）					熔化温度（℃）			备注
铋	铅	锡	镉	其他	开始	结束	自重流动	
44.7	22.6	8.30	5.30	铟 19.10	46.7	46.7	46.7	共晶
42.34	22.86	11.00	8.46	铟 15.34	47.0	48.0	47.0	
49.40	18.00	11.60	—	铟 21.00	58.0	58.0	58.0	共晶
47.50	25.40	12.60	9.50	汞 5.00	67	70	68	
50.00	26.70	13.30	10.00	—	70.0	70.0	70.0	共晶
50.00	25.00	12.50	9.50	—	60	72	70	
42.50	37.70	11.30	8.50	—	70	78	71	
50.00	34.50	9.30	6.20	—	70	78	72	
57.50	—	17.30	—	铟 25.20	78.8	78.8	78.8	共晶
51.65	40.20	—	8.15	—	91.5	91.5	91.5	共晶
52.0	32.0	16.0	—	—	95	95	95	共晶
57.2	17.0	25.8	—	—	95	109	100	
53.9	—	25.9	20.2	—	102.5	102.5	102.5	共晶
39.3	—	33.2	27.5	—	103	103	103	
55.5	44.5	—	—	—	124	124	124	共晶
56.0	—	40.0	—	锌 4.0	130	130	130	
57.0	—	43.0	—	—	138.5	138.5	138.5	共晶
—	30.6	51.2	18.2	—	143	143	143	共晶
60.0	—	—	40.0	—	144	144	144	共晶

装设有易熔合金塞装置的气瓶，在正常环境温度下运行，填满塞孔内的易熔合金保证气瓶的良好密封性能。一旦气瓶周围发生火灾或遇到其他意外高温，安全泄压装置温度达到预定的温度值，易熔合金即熔化，瓶内气体即由此塞孔中排出，气瓶泄压。我国目前使用的易熔塞装置的动作温度有100℃和70℃两种。易熔塞装置结构简单，制造方便，对温度的反应比较敏感，而且密封性能好（从理论上讲，它是几种安全泄压装置中密封性能最好的一种，但国内前些年制造的易熔塞装置常因制造质量或使用维护方面的原因而发生渗漏），它的固有缺点是合金塞容易受瓶内压力的作用而被挤出或脱落，也常因局部受热（如焊接或切割时飞溅的火花等）导致合金熔化，造成误动作等，所以它只适用于低压液化气体气瓶。盛装氨气、二氧化硫等毒性气体和三氟乙烷、二氟氯乙烷、偏二氟乙烷等可燃气体以及氯乙烯、溴乙烯等容易分解或聚合的气体的低压液化气体气瓶，以及熔解乙炔气瓶等可以选用易熔塞装置。其中用于熔解乙炔气瓶的易熔塞装置，动作温度为（100±5）℃；用于其他气瓶的动作温度为70℃。

2. 爆破片装置

爆破片装置是由爆破片（压力敏感元件）和夹持器（或支撑圈）等组装而成的安全泄压装置。当瓶内介质的压力因环境温度升高等原因而增大到规定的压力限定值（一般定为气瓶的水压试验压力）时，爆破片立即动作（破裂），形成通道，使气瓶排气泄压。爆破片装置的结构形式较多，有碎裂型、失稳型、剪断型和破裂型等几种。

碎裂型爆破片装置是用得最早的一种形式。它是利用膜片在较高压力下产生的弯曲应力达到材料的抗弯强度极限便碎裂而排放气体的。膜片用脆性材料，如铸铁、石墨、硬橡胶、聚氯乙烯等制成。这种形式的爆破片装置虽然易于制造、成本低廉，但膜片在安装时容易损坏，特别是其动作压力不够稳定，近期已很少采用。气瓶上更不用。

失稳型爆破片装置，又称压缩型、反拱型。穹形膜片的凸面受压，在较高压力下，膜片会突然失稳而翻转，于是被装设在其上面的刀具切破（刀切式）或膜片整体脱落弹出（脱落式），从而顺利排气。膜片材料是铝、铜、不锈钢、镍、蒙乃尔合金。这种爆破片装置动作压力较易控制；在相同条件（口径，压力）下，膜片较厚，易于加工制造；膜片对疲劳不敏感，因而使用寿命较长。但装置结构复杂（刀切式）或密封性能不好（脱落式），加工组装精度要求较高，在气瓶上也很少被采用。

剪断型爆破片装置是利用刚性膜片在较高压力下，夹持周边受剪切而断裂来排气的。膜片也是由不锈钢、铜、镍、铝等材料制成。这种装置要求其夹持器内周边缘没有倒角，以保证膜片的承载条件是纯剪切，而不致产生较大的弯曲变形与弯曲应力。这种装置最早在压力容器中用得较多。在气瓶上用得不多，因认为膜片的纯剪切条件难以保证，因而动作压力不够稳定。但我国近期从国外进口的长管拖车气瓶上也有用剪断裂爆破片装置的，效果还算不错。

破裂型爆破片装置是目前气瓶上用得最为普遍的一种。膜片也是用不锈钢、镍、铜、铝等塑性较好的材料制造。平板状薄膜片一般先经液压预拱成穹形，膜片在较高压力下受拉伸而破裂。

爆破片可以装配在瓶阀上，这种结构多用于永久气体气瓶。因为高压无缝气瓶容积较小，安全泄放量也小，不需要太大的泄放面积，而且在无缝钢瓶上也不宜另外开孔装接爆破片装置。容积较大的液化气体气瓶，常用的是由爆破片、夹持环、阀体和压盖组成的爆破片装置，如图 3—2 所示。这类气瓶需要较大的泄放面积，而且焊接气瓶又不限制另行开孔。

非重复充装焊接气瓶目前大多都装有爆破片（特别是出口国外的），这种爆破片一般直接焊接于瓶体上，其装置结构如图 3—3 所示。

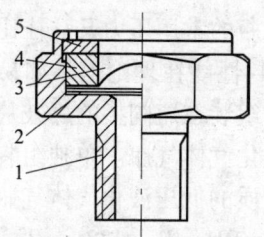
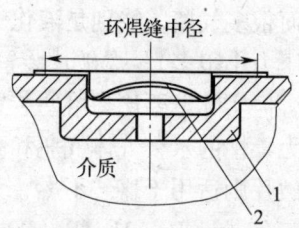

图3—2 焊接气瓶常用的爆破片装置
1—阀体 2—垫片 3—爆破片
4—压环 5—弹簧垫片

图3—3 非重复充装气瓶用爆破片
1—气瓶本体 2—爆破片

气瓶爆破片装置的泄压口径较小，按压力要求的适用膜片厚度也很薄，特别是低压焊接钢瓶用的爆破片。很薄的膜片加工、装接都较困难，膜片厚度的不均匀对泄压装置动作压力的影响也较大。所以一般都选用较薄的板材，通过机械加工在上面刻以沟槽，有的是拱形膜片刻有环形沟槽，其结构如图3—4所示。

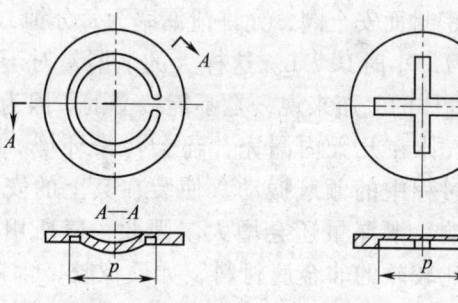

图3—4 带沟槽的膜片

与易熔塞装置比较起来，爆破片装置工作可靠，不易发生误动作，这是因为爆破片的动作压力不会受外界条件的干扰，而且它与气瓶实际工作压力之间又有较大的裕度（爆破片装置的额定爆破压力为气瓶的水压试验压力,即气瓶公称工作压力的 1.5 倍。而很多气瓶,特别是液化气体气瓶的常用压力又往往比公称工作压力小很多)。爆破片装置的密封性能在理论上不如易熔塞装置,但实际上要比易熔塞装置好。组装在瓶阀上的爆破片装置用于无毒性的永久气体气瓶和高压液化气体气瓶。单独组装成套的爆破片则适用于盛装不燃、无毒介质的低压液化气体气瓶,如各种氯氟烷(R-21、R-22、R-12B1、R-133a、R-114、R-115等)及六氟丙烯等气瓶。

3. 安全阀

安全阀是广泛用于固定式压力容器的泄压装置。在国外,也常将安全阀用于气瓶中。它的特点是结构简单、紧凑,而且可重新关闭,保持密封状态。具有这些特点,用做气瓶的安全泄压装置就更能显示出其无比的优越性。但安全阀也有不足之处,如泄压反应慢(因阀的开启具有滞后作用)、对介质的洁净度要求很高、密封性能差(是各类泄压装置中最差的一种)等。对用于气瓶的泄压装置,前两点尚无关重要,后者则是个严重问题,例如,按有关标准的规定,通径为 20 mm、压力为 10 MPa 的金属密封面安全阀,允许泄漏率为每分钟 10 个气泡,气体泄漏量约为每小时 0.7 L。这样大的泄漏量对于主要用途是运输和储存气体的气瓶来说,是不能接受的。因为这不但会使瓶内所装的气体在几天内漏完,还会污染环境。加上气瓶在使用及运输过程中的颠簸振动,使装在其上的安全阀的密封性能更受影响,泄漏量还会增大。因此,气瓶用安全泄压阀密封面应用比较软的非金属材料,如硬橡胶、含氟塑料等,以减轻其泄漏量,而不能应用金属材料。为保证密封,气瓶用安全泄压阀的始泄压力应不小于安全泄压阀额定排放压力的 75%(此压力高于气瓶的公称工作压力)。实际应用中常在阀出口处接一小管,引入高度为 100 mm 的水封,始泄压力为阀的入口侧加压到小管冒出第一个气泡时的压力。结构紧凑、密封性能符合要求的安全泄压阀,可以用于介质无毒性的永久气体气瓶中。国内目前在用的气瓶除极个别的外,一般气瓶都没有装设这种泄压装置,国内也还没有生产气瓶专用安全阀的制造厂商。

4. 复合装置

爆破片-易熔塞复合装置由爆破片与易熔塞串联组装而成。易熔合金塞装设在爆破片排放的一侧。这种复合装置兼有爆破片与易熔塞的优越性,尤其是密封性能更佳,因为它具有双重密封结构。在正常情况下,易熔塞不承受瓶内介质的压力(被爆破片隔离),所以不易被挤压脱落。复合装置只有在环境温度和瓶内压力都分别达到了规定值的条件下才发生动作、泄压排气,一般不会发生误动作。由于结构较为复杂,爆破片-易熔塞复合装置一般适用于对密封性能要求特别严格的气瓶,如盛装三氟化硼、氯化氢、硅烷、氟乙烯、溴化氢等气体的气瓶。至于盛装其他气体的气瓶,如果在经济上或安全上有特殊密封要求的,也可装设这种复合装置。

(二) 安全泄压装置结构型式的选用

各类气瓶可以按下列原则选用不同结构型式的安全泄压装置。

1. 盛装毒性程度为极度或高度危害的永久气体或液化气体气瓶,禁止装设安全泄压装置。

2. 盛装高压永久气体(第1条规定的除外)的气瓶,装设安全泄压装置,应遵守下列规定:

(1) 任何类型的安全泄压装置都只能装在瓶阀上,不得在瓶体上另行开孔装设。

(2) 无毒气体气瓶可装设爆破片或爆破片-易熔塞复合装置,毒性气体气瓶则只能装设爆破片-易熔塞复合装置。

3. 盛装高压液化气体(第1条规定的除外)的气瓶,应按下列规定装设安全泄压装置:

(1) 无毒气体的气瓶应装设爆破片或爆破片-易熔塞复合

装置。

（2）毒性气体或化学性质不稳定（容易聚合或分解）的可燃气体，其气瓶应装设爆破片-易熔塞复合装置。

4. 盛装低压液化气体（第1条规定的除外）的气瓶，一般应按下列原则装设安全泄压装置：

（1）不燃且无毒的气体，其气瓶应装设爆破片装置或安全阀。

（2）毒性气体的气瓶应装设易熔塞。

（3）液化石油气钢瓶可不装设安全泄压装置，其他易燃无毒气体的气瓶应装设安全阀。

（4）易燃且有毒的气体，其气瓶是否应装设安全泄压装置，气瓶设计单位应根据气体特性（包括最高压力）选定。

按美国气体协会（CGA）的推荐，常用瓶装气体气瓶适宜装设的安全泄压装置（摘要）见表3—2。

表3—2　常用瓶装气体气瓶适宜装设的安全泄压装置

类别	编码	气体名称	分子式	安全泄压装置			
				爆破片	易熔塞	复合装置	安全阀
永久气体气瓶	1140	空气		△		△	△
	4140	氧气	O_2	△		△	△
	0140	氮气	N_2	△		△	△
	0140	氩气	Ar	△		△	△
	4343	氟气	F_2	禁用			
	4341	一氧化氮	NO				
	2140	氢气	H_2	△		△	△
	2140	甲烷	CH_4	△			
	2340	一氧化碳	CO			△	
	2140	车用天然气		△		△	△

续表

类别	编码	气体名称	分子式	安全泄压装置			
				爆破片	易熔塞	复合装置	安全阀
高压液化气体气瓶	4130	氧化亚氮	N_2O	△		△	
	0130	二氧化碳	CO_2	△		△	△
	0120	三氟甲烷	CHF_3	△			
	0120	溴三氟甲烷	$CBrF_3$	△			△
	0120	六氟乙烷	C_2F_6	△		△	
	0120	六氟化硫	SF_6	△		△	△
	0120	氙气	Xe	△		△	△
	0223	氯化氢	HCl			△	
	2130	乙烷	C_2H_6	△		△.	
	2130	乙烯	C_2H_4	△			
	3220	硅烷	SiH_4			△	
	3320	磷烷（磷化氢）	PH_3	禁用			
	2120	氟乙烯	C_2H_3F			△	
	5320	乙硼烷	B_2H_6	禁用			
	0100	氯二氟溴甲烷	CF_2ClBr	△	△*		△
	0100	氯三氟乙烷	$C_2H_2F_3Cl$	△	△*		
	0100	八氟环丁烷	C_4F_8			△	
	0100	六氟丙烯	C_3F_6	△		△	
	4303	氯气	Cl_2		△		
	0203	三氯化硼	BCl_3		△		
	0303	碳酰二氯	$COCl_2$				
	0203	溴化氢	HBr	禁用			
	0201	二氧化硫	SO_2				

续表

类别	编码	气体名称	分子式	安全泄压装置			
				爆破片	易熔塞	复合装置	安全阀
低压液化气体气瓶（*限装设在瓶阀上）	4301	四氧化二氮	N_2O_4	禁用			
	2100	丙烷	C_3H_8				△
	2100	环丙烷	C_3H_6		△	△	△
	2100	丙烯	C_3H_6				△
	2100	正丁烷	$n-C_4H_{10}$				△
	2100	异丁烷	$i-C_4H_{10}$				△
	2100	异丁烯	$i-C_4H_8$				△
	2100	二氟氯乙烷	CH_3CF_2Cl		△		△
	2100	三氟乙烷	CH_3CF_3		△		
	2100	偏二氟乙烷	$C_2H_4F_2$		△		△
	2100	氯乙烷	C_2H_5Cl				△
	2100	二甲醚	$(CH_3)_2O$				△
	0202	氨气	NH_3		△		
	2301	硫化氢	H_2S		△	△	
	2200	氯甲烷	CH_3Cl				△
	5100	1,3-丁二烯	$C_4H_6-(1,3)$				△
	5200	氯乙烯	C_2H_3Cl		△		△
	5200	三氟氯乙烯	C_2ClF_3	△			△

注：符号△表示适用的装置。

（三）对安全泄压装置的基本要求

1. 安全泄压装置的结构与设置部位应与气瓶的使用条件相适应。装置的设置不应妨碍气瓶的正常使用和搬运，还应考虑装置动作时由于排气反作用力所产生的影响。

2. 在安全泄压装置中，凡与瓶内介质有可能接触的部件或零件，其材料对所装介质应具有良好的相容性和耐腐蚀性能。

3. 安全泄压装置在正常的使用条件下应具有良好的密封性能。

4. 盛装易燃气体的气瓶，每个泄压装置的结构都应使所排出的气体直接排向大气空间，而不会受到阻挡或冲击到其他设备上。

5. 气瓶安全泄压装置的额定排量不得小于气瓶的安全泄放量。规定在两端封头上都应装设安全泄压装置的气瓶，其额定排量只按一端的装置的排量计算。各种类型的安全泄压装置，其额定排量可由理论公式计算，或由实验确定。

三、气瓶的安全泄放量与泄压装置的排量
（一）气瓶的安全泄放量

要使安全泄压装置确实具有防止设备因超压而发生爆炸事故的效能，除了要求它的结构型式与使用条件（包括介质特性、工艺参数、升压速率和运行状态等）相适应以外，还要求它具有足够的泄放面积，以便排放气体，迅速降压。如果安全泄压装置的泄放面积不符合要求，即使它准确、灵敏，能按规定的压力（或温度）值动作、排气，容器内的压力还是会继续升高，甚至可能导致爆炸。

确定安全泄压装置泄放面积的基本原则就是要求其排量不小于容器的安全泄放量。

安全泄放量是指压力容器在超压时，为了保证它的压力不再升高，在单位时间内所必需泄放的气量。

气瓶的安全泄放量是指当它周围着火状态下瓶体吸收的热量所能蒸发（对液化气体气瓶）或体积膨胀（对永久气体气瓶）的最大气量。

1. 钢质气瓶安全泄放量

在既定的环境条件下，气瓶受火焰加热所吸收的热量与它的受热面积 A（即气瓶外表面全面积）成正比，按美国石油协会

（API）的实验数据，容器吸热量与 $A^{0.82}$ 成正比。就气瓶而言，瓶的长度与气瓶的直径之比一般都在一定的范围内，所以也可以简单地认为，气瓶吸热量与其容积呈线性关系。

在给定吸热量的条件下，瓶内永久气体的受热膨胀（体积增大）量或液化气体蒸发量应与所装介质在泄放条件（压力、温度）下的比热容或潜热有关。但如果分别按不同的介质取不同的参数（比热容或潜热）来计算气瓶的安全泄放量，就显得相当麻烦和复杂。因此，一般都是根据试验取一个综合平均值。

美国气瓶协会（CGA）对气瓶在周围着火情况下的泄压排气状态进行大量试验，并通过对试验数据的统计分析，提出一个实用经验数据，即每磅水容积的永久气体气瓶，若装设非重复闭合的泄压装置，其最低要求泄放面积为 0.000 12 平方英寸（泄放压力平均取为 100 lb/in^2，装置的排量系数按 0.7 考虑）。并据此确定非绝热的永久气体气瓶的最低要求泄放量（即安全泄放量）为：

$$Q_a = 0.001\ 54 p W_c$$

式中　Q_a——自由空气（在绝对压力为 14.7 lb/in^2、温度为 60°F 时的空气）的流量，ft^3/min；

　　　p——安全泄压阀的额定排放压力（绝对），lb/in^2；对易熔塞、爆破片及其复合装置，p = 100 lb/in^2；

　　　W_c——气瓶的水容积，lb。

非绝热的液化气体气瓶，安全泄放量规定为永久气体气瓶的两倍。

将 CGA 标准关于气瓶泄压装置泄放面积的要求由英制单位换算为国际单位，则可得装设爆破片、易熔塞或其复合装置的永久气体气瓶每升容积需要的泄放面积为 0.17 mm^2；装设安全泄压阀时的泄放面积为 $0.17 \times \dfrac{0.69}{p} = \dfrac{0.117\ 3}{p}$ mm^2。

根据此泄放面积，按气瓶所装的介质为常用的二原子气体

(绝热指数 $k = 1.4$)、泄放温度取为 60℃（气瓶最高使用温度）、额定排量系数为 0.7，则可以分别确定各类气瓶的安全泄放量（一般规定，安全泄放量的单位为 kg/h）。

（1）装设爆破片、易熔塞或其复合装置的永久气体气瓶，其安全泄放量为：

$$W_s = 0.176p\sqrt{MV} \qquad (3—1)$$

（2）装设爆破片、易熔塞或其复合装置的液化气体气瓶，其安全泄放量为：

$$W_s = 0.352p\sqrt{MV} \qquad (3—2)$$

（3）装设安全泄压阀的永久气体气瓶，其安全泄放量为：

$$W_s = 0.1215\sqrt{MV} \qquad (3—3)$$

（4）装设安全泄压阀的液化气体气瓶，其安全泄放量为：

$$W_s = 0.243\sqrt{MV} \qquad (3—4)$$

式中 W_s——安全泄放量，kg/h；
　　　M——瓶装介质的相对分子质量；
　　　V——气瓶容积，L；
　　　p——安全泄压装置的泄放压力，MPa。

[例 3—1]　公称工作压力 $p = 20$ MPa、容积 $V = 40$ L 的氧化瓶，瓶阀装设爆破片，试计算其安全泄放量。

解：永久气体气瓶钢瓶的爆破压力为气瓶水压试验压力的 90%~100%，气瓶水压爆破压力为气瓶公差工作压力的 1.5 倍，即 $p_h = 20 \times 1.5 = 30$ MPa。以爆破片的最后爆破压力 $p = 30$ MPa 为泄放压力，代入氧气的相对分子量 $M = 32$，容积 $V = 40$ L，则根据式（3—1），即可求得气瓶的安全泄放量为：

$$W_s = 0.176p\sqrt{MV} = 0.176 \times 30 \times 40\sqrt{32} = 1194.7 \text{ kg/h}$$

[例 3—2]　容积为 150 L 的液化丙烯钢瓶，单独装设安全泄压阀，试计算其安全泄放量。

解：液化丙烯相对分子质量 $M = 42.1$，气瓶容积 $V = 150$ L。

将 M、V 值代入式（3—4），即可求得气瓶安全泄放量为：

$$W_s = 0.243\sqrt{MV} = 0.243 \times 150 \times \sqrt{42.1} = 236.5 \text{ kg/h}$$

2. 绝热气瓶的安全泄放量

焊接绝热气瓶的整体结构与一般常用的气瓶有很大的不同，它由内胆和外壳两个圆筒组成，夹层间是真空隔热层。由于它的容积较大，它的安全泄放量应按没有隔热层的液化气体储罐的安全泄放量的公式进行计算，即：

$$W_s = \frac{2.61(650-t)UA^{0.82}}{q} \qquad (3—5)$$

式中　W_s——焊接绝热气瓶的安全泄放量，kg/h；

t——在泄放压力下介质的温度，℃；

U——总传热系数，kJ/（m²·h·℃），由气瓶制造单位实验确定；

q——在泄放压力下介质的汽化热，kJ/kg；

A——气瓶的受热面积，m²，立式焊接绝热气瓶的受热面积 A 按气瓶外壳的表面积计算。

（二）安全泄压装置排量

安全泄压装置的额定排量是指它在全开状态时，在排放压力下单位时间内排出的气量。额定排量可按下式计算：

$$W_r = 1.48 C p A_o \sqrt{M} \qquad (3—6)$$

式中　W_r——泄压装置额定排量，kg/h；

p——排放压力（绝对，对安全泄压阀为额定排放压力），MPa；

C——泄压装置的流量系数；

M——所排介质的相对分子质量；

A_o——泄压装置的最小流通截面积，mm²。

根据"安全泄压装置的排量应不小于容器的安全泄放量的原则要求（即 $W_r \geq W_s$），由式（3—1）（3—2）（3—3）（3—4）（3—5）分别与式（3—6）联解，即可分别确定永久气体气瓶、液化气体气瓶、焊接绝热气瓶所装设的安全泄压装置的最低泄放面积，也可以据此验证已经装设的泄压装置的泄放面积是否符合要求。

[例3—3] 工业用非重复充装钢瓶，用以盛装四氟乙烷（R134a），容积为13.4 L。安全泄压装置为直接钎焊在瓶体上的爆破片，泄放口径为3 mm，试验算其规格（口径大小）是否符合要求。

解：四氟乙烷（R134a）属液化气体，相对分子质量为102.03。按国家标准 GB 17268—1999《工业用非充装焊接钢瓶》的规定，四氟乙烷钢瓶的试验压力 $p_T = 1.7$ MPa，爆破片爆破压力为试验压力的 1.05~1.60 倍。以钢瓶爆破破片的泄放压力 $p = 1.7 \times 1.6 = 2.72$ MPa 计算，以相对分子质量 $M = 102.03$，容积 $V = 13.4$ L 代入式（3—2），即得钢瓶安全泄放量为：

$$W_s = 0.352 pV\sqrt{M} = 0.352 \times 2.72 \times 13.4 \sqrt{102.03} = 129.6 \text{ kg/h}$$

气瓶装设泄放口径为 3 mm 的爆破片，则其泄放面积 $A_o = \dfrac{\pi d^2}{4} = \dfrac{\pi \times 3^2}{4} = 7.07$ mm^2，以爆破片的最低泄放压力 $p = 1.05 p_T = 1.05 \times 1.7 = 1.785$、流量系数 $C = 0.7$、$M = 102.03$ 代入式（3—6），即得其额定排量为：

$$W_r = 1.48 CpA_o\sqrt{M} = 1.48 \times 0.7 \times 1.785 \times 7.07 \sqrt{102.03}$$
$$= 132 \text{ kg/h}$$

验算结果说明 $W_r = 132$ kg/h > 129.6 kg/h，故安全泄压装置规格符合要求。

四、安全泄压装置试验

（一）易熔塞试验

1. 从每批（批量不应大于3 000 个）易熔塞中任选两个试样，按下面第 2 条、第 3 条的规定先后进行试验。若两个试样均达到要求，则该批易熔塞合格。如其中的一个试样未达到要求，允许从同一批中再任选 4 个试样再次进行试验，如 4 个试样中的任一个未达到下面第 2 条或第 3 条的要求，则该批易熔塞判废。

2. 易熔塞的抗挤出和泄漏试验。在易熔塞的内侧（接触介质的一侧）施加 3.4 MPa 的气体压力，并在温度不低于 60℃ 的条件下保持 24 h。在装置的外侧进行检查，以无泄漏、易熔合金无明显可见的挤出为合格。

3. 易熔塞动作温度测定试验。在易熔塞的内侧施加 0.02 MPa 的空气压力，并将其浸入浴池中，以不高于 2℃/min 的速率升高浴池的温度，同时升高其压力（不超过 0.35 MPa）。当试样中的易熔合金挤出或喷出产生漏气时，即可记下浴池的温度，作为易熔塞的动作温度。

（二）爆破片爆破压力测试

1. 从每批（批量不应大于 500 个）爆破片中任意抽选不少于 3 个试样，进行爆破试验，测定其爆破压力。试验时，压力可以迅速升到公称爆破压力的 85%，并在此压力下至少保压 30 s，随后即以不超过 0.7 MPa/min 的速率升压，直至爆破片破裂。试验环境温度应不低于 15℃，也不应高于 60℃。若爆破片的实际爆破压力不在下面第 2~4 条规定的范围内，允许从同一批爆破片内任选 4 个试样再行试验。如 4 个试样全部符合要求，则该批爆破片合格，否则应全部判废。

2. 用组装成套的爆破片装置作为试样进行测试时，装置的实际爆破压力不得超过其标定爆破压力，也不得低于标定爆破压力的 85%。

3. 由专用的测试装置（夹持圈、紧固装置）进行爆破片爆破压力的测试，其夹持条件，包括夹持圈口径、倒角、紧固状态等，应与设计装置的条件完全相同。爆破片的实测爆破压力不得超过其标定爆破压力，也不得低于其标定爆破压力的 90%。

4. 直接钎焊在非重复充装气瓶瓶体上的爆破片，其爆破压力的测试,可以用成品瓶做试样。爆破片的实测爆破压力不应大于标定压力的105%,也不应小于90%。

(三) 爆破片—易熔塞装置性能试验

1. 从每批(批量不应大于500个)复合装置中任意抽选不少于3个试样。按下面第2条、第3条的规定,分别对其中的易熔塞部件及爆破片部件进行试验。若试验符合要求,则该批复合装置合格。如其中的一个试样未达到要求,允许从同一批中再任选4个试样再次进行试验。如4个试样全部符合要求,则该批复合装置合格,否则应全部判废。

2. 将复合装置上的爆破片卸去,按第1条的规定和要求,对其易熔塞部件进行试验和评定。

3. 将装置上的易熔合金熔掉,按第2条的规定和要求对其爆破片部件进行试验和评定。

(四) 安全阀气密性试验

经过校正调整,且其整定压力符合要求的安全阀,应逐只进行气密性试验,测定其始泄压力。试验时,在阀的进口端引出一小管并插入水封内,水封的高度为100 mm,然后在阀的进口端用气体加压,当引出管内冒出第一个气泡时,记下阀进口端的压力,此压力即为始泄压力。如果始泄压力不小于额定排放压力的75%,则安全阀的气密性试验合格,否则为不合格。

(五) 排量试验

1. 每一种结构型式的安全阀都应进行排量试验,测定其在额定排放压力下的额定排量(或排量系数)。

2. 爆破片装置、易熔塞及其复合装置如设计单位认为有必要时,也应进行排量试验。测定排量系数试验时,其试验压力不得小于0.69 MPa(绝对)。

3. 安全泄压装置的实际排量不得小于气瓶的安全泄放量,否则应修改设计,使其规格达到要求。

第二节　其他安全附件

本节论述的气瓶安全附件是气瓶保护帽和气瓶防震圈。

一、气瓶保护帽

（一）保护帽的功用

气瓶保护帽简称瓶帽，是装接在气瓶顶部瓶阀外面的帽罩式安全附件。其功能是保护气瓶在搬运使用过程中瓶阀不受碰撞或冲击而受损断裂。因为瓶阀一旦遭到碰撞，轻则变形而不能开关自如，重则阀体断裂，瓶内气体喷出，气瓶飞离，甚至发生瓶体爆破事故。

（二）瓶帽的结构型式与制造材料

气瓶瓶帽的结构型式有可卸式和固定式两种。

可卸式瓶帽的结构示意图如图3—5a所示。帽体下部加工有内螺纹，用以与气瓶颈圈连接。瓶帽上还开有位置对称的泄气孔，以防瓶阀因密封不严而使泄漏出的气体积存在瓶帽内，造成瓶帽爆破。泄气孔的对应开设是为了避免气体由一侧排出而产生的反作用力，使气瓶倾倒或旋转。

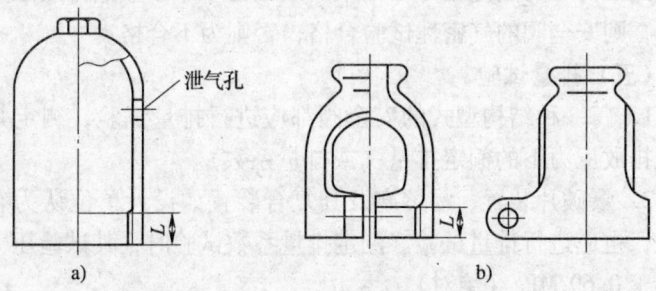

图3—5　气瓶保护帽的结构示意图
a) 可卸式　b) 固定式

固定式瓶帽的结构示意图如图3—5b所示。瓶帽下部的帽口处有侧向突缘，上有螺孔，瓶帽装入瓶颈后用紧固螺栓紧固，使其固定在气瓶上。瓶帽上开有较大的侧孔，用以方便地与充装卡具或减压器相连接。瓶帽上顶部也开孔，可以用专用扳手直接开启或关闭瓶阀。有一种专用于乙炔气瓶的瓶阀保护帽，也属于固定式瓶帽，结构稍为复杂些。

与可卸式瓶帽相比，固定式瓶帽不用经常拆卸和装接，也不易丢失或被忽略或忘记而没有戴上，但使用操作不太方便。

瓶帽可浇铸成型，也可冲压成型。制造瓶帽的材料应有良好的抗撞击性能，以防它被撞击碎断开裂，起不到保护瓶阀的作用。一般可用可锻铸铁或球墨铸铁制造，而不能用灰口铸铁制造。

（三）瓶帽质量要求与检验

1. 整体与外观质量

（1）瓶帽应进行消除应力处理。

（2）瓶帽表面不得有裂纹、夹渣、气孔以及影响使用性能和强度的缺陷。可用目测检查有无上述缺陷。

（3）浇铸成型的瓶帽的外部必须无型砂存在。浇口必须磨平，氧化物必须处理干净。可用目测检查有无上述缺陷。

（4）固定式瓶帽和可卸式瓶帽在加工后，如粘有油脂，须经脱脂处理。可用目测检查有无上述缺陷。

（5）瓶帽与气瓶连接螺纹是否紧密，可用符合标准的螺纹塞规进行检查。

（6）同一工厂生产的同一型式瓶帽成品重量与设计重量允差为±5%，可称重检查。

2. 性能要求

（1）在一轴向加压下，带在气瓶上的瓶帽紧固件应不脱落或松动，瓶帽应无重大损伤。

(2) 带瓶帽的气瓶轴线与水平垂直成 30°且瓶帽向下从 1.2 m 的高度自由跌落至混凝土地面上,气瓶阀门不会有大的损伤,不影响其使用性能。

二、气瓶防震圈

(一) 气瓶防震圈的功用

气瓶防震圈简称防震圈,是套装在气瓶外面的保护附件。防震圈的主要功用是防止气瓶在充装、运输、储存和使用时相互撞击或与其他物件撞击而酿成气瓶爆破事故。同时,套装在气瓶外面的防震圈也有利于保护气瓶外表漆色、标字和色环等识别标记。

(二) 对防震圈材料的基本要求

1. 材料应具有一定的抗拉强度,使其制成的防震圈在装配时不致轻易被拉断。

2. 材料应具有一定的弹性和塑性,使其制成的防震圈能紧套在气瓶上而且不会自动脱落。

3. 材料应具有一定的硬度,使防震圈能经受撞击。

经过多年的实践摸索,制造防震圈的材料以天然橡胶或合成橡胶最为适宜。按照目前的行业标准,胶料半成品的力学性能应符合表 3—3 的规定。

表 3—3　　　　　　胶料半成品的力学性能

项　目	指　标
扯断强度 (MPa) ≥	6
扯断伸长率 (%) ≥	300
扯断永久变形 (%) ≤	25
硬度 (邵尔 A 型) ≤	60±5
磨损体积 (cm^3/1.61 km) ≤	1.0

(三) 防震圈的规格尺寸及公差范围

1. 用于无缝气瓶的防震圈,其规格尺寸及公差范围为:

(1) 小容积无缝气瓶，防震圈内径应比气瓶外径小 6～8 mm，公差 ±0.5 mm，断面尺寸 25 mm×20 mm。

(2) 中容积无缝气瓶，防震圈内径应比气瓶外径小 10 mm，公差 ±0.5 mm，断面尺寸 30 mm×30 mm。

2. 用于焊接气瓶的防震圈，其规格尺寸及公差应符合下列规定：

(1) 容积为 10～100 L 气瓶的防震圈，其内径应比气瓶外径小 6 mm，公差 ±1.0 mm；断面尺寸为 30 mm×30 mm，公差 ±0.5 mm。

(2) 容积为 150～200 L 气瓶的防震圈，其内径应比气瓶外径小 8 mm，断面尺寸为 30 mm×30 mm。

(3) 容积为 400～1 000 L 气瓶的防震圈，其内径应比气瓶外径小 10 mm，断面尺寸为 50 mm×50 mm。

（四）防震圈外观质量要求

气瓶防震圈的外观质量应符合下列规定：
1. 表面不得有明显的杂质和污点。
2. 表面不得有裂纹和深度不超过 1 mm 的凸凹缺陷 5 处。
3. 表面不允许有欠硫及喷霜现象。
4. 表面上的名义重量值和制造厂名称或代号的标记应清晰。

练习思考题 3

1. 常用气瓶的安全泄压装置有哪几种类型？试分别说明它们的最适宜使用场合。
2. 易熔塞-爆破片组合型安全泄压装置有什么优点？
3. 什么是安全泄放量？安全泄压装置的排量与气瓶安全泄放量之间有什么关系？
4. 气瓶用爆破片的爆破压力与气瓶水压试验压力有什么关系？

5．容积40 L、公称工作压力为30 MPa的空气瓶的安全泄放量应该是多少？
6．容积为500 L的液氨钢瓶应该具有多大的泄放面积？
7．气瓶保护帽有哪两种结构型式？各具有什么优缺点？
8．气瓶防震圈的主要功用是什么？适宜用什么材料制造？

第四章 气瓶充装和使用

气瓶的正确充装和使用是保证气瓶安全运作的关键要素之一。由于充装不当而发生的气瓶爆炸事故屡见不鲜。历年来的气瓶爆炸事故统计分析资料表明，错误充装是造成气瓶事故的首要原因。

第一节 气瓶充装站技术条件

气瓶能否进行正确合理的充装，确保它不会因充装不当而发生事故，前提是要有一个符合安全要求的气瓶充装站。从1998年起，全国气瓶标准化技术委员会先后制定了4个国家标准，即GB 17264—1998《永久气体气瓶充装站安全技术条件》、GB 17265—1998《液化气体气瓶充装站安全技术条件》、GB 17266—1998《溶解乙炔气体气瓶充装站安全技术条件》和 GB 17267—1998《液化石油气瓶充装站安全技术条件》，并由国家技术监督部门颁布施行。近期，全国气瓶技术标准化委员会正在组织对这4个标准进行合并、修订和补充。

一、总体要求

（一）充装站的职责

气瓶充装站具有下列职责，应严格遵守执行。

1. 负责气瓶的充装、储运、管理和气瓶使用前办理气瓶使用登记证。

2. 向气体消费者提供气瓶，并对气瓶的安全负责，在所充装的气瓶上粘贴符合国家安全技术规范及国家标准规定的警示标签。

3. 负责向充装作业人员及气瓶和气体使用用户讲解气瓶和气体知识及应急处理措施、宣传安全使用知识及危险性警示要求。

4. 负责气瓶的充装前、后的检查、充装记录以及逐只气瓶的收发记录,并对气瓶的充装安全负责。

5. 负责气瓶的维护和附件的修理、更换以及气瓶颜色标志的涂敷工作。

6. 负责定期向当地质监部门报送自有气瓶的数量、钢印标志、定期检验和建档情况、充装负责人和充装人员持证情况。

7. 负责送检即将到期的或充装前发现有不符合要求的气瓶,交送到地市级或地市级以上的指定气瓶检验机构进行处理。

8. 确保所充装在气瓶内的气体符合产品的质量标准并出具产品合格证明。

9. 负责向当地相关部门报告生产、安全技术状况、事故调查和紧急处理及上报。

(二) 充装站的基本条件

1. 充装站应取得营业执照和组织机构代码。

2. 充装站应取得国家质量技术监督部门颁发的《气瓶充装许可证》和安监、环保、消防等部门批准的资质。

3. 充装站具有与充装气体种类相适应的完好生产装置、工器具、检测手段、场地厂房,有符合安全要求的安全设施。

4. 充装站有一定的气体储存能力和足够数量的自有产权气瓶。

5. 充装站应根据国家有关法规制度,制定如下相应的规章制度:

(1) 安全教育制度、培训制度、检查制度。

(2) 防火、防爆制度,防雷、防静电制度。

(3) 危险品运输、储存制度。

（4）设备、压力容器、管道、计量器具的周检制度及台账。

（5）档案管理制度。

（6）岗位责任制、班组管理制度。

（7）紧急情况应急救援预案。

6. 充装站所有设备、岗位安全操作规程齐全。

7. 充装站应根据气体的特性，按照 GB 2894《安全标志》中的规定，在充装站室内外醒目处设置须知牌和安全标志。

（三）充装站人员条件

1. 充装站应配备工程师技术职称以上（含工程师）的专职安全生产技术负责人。

2. 充装站应配备高中以上文化水平经省级培训合格的专职或兼职安全管理人员。

3. 充装站应配备初中以上文化水平经专业技术培训和省级质监部门考核合格，取得"特种设备人员作业证书"的气瓶检查员。

4. 充装站应配备初中以上文化水平经专业技术培训和省级质监部门考核合格，取得"特种设备人员作业证书"的气瓶充装人员，且每班充装人员不得少于两人。

5. 充装站应配备高中以上文化水平经专业技术和省级质监部门考核合格、取得资格证书的产品质量检验人员。

二、充装站厂房建筑条件

1. 厂房与库房

（1）充装站站址及总平面布置、厂房建筑的耐火材料等级、厂区防火间距、安全通道及消防用水量等安全防火条件必须符合 GBJ 16《建筑设计防火规范》的规定。可燃气体充装站必须符合相应气体的设计规范。设置在石油化工企业内的充装站还应符合 GB 50160《石油化工企业设计防火规范》的规定。

（2）充装间必须设有足够的泄压面积，并有与充装站空间相适应的泄压设施。充装介质密度小于空气的气体充装站排气泄压设施应设在建筑物顶部，充装介质密度大于或等于空气密度的气体,充装站排气泄压设施应设在建筑物靠近地面的位置上。

(3) 充装站应设置符合安全技术要求的通风、遮阳、防雷、防静电设施。

(4) 可燃气体充装站内的灌瓶(充装)间、实瓶间、压缩机房等为甲类厂房,必须符合如下条件:

1) 密度等于或大于空气密度的可燃气体的厂房、库房内应采用不发火花地面。如采用绝缘材料作整体面层时,应采取防静电措施。地下不得设地沟。如必须设置时,其盖板应严密或填沙充实,或采用强制通风措施。

2) 厂房、库房应采用混凝土柱、钢柱框架或排架结构,当采用钢柱时,应采用防火保护层。结构宜采用敞开式建筑,门、窗应向外开启并有安全出口。顶棚应尽量平整,避免死角。

3) 厂房、库房应有必要的泄压设施,泄压设施宜采用轻质屋盖作为泄压面积,易于泄压的门窗、轻质墙体也可作为泄压面积。作为泄压面积的轻质屋顶和轻质墙体,每平方米质量不宜超过120 kg。泄压面积与厂房(库房)体积比(m^2/m^3)宜为 0.05~0.22。

4) 建筑面积(单层)超过 100 m^2 或同一时间生产人数超过 5 人的生产厂房应至少有两个安全出口。

5) 厂房或库房顶部应设避雷网并接地,其冲击接地电阻应小于 10 Ω。

(5) 充装站的充装间与瓶库的钢瓶应分实瓶区、空瓶区布置。永久气体充装站的气瓶与充装汇流排之间宜设置防爆墙。低温大型液氧、液氮储罐(500 m^3 以上)(堆积珠光沙绝热型)应按 GB 50160《石油化工企业设计防火规范》的要求建造围堰。

(6) 充装站应有专供气瓶装卸的站台,站台上存放空瓶和实瓶的区间应设立明显标记。站台上宜保留有宽度不小于 2 m 的通道(乙炔充装站通道净宽不小于 1.5 m)。乙炔充装站的站台规定高出地面 0.4~1 m,平台宽度不宜超过 3 m,并应设置有大于平台宽度的雨篷,雨篷及其支撑应为非燃烧体。

(7) 充装站内必须设置消防车通道、专用消火栓、消防水源、灭火器材以及在紧急情况下处理事故的消灾设施和器具。灭火器的配量应符合 GBJ 140《建筑灭火器配置设计规范》的规定。乙炔灌瓶间内必须设置供灭火用的紧急喷淋装置。

(8) 充装站的消防设施应符合 GBJ 16《建筑设计防火规范》的规定。有爆炸危险场所的电力装置设计、施工与验收应符合 GB 50028《城镇燃气设计规范》和 GB 50257《电气装置安全工程爆炸和火灾危险环境电气装置施工及验收规范》的要求。乙炔充装站有爆炸危险性的 1 区内，必须采用适用于乙炔的 dIICT2(B4b) 级隔爆型电气设备或仪表。

(9) 充装站应设置可靠的防雷装置，其设计应符合 GB 50057《建筑物防雷设计规范》的规定。

(10) 充装站的静电接地设计应符合 HGJ 280《化工企业静电接地规程》的规定。可燃及助燃气体充装站的管道、阀门、储存容器等应设置导除静电的可靠接地装置，其接地电阻不得大于 10 Ω，管道上法兰间的跨接电阻不应大于 0.03 Ω。

2. 可燃气体充装站场地条件

液化石油气体、液化天然气和压缩天然气充装站的站址及场地应符合下列规定：

(1) 充装站四周应设置高度不低于 2 m 的非燃烧体围墙。

(2) 充装站应分区布置，分为生产区和辅助区。液化石油气充装站在生产区和辅助区之间应设高度不低于 2 m 的非燃烧体围墙。

(3) 生产区应布置在充装站全年最小频率风向的上风侧或上侧风侧。

(4) 生产区应敷设宽敞的回车场地。生产区应设有宽度不小于 3.5 m 的环形消防车道。当液化石油气体充装站和 LNG 站储罐总容积小于 500 m³ 时，可设尽头式消防车道和面积不小于 12 m×12 m 的回车道。供大型消防车使用的回车场面积不应小于 15 m×15 m。

（5）充装站内场地平整，在山区、丘陵地区设站也可分阶梯布置。生产区内严禁设地下、半地下建筑物（地下储罐、水泵结合器除外），地下管沟应用干沙填充。

（6）充装站生产区与辅助区应至少各设一个对外出口。储罐总容积超过 1 000 m^3 时，液化石油气体生产区应设两个对外出入口，其间距应不小于 30 m。出入口宽度应不小于 4 m。

（7）钢瓶装卸台的设置，应符合 GB 50028《城镇燃气设计规范》的规定。

三、充装站设备管道条件

（一）一般要求

1. 压力容器的设计、制造、安装、检验、使用和管理必须符合《压力容器安全技术安全监察规程》《特种设备安全监察条例》《压力容器使用登记管理规则》及《在用压力容器检验规程》的规定。液化气体容器应装设计有准确、安全、醒目的液面显示装置，并有可靠的防超装设施。

2. 压力管道的设计、制造、安装、检验、使用和管理必须符合《压力管道安全管理与监察规定》《特种设备安全监察条例》及 GB 50235《工业金属管道工程施工及验收规范》的规定。并根据介质类别，按有关标准的规定喷涂相应的颜色标记。

3. 充装设备、管道、阀件密封元件及其他附件不得选用与所装介质特性不相容的材料制造。凡与乙炔接触的设备、管件、仪表，严禁选用含铜量超过 70% 的铜合金以及银、汞、锌、镉及其合金材料制造的零部件。

4. 氧气充装站的工艺布置、设备与管道的选择设计应符合 GB 50030《氧气站设计规范》及 GB 16912《氧气及相关气体安全技术规程》的规定。氢气站的工艺布置、设备与管道时间应符合 GB 50177《氢气站设计规范》的要求。氢气、氧气充装间的汇流排与充装气瓶之间宜设置防爆墙。

5. 气体充装站的充装接头与防错装接头应符合 GB 15383《气瓶阀出气口连接型式和尺寸》附录 A 的规定，深冷液化气体储罐及软管等的快速接头应根据气体的不同，采用不同的结构。

6. 充装站不得使用润滑压缩机充装永久气体。对于充装与水反应易形成强腐蚀性介质的气体，充装站应备有对设备、管道阀门、气瓶进行干燥的设施。

7. 氢气、氧气瓶充装前要进行抽空处理，配有抽真空装置。

8. 充装毒性气体的充装站还应具备以下安全措施：

（1）厂房内除设置一般机械通风外，还应备有事故排风装置。对排出含有大量毒气的空气必须进行净化处理，使其符合 TJ 36《工业企业设计卫生标准》中有关规定的要求。

（2）盛储剧毒液化气体的容器应设置在室内，并设有可在容器四周形成水幕用以制止突发性事故而造成毒性气浪的给水装置。

（3）充装剧毒液化气体的充装站，必须配置在充装同时可防止气体溢出的负压操作系统。

（4）充装毒性气体的充装站，必须设有回收或处理瓶余气的设备和装置，不得向大气排放。液化石油气体充装站应设有残液倒空和回收装置。还应有新瓶抽真空设施，真空泵性能应保证新瓶真空度能抽至 83.0 kPa 以上。

（二）乙炔充装站管道特设条件

1. 乙炔充装站的管道应符合下列要求：

（1）乙炔管道的敷设、高压乙炔管道的选择应符合 GB 500031《乙炔站设计规范》的规定。压力容器管件、阀门及管道应选用持有国家有关部门颁发制造生产许可证企业的产品。

（2）高压乙炔管道宜采用焊接和高压卡套接头；而与阀门、附件、设备连接处，可采用法兰或螺纹连接。高压乙炔管件、阀门及管道的公称压力不应小于 25 MPa，当每对法兰或螺纹接头间电阻值超过 0.03 Ω 时，应有跨接导线。

(3) 高压乙炔管道在安装前必须做 30 MPa 耐压试验，安装后管道系统做 3 MPa 气密性试验和 2.5 MPa 泄漏性试验。试验方法和要求应符合 GB 50235《工业金属管道工程施工及验收规范》的规定。

(4) 乙炔充灌排每排的进口管上应设置一只主截止阀，在充灌排各分配接口处必须设置分配截止阀，应一瓶一阀。在充灌排的末端应设有通向乙炔低压系统的回流管，回流管道上应设截止阀。

(5) 乙炔高压软管必须能抗乙炔溶剂的腐蚀，不得选用能导致燃烧、爆炸的材料，其内径应小于或等于 6 mm；高压软管必须能承受大于或等于 60 MPa 的耐压试验。

(6) 充灌排上应设置水喷淋冷却装置，且能直接喷到充装灌台上所有的钢瓶。

(7) 乙炔放散或排放应各自单独引至室外，引出管管口应高出屋脊，且不得小于 1 m。乙炔设备的排污管应接至室外，乙炔气体部分回收。

(8) 站内应配备乙炔瓶抽真空、称重及补加溶剂装置。

2. 乙炔管道和所连接的设备中，在下列部位必须设置阻火器，阻火器的选用应符合 JB/T 8856《熔解乙炔设备》中 5.7.5.1 的规定。

(1) 高压干燥器的出口管路上。

(2) 各充灌排的主截止阀前。

(3) 充灌排的各分配截止阀后。

(4) 高压乙炔放回低压乙炔的管路上。

3. 乙炔设备、管道系统应设有含氧分数小于 3%（体积分数）的氮气或二氧化碳置换装置。

四、监测、防护器具条件

（一）监测、计量仪表

1. 充装站的电器、仪表装置、安装验收应符合 GB 50058

《爆炸和火灾危险环境电力装置设计规范》和 GB 50257《电气装置工程爆炸和火灾环境电气装置施工及验收规范》。

2. 设备及管道上的压力指示计应根据所装介质的特性选用。腐蚀性介质的压力计应采用耐蚀膜片式。乙炔系统应用乙炔专用压力计，每一充灌排上至少应设置一只。压力计的精度不低于 1.6 级，表盘直径不小于 100 mm。

3. 按介质的质量（重量）确定充装量的充装站应配置有与充装接头数量相等的计量衡器。复检与充装的计量衡器应分开使用。配备的计量衡器应达到下列要求：

（1）计量衡器的最大称量值不得大于所充气瓶实重（包括自重及装液重量）的 3 倍，且不小于其实重的 1.5 倍。

（2）非自动称量器的精度应符合 JJG 1003《非自动秤的标准等级》中的规定等级要求。固定式电子衡器的精度应符合 GB 7723《固定式电子衡》规定的 3 级秤等级要求。液化石油气、液氯和液氨气体充装应配备具有超装时自动切断功能的计量秤。

（3）在设计保证均衡充装并有防超压措施的情况下，自动充装站可仅配备参照计量衡器。

4. 深冷液体加压汽化充装装置中，低温泵排液量与汽化器换热面积及充装量应匹配，应使每瓶气的充装时间不小于 30 min，汽化器的出口温度低于 −30℃ 及超压时应有系统报警及连锁停泵装置。

5. 氧气、强氧化性气体及可燃气体的充装站应有识别待装气瓶剩余气体及其杂质的检测仪器（有真空设施的除外）。有毒、可燃气体的充装站和氧气及可窒息性气体的充装站应设置相应的气体危险浓度监测报警装置。

6. 以电解法生产的氢气、氧气充装站，必须在氧气管道上设置分析氧气中氢气含量的自动分析仪器，在氢气管道上设置分析氢气中氧气含量的自动分析仪器。

(二）安全生产用品

气体充装站应按所装介质的特性，分别配备相应的保护用具和用品：

1. 有腐蚀性介质的充装站应有可靠性的防酸碱灼烧的安全生产用具。
2. 深冷液体充装站应有可靠的防冻安全生产用品。
3. 有毒气体充装站现场应配有防毒面具、滤毒罐和急救药品，并应具有可靠的通信联络手段和抢救运送中毒人员的条件。
4. 可燃气体充装站应配有防静电衣服、底部无铁钉鞋具和不产生火花的检修工具。

第二节　永久气体气瓶的充装

一、永久气体气瓶的多发事故

气瓶的充装安全问题，重点不在于气瓶充装过程中操作人员的人身安全或操作作业的设备安全，最主要的是要预防气体由于充装不当而发生事故，特别是气瓶操作爆炸事故。

（一）气瓶化学性爆炸事故实例

在永久气体气瓶的爆炸事故中，最为常见的是气瓶发生化学性爆炸事故，这也是危害性最大的气瓶事故。

所谓气瓶的化学性爆炸，是指两种或两种以上的物质混杂在气瓶内部，发生化学反应，使温度迅速升高、压力突然增大，导致气瓶爆炸。

据粗略的气瓶事故统计分析可知，永久气体气瓶的重大事故和严重事故中，化学性爆炸事故占80%以上。

气瓶的化学性爆炸事故危害极大，后果最为严重，常造成设备损坏、人员伤亡，甚至建筑物被毁。这种爆炸事故可以在气瓶充气过程中发生，也可以在气瓶充气后的用气时发生。

1995年12月7日，浙江省宁波市鄞县某气体公司在用液氧汽化进行气瓶灌装的过程中，虽然充装压力还远达不到规定的压力值（气瓶公称压力有 15 MPa），但一只气瓶突然发生爆炸，造成 1 人死亡，1 人重伤，1 人轻伤，现场平房被毁。经原国家劳动部锅炉压力容器安全监察局组织专家组反复调查分析论证，根据事故破坏威力较大、充装压力不高、事故现场有高温火烧的迹象等事故现象，排除气瓶的物理性爆炸的可能，判定该事故为气瓶化学性爆炸事故，即在充装前瓶内留有可燃性气体（估计是氢气），可燃性气体在充装过程中与不断灌充的氧气混合，发生化学反应而燃烧。

2005 年 3 月，北京南亚气体厂在充装高纯度氧气瓶时，刚开充装进气阀，气瓶立即发生爆炸。瓶体炸裂面 7 大块，其中的封头碎块飞出约 40 m，充装操作人员当场被炸身亡。距事故点约 10 m 远的压缩机地脚螺栓折断，机体移位。据查，事故当天（7 时许，该厂从天津拉回 5 只空瓶，曾用压力表测试瓶内余压，发现其中的两只空瓶有较高的余气压力，但没有查验瓶内所剩的是什么气体。将 5 只气瓶装接在汇流排上，开动液压泵准备充气。开启第一只瓶阀后，情况正常。继而开启第二只气瓶的进气阀，此时气瓶突然发生爆炸。因为第一、第二只气瓶都有较高压力的余气，根据现场实际情况分析，认为瓶内剩余的可能是氢气，在与装入的氧气混合后而发生化学性爆炸。

气瓶的化学性爆炸并不一定是在充气的时候发生，很多情况下是在充装结束后，在搬运或用气时发生。因为气瓶充装时虽然创造了可燃物（气体或油）与助燃气体混合导致燃烧爆炸的基本条件，但还需要有点燃混合物的引燃源，所以气瓶爆炸也常常滞后发生。

2004 年 5 月 25 日，浙江省杭州市某铸造公司内发生了一起氧气瓶爆炸事故，导致 2 人死亡，伤 1 人。爆炸气瓶于事故当天凌晨充气，在凌晨 7 时左右由公司下属搬运公司运送到该铸造公司。在卸车过程中，一只气瓶竖直着地后立即发生爆炸，装卸工当场被炸身亡。事后分析,该气瓶在使用过程中有可能被倒灌入油脂,但充装时并没因油脂与氧气的混合而发生爆炸。在卸车时,因瓶体受冲击、震动而导致发生化学性爆炸。

气瓶的化学性爆炸除了具有滞后性这一特点外,又往往具有群发性特点。所谓群发性,是指在同一地方充气的气瓶在同一段时间内(不一定是同一天,也不一定发生在同一地点)发生多起化学性爆炸。

1999年1月6日,沈阳市某制氧厂采用液氧法充装6只气瓶,在刚刚充装完毕后,6只氧气瓶同时发生爆炸,造成5人死亡,4人受伤,其中2人尸体被炸碎,现场惨不忍睹。除整个充装站被炸毁以外,周围房屋的门窗玻璃也被震碎,近旁的玻璃制品厂也有一堵墙被炸坏,另外还有2个气瓶被熔穿2个孔洞。

2004年8月,河北省保定地区两天内在不同地点有4只气瓶先后发生爆炸。这些气瓶都是由同一个气体厂在同一天内充装的(是否是同一批次在汇流排上灌装,则因充装记录不完善而无从查证)。从爆炸气瓶的残骸上可以断定,气瓶属于化学性爆炸,但用户中没有用氢单位,周围地区也没有氢气制造厂。气体厂是通过空气分离法制取氧气的,气体分析也表明所生产的氧气完全符合要求。事故发生后,保定地区决定冻结当天(爆炸瓶充气的日期)充装而尚未用完的数百个气瓶(因不明爆炸气瓶的充装批次,只知道充装日期),并对逐只气瓶进行剩余气体的定性分析,结果检验出有多只气瓶余气中含有可燃性气体。

气瓶发生化学性爆炸,大多数是氧气与可燃性气体的混合,包括氧气与氢气、氧气与乙炔、氧气与甲烷或天然气、氧气与液化石油气等,但也有少数气瓶因为氧气与油脂的混合而发生化学性爆炸的。

1999年5月16日,江苏省镇江市某厂氧气充装站充装一组氧气瓶,当充装压力达到13 MPa(小于气瓶的公称压力15 MPa),在切换充气总阀、关闭气瓶阀门时,其中1只气瓶突然剧烈燃烧爆炸，气瓶炸裂成多块碎块，飞离事故现场。爆炸产生的空气冲击波将 5 间 140 m² 瓶库屋顶石棉瓦全部掀飞。充装间墙体裂纹长达 6 m，距离爆炸事故现场 15 m 开外的水泵房、气瓶检验间的窗户被震碎，1 名操作人员受伤。事故后观测发现，气瓶外表涂漆全被磨光，瓶体呈金属锈色，从瓶阀、瓶嘴处喷出的残渣残液有强烈的柴油、煤油气味。据此又查验了相类似情况的尚未装气的空瓶，在个别二氧化碳钢瓶中也倾倒出一种有强烈柴油气味的黄褐色残液。经过对爆炸气瓶碎片的认真辨认，发现该瓶在瓶肩处有隐约可见的铝白色漆色。又据调查，江苏省泰兴黄桥地区有我国目前最大的天然二氧化碳气田，气田所产天然二氧化碳中约含有质量分数不大于 1% 的碳氢化合物杂质（$C_1 \sim C_{12}$）。其他主要成分为：煤油约占 70%，柴油和机油约占 30%。基于价格便宜等经济原因，该地区的某些二氧化碳生产厂和充装站有时也会从油田购买部分未经提纯净化的液体二氧化碳分装充瓶销售。根据爆炸气瓶原有的残留漆色为铝白色，可以判定该瓶为二氧化碳气瓶。该瓶未经改装，又用以充装氧气，致使瓶内残留的油脂（原来充装二氧化碳时所积聚的）与高压氧气接触，发生剧烈的化学反应，并燃烧爆炸。

（二）事故原因与预防措施

1. 直接原因

导致永久气体气瓶发生化学性爆炸的最主要原因是装瓶错误和氧气瓶混入了可燃物。

（1）装瓶错误。最常见的装瓶错误是将原来充装助燃气体的气瓶用来充装可燃性气体，如氢、乙炔、甲烷或天然气、液化石油气等，或者是将原来充装可燃气体的气瓶用来充装助燃气体。其中最多见的是用氢气瓶充装氧气或用氧气瓶充装氢气。这种氢气、氧气气瓶错装而导致爆炸事故在过去几十年中时有发生。例如，1993 年 11 月 26 日在江苏省扬州市卫生防疫站发生的氢气爆炸，造成操作人员当场被炸死，就是因为用装氧气的气瓶去装氢气而发生的。如果误将一只内装较多氢气的气瓶去充氧气，则在刚开始充气时，这只气瓶内的氢气还会因压力较高而通过汇流排接管充入到邻近的空瓶内，导致多只气瓶发生氢氧混合的燃烧爆炸。如 1993 年 2 月 21 日，山东省沂南县大庄镇 4 只氧气瓶同时爆炸，炸死 2 人、重伤 1 人；1998 年 5 月，山西省大同市在 3 天内连续发生 3 起氧气瓶爆炸事故，先后造成 4 人死亡、8 人受伤。多次爆炸事故都是在这种情况下不幸发生的。

（2）前些年，永久气体气瓶发生化学性爆炸事故多为装瓶错误所致，近年来，这种情况则略为减少，更多的是氧气瓶混入可燃物，包括混入氢气、乙炔、甲烷或天然气以及液化石油气等，也有的是混入油脂等类可燃物。例如，1995 年 11 月 8 日在山东省高密县威泉镇镀锌厂发生的氧气瓶爆炸（1 死 1 伤）；1995 年 12 月 27 日在广东省阳山县化肥厂检修工地上 1 只氧气瓶在使用过程中突然发生爆炸，都是氧气瓶混入了可燃性气体造成的。1996 年 7 月 10 日，上海氯碱化工综合公司在充氧过程中，当气瓶压力达到 13.5 MPa 时，气瓶突然爆炸，据分析，混入的可燃物是油脂，氧气瓶之所以有可能混入可燃气体，在多数情况下是在气体焊接作业过程中产生的。如果是氧－乙炔（或其他可燃气体）焊接，当氧气已经用尽，氧气瓶内无余压，而阀门又没有及时关闭时，乙炔瓶内的乙炔就可以通过焊枪而倒流入氧气瓶内。上面所说的 2004 年 8 月发生在河北省保定地区的 4 只气瓶爆炸，就有可能属于这种情况。

2. 预防措施

（1）认真检查与识别气瓶，为了防止气瓶错装，充装站必须加强充装前对空瓶的检查，辨认气瓶原来是充装何种气体的。

（2）采用防错装的充装接头。为了防止可燃气体与助燃气体错装，可在装置的连接结构上设置一些自动防"错装"的措施。1964 年原劳动部颁布的《气瓶安全监察规程》就明确规定："可燃气体用的瓶阀，出口螺纹应是左旋的；非可燃气体用的瓶阀，出口螺纹应是右旋的"。这样，如果用可燃气体气瓶去充装助燃气体，如空气、氧气等，则因为瓶阀的连接螺纹与充气装置的螺纹连接不上（即俗话说的"一个正扣、一个反扣"）而无法充气。如果更换瓶阀，则在卸下瓶阀时，瓶内余气即被排出，不安全状态也会得到缓解。这一措施的贯彻执行对防止可燃气体与助燃气体的"错装"起到很大的作用，防止了气瓶因"错装"而发生化学性爆炸事故。但是近年来很多充装单位的充气装量都采用了卡子代替螺纹进行充装，这样瓶阀出口螺纹的左旋与右旋之分就起不到自动防止"错装"的作用。如果在充装前不作认真检查，就很可能发生事故。为了适应这种新的卡子连接，专家又提出新建议，限定可燃气体和非可燃气体采用不同的瓶阀结构，可燃气体瓶阀出口采用左旋内螺纹结构，非可燃气体瓶阀出口采用右旋外螺纹结构。充装可燃气体的卡子接头尺寸较粗、较长，只能与内螺纹的瓶阀装配；而充装非可燃性气体的卡子接头尺寸则较细、较短，只能与外螺纹和瓶阀装配。这种卡子接头的结构简单实用，能有效地自动防止可燃气体与非可燃气体的混装。全国气瓶标准技术委员会编制的国家标准《气瓶阀出气口连接型式和尺寸》接纳此方案，并在标准规定中具体实现了。经由国家技术监督局于 1994 年 12 月发布，标准号 GB 15383—1994，标准从 1995 年 8 月 1 日开始实施。按照此标准的规定，对于空气、氧气等助燃气体，气瓶瓶阀出气口的螺纹是右旋外螺纹；氢气及其他可燃气体，瓶阀出气口为左旋内螺纹。在该标准的附录 A 中又对充气接头（卡子）的型式与尺寸做了具体规定，使其与瓶阀出气口尺寸相匹配。

（3）查验和鉴别空瓶余气。对于有剩余气体的永久气体气瓶，新修订的国家标准 GB 14194—2006《永久气体气瓶充装规定》没有规定对余气进行查验和鉴别。这是因为国内的气体充装站技术水平与装备参差不齐，操作人员的经验也不一样，目前还难以统一，下面介绍国内充装站采用较多的气瓶余气定性鉴别方法及其特点。

使用得较早、目前仍有不少充气站正在采用的方法是火焰鉴别法。这种方法是用洗耳球从待检的气瓶瓶阀出口处抽取余气样品（为了保证抽取的样品的可靠性，抽取时至少要作两次以上的排吸气），然后对着点燃的条香或盘香缓慢地吹气，根据蚊香发出的火焰特征（或其他反应）来鉴别瓶内剩余气体的特性：若蚊香在接受洗耳球吹喷出来的气体后发生燃烧加剧、呈现耀眼光亮现象的，则瓶内剩余气体为氧气；如果蚊香的火焰呈红色、而洗耳球的排气口发出"渐渐"的轻微爆鸣声，则表明瓶内余气为可燃气体；如果瓶内剩余气体既非可燃气体又非助燃气体，则蚊香的火焰就会被吹喷而熄灭；如果洗耳球吹喷的气体遇蚊香的火焰时发出爆鸣声，或洗耳球弹出爆破，则表明瓶内剩余气体是爆鸣性混合气体。

用火焰鉴别瓶内余气时，必须用洗耳球抽取试样，严禁用点燃的蚊香对着开启的瓶阀进行试验，否则瓶内如存有可燃气体，喷出时会着火燃烧；如是爆鸣性气体，遇明火会发生爆鸣，甚至爆炸。向点燃的蚊香喷气时应缓慢进行，以保证鉴别试验的准确可靠。因为喷气过快，即使是可燃气体或爆鸣气体，也可能会将蚊香熄灭。此外，手握洗耳球向蚊香喷气时，应佩戴手套等个人防护用具。

火焰鉴别法简便，试验迅速，成本低廉，它适用于氧气、氮气、空气、氢气和惰性气体等，不适用于有毒气体，也不宜在"严禁烟火"的现场进行。

气瓶内余气的定性鉴别，也可用仪器检测，如可燃气体检测仪、可燃气体测爆仪等。用可燃气体测爆仪的探头接触被测气体后，如气体中含有可燃气体氢气、甲烷、乙炔、乙烯等并达到爆鸣含量时，随即发出报警声。这种方法不用明火，但需要专用仪器，测试效率也不高，且不能判别瓶内余气的种类。

如果要准确地鉴别瓶内残留气体的种类和具体组分，最好采用分析仪器取样分析的方法，如使用色谱－质谱用分析仪器进行样品分析。不过此法费用更高，速度更慢，除非特殊需要，一般不便采用。

（4）装设余气保持阀。为了保证气瓶内原装的气体不会用尽，也为了防止空气或其他气体倒灌进入瓶内，国外有些气瓶采用能自动保留余气的瓶阀，即当气瓶内气体即将用尽时，瓶阀即自动关闭，使瓶内始终保留有余气，至于保留余气的压力，可以根据需要适当调节。

（5）气瓶充装前先抽真空。国家标准 GB 14194—2006《永久气体气瓶充装规定》中规定："无剩余压力的气瓶，充装前应充入氮气置换后，抽真空"。目前有关部门正在考虑把这一措施推广应用至包括有剩余压力的氧气瓶、氢气瓶的充装操作上。

二、永久气体气瓶的充装量

（一）永久气体气瓶充装量的测控及其参数

1. 计量与测控

永久气体气瓶充装量的计量和测控与液化气体不同。它不是以气瓶单位容积内所装入气体的质量来计量，而是以气瓶的充装压力（充装终了时的压力）和充装温度（充装终了时的温度）来计量并测控的，这是因为永久气体是以气体状态灌入瓶内的。如果以称重法来计量和测控其充装量，则既不方便，也可能存在较大的测量误差。

2. 确定永久气体气瓶充装量的基本原则

确定永久气体气瓶充装量的基本原则是：保证充气后的气瓶在整个运行过程中，包括在最高使用温度下，瓶内气体的压力不超过气瓶的许用压力，也就是说，气瓶充装时，要根据这一基本要求，分别按不同的充装温度确定其充装压力。

3. 气瓶的最高使用温度和许用压力

我国《气瓶安全监督规程》规定，国内使用的气瓶，其最高使用温度为 60℃。

根据我国现行国家标准 GB 5099—1994《钢质无缝气瓶》的规定，国产永久气体气瓶的许用压力为其水压试验压力的 0.8 倍，而《气瓶安全监察规程》规定，气瓶水压试验压力为公称工作压力的 1.5 倍，按此推算永久气瓶的最高充装压力即为公称工作压力的 1.2 倍。

4. 气瓶充装温度的确定

气瓶的充装温度是指气瓶充装结束时瓶内气体的实际温度，它是与充装压力相对应的。这一随时间变化的温度值一般是难以用简单的方法测得的。GB 14194—2006《永久气体气瓶充装规定》中规定："取充气车间的环境室温加上充气温差（指在测温试验时实际测定得出的气体充装温度与室温之差）作为气瓶的充装温度，充气温差应在规定的充气速度下由实验测定"。

国内有些充装单位曾采用过这样的方法：在控制一定的充装速度的条件下，取气体储罐（指压气机出口，紧靠充装处的气体储罐或储气瓶）内的气体实测温度为气瓶充装温度。

常用永久气体气瓶的最高充装压力见表 4—1。

表 4—1　　常用永久气体气瓶的最高充装压力

气体名称	充装温度 （℃）	在不同公称工作压力（MPa）下 气瓶的最高充装压力（MPa）	
		15 MPa	20 MPa
氧气	5	14.0	18.2
	10	14.3	18.7
	15	14.7	19.2
	20	15.1	19.8
	25	15.4	20.3
	30	15.8	20.8
	35	16.1	21.3
	40	16.5	21.8
	45	16.9	22.4
	50	17.2	22.9

续表

气体名称	充装温度（℃）	在不同公称工作压力（MPa）下气瓶的最高充装压力（MPa）	
		15 MPa	20 MPa
空气	5	14.1	18.5
	10	14.4	19.0
	15	14.8	19.5
	20	15.2	20.0
	25	15.5	20.5
	30	15.8	21.0
	35	16.1	21.5
	40	16.4	22.0
	45	16.7	22.5
	50	17.0	23.0
氮气	5	14.1	18.6
	10	14.5	19.0
	15	14.8	19.5
	20	15.2	19.9
	25	15.5	20.5
	30	15.9	21.0
	35	16.2	21.5
	40	16.5	21.9
	45	16.9	22.4
	50	17.2	22.9
氢气	5	14.7	19.7
	10	15.0	20.1
	15	15.3	20.4
	20	15.6	20.8
	25	15.9	21.2

续表

气体名称	充装温度 (℃)	在不同公称工作压力（MPa）下气瓶的最高充装压力（MPa）	
		15 MPa	20 MPa
氢气	30	16.2	21.6
	35	16.5	22.0
	40	16.8	22.4
	45	17.1	22.8
	50	17.4	23.2
甲烷	5	12.9	16.5
	10	13.3	17.2
	15	13.8	17.8
	20	14.2	18.5
	25	14.7	19.2
	30	15.2	19.9
	35	15.6	20.5
	40	16.0	21.2
	45	16.5	21.8
	50	17.0	22.5
一氧化碳	5	14.0	18.3
	10	14.3	18.9
	15	14.7	19.4
	20	15.0	19.9
	25	15.4	20.4
	30	15.7	20.8
	35	16.1	21.3
	40	16.4	21.8
	45	16.8	22.3
	50	17.2	22.8
氩气	5	14.0	18.3
	10	14.4	18.8
	15	14.8	19.4

续表

气体名称	充装温度（℃）	在不同公称工作压力（MPa）下气瓶的最高充装压力（MPa）	
		15 MPa	20 MPa
氩气	20	15.1	19.9
	25	15.5	20.4
	30	15.8	20.9
	35	16.2	21.4
	40	16.5	21.9
	45	16.9	22.4
	50	17.2	22.8

（二）永久气体气瓶充装量的计算

表 4—1 虽然给出了几种气体的最高充装压力，但只限于几种不同的充装温度和两种公称工作压力下的气瓶，如果需要确定的是其他类型的气瓶在其他充装温度下的充装压力，则可以按真实气体方程求得。

由于真实气体的压力、温度与容积等有如下的关系：

$$\frac{p_0 V_0}{Z_0 T_0} = \frac{pV}{ZT}$$

因此，如果将充了气的气瓶由于温度及压力的变化而引起的容积的改变忽略不计，即令 $V_0 = V$，则可以按下式计算气瓶的充装压力。

$$p \leqslant \frac{p_0 TZ}{T_0 Z_0} \qquad (4—1)$$

式中　p——气瓶的充装压力，MPa（绝对）；

　　　T——气瓶的充装温度，K；

　　　Z——在 p、T 条件下的气体的压缩系数；

　　　p_0——气瓶的许用压力，MPa（绝对）；

　　　T_0——气瓶的最高使用温度，333 K；

　　　Z_0——在 p_0、T_0 条件下的气体的压缩系数。

空气、氧气、氮气、氢气、一氧化碳和甲烷的压缩系数可以分别由图4—1至图4—6查得。

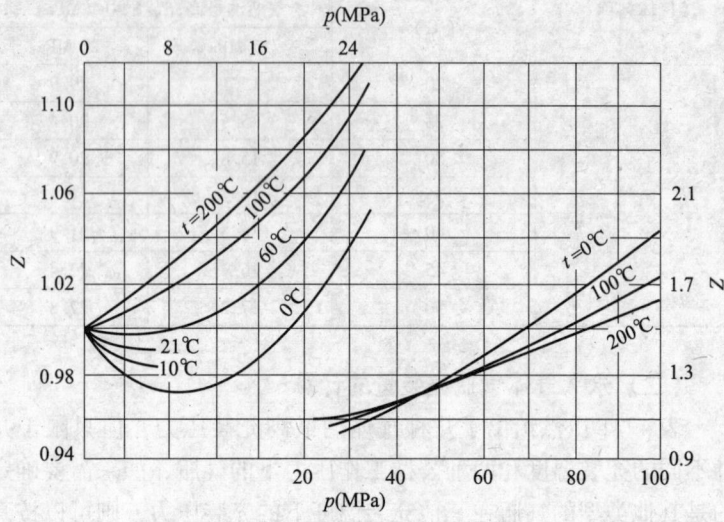

图4—1 空气的压缩系数

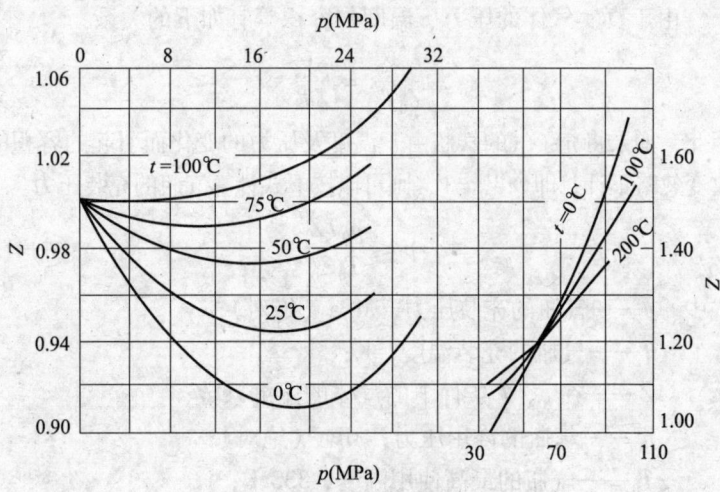

图4—2 氧气的压缩系数

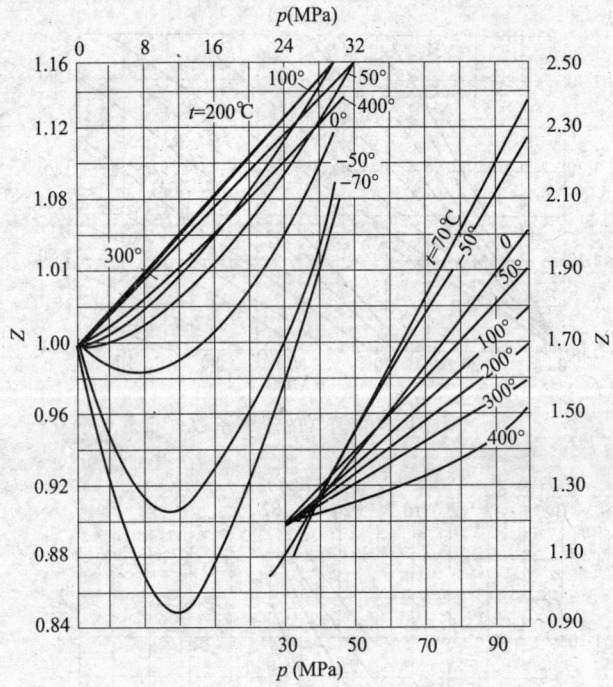

图 4—3 氮气的压缩系数

[**例 4—1**] 公称工作压力为 15 MPa 的氧气瓶,充装温度为 25℃,充装压力应为多少?

解:公称工作压力为 15 MPa 的气瓶,许用压力 $p_0 = 18$ MPa,气瓶的最高使用温度 $T_0 = 333$ K,已知气瓶的充装温度 $T = 273 + 25 = 298$ K。

由图 4—2 可以查得氧气在 $p_0 = 18$ MPa,$T_0 = 333$ K 时的压缩系数 $Z_0 = 0.985$。当充装温度 $T = 298$ K 时,用迫近法可以求得其压缩系数 $Z = 0.940$。将上列各值代入式(4—1),即得充装压力为:

$$p \leq \frac{p_0 TZ}{T_0 Z_0} = \frac{18 \times 298 \times 0.940}{333 \times 0.985} = 15.4 \text{ MPa}$$

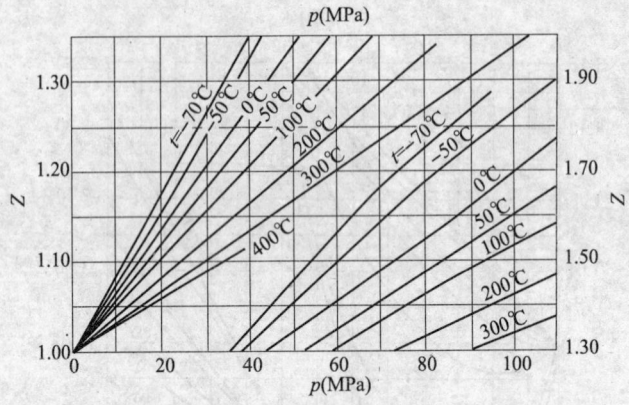

图 4—4　氢气的压缩系数

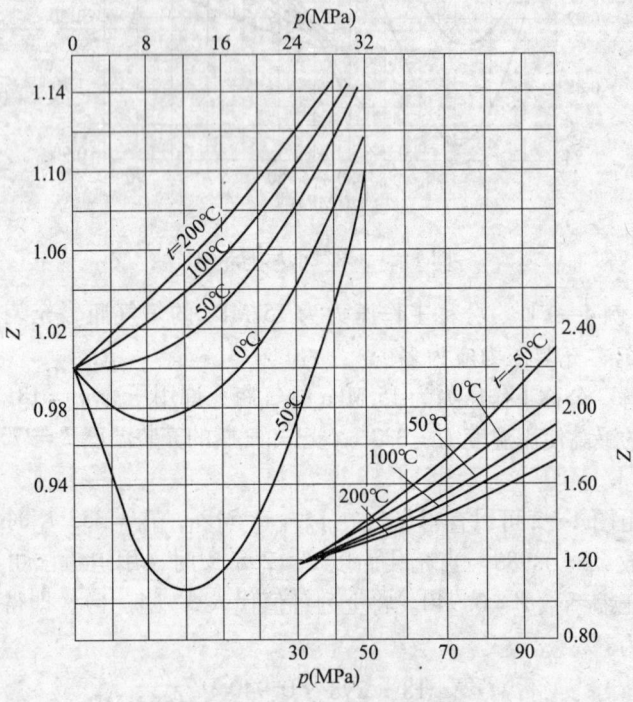

图 4—5　一氧化碳的压缩系数

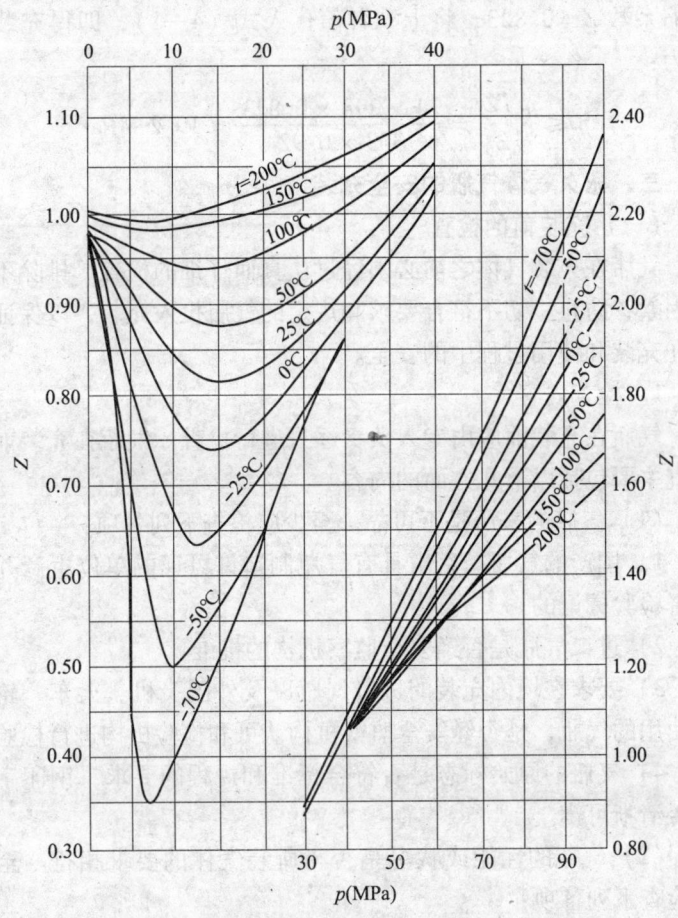

图 4—6 甲烷的压缩系数

[例 4—2] 公称工作压力为 20 MPa 的甲烷瓶，充装温度为 25℃，其充装压力应为多少？

解：公称工作压力为 20 MPa 的气瓶，许用压力 $p_0 = 24$ MPa，气瓶的最高使用温度 $T_0 = 333$ K。已知气瓶的充装温度 $T = 298$ K，由图 4—6 查得甲烷在 $p_0 = 24$ MPa、$T_0 = 333$ K 时的压缩系数 $Z_0 = 0.92$。当充装温度 $T = 298$ K 时，用迫近法可以求得其

压缩系数 $Z = 0.823$，将上列各值代入式（4—1），即得充装压力为：

$$p \leqslant \frac{p_0 T Z}{T_0 Z_0} = \frac{24 \times 298 \times 0.823}{333 \times 0.92} = 19.2 \text{ MPa}$$

三、永久气体气瓶的安全充装

（一）充装前的检查

气瓶在充装气体之前必须经过认真而仔细的检查，排除不安全因素，防止一切不符合要求和规定的气瓶投入充装，以保证气瓶在充装和使用过程中的安全。

1. 检查内容

气瓶在充装前应由专人负责逐只进行检查。气瓶在充装前的检查主要包括以下几方面的内容。

（1）气瓶的来历是否可靠。至少应检查下列各项：

1）国产的气瓶是否由具有气瓶制造许可证的单位生产并有监督检验标记的。

2）进口气瓶是否经安全监察机构的批准。

3）要求在境内充装的进口气瓶以及外国飞机、火车、轮船上使用的气瓶，是否经安全监察机构认可和检验机构进行检验。

4）气瓶的原始标志是否符合标准和规程的要求，钢印字迹是否清晰可辨。

（2）气瓶的性能或状况是否与所装气体的要求相符。至少应检查下列各项：

1）气瓶的材质是否与所装气体有相容性。

2）气瓶的结构型式是否符合盛装气体压力的要求，充装永久气体的气瓶必须是无缝气瓶而不能是焊接气瓶。

3）气瓶钢印标记中的气体名称或化学分子式是否与要装的气体相一致。

4）气瓶外表的颜色、标记（包括字样、字色、色环）等是否与所装气体的规定标记相符（按 GB 7144—1999《气瓶颜色标记的规定》。

5）气瓶内有无剩余压力（有剩余气体时，应进行定性检查和鉴别），剩余气体与所装气体是否相符。

（3）气瓶是否存在表面缺陷或其他隐患。至少应检查下列项目：

1）气瓶外壁有无裂纹、严重腐蚀、鼓包等明显变形或其他表面损伤缺陷。

2）气瓶是否在规定的定期检验有效期限内（根据气瓶肩部的检验钢印标记，并对照有关规程或标准进行检查）。

3）气瓶原始标志或检验标志上标示的公称压力是否与所充装的压力相符。

4）新投入使用或经定期检验和更换瓶阀的气瓶，是否按规定进行了内部清理（包括置换或真空处理）。

5）气瓶内有无可能混入水、铁屑或其他杂物。

6）盛装氧气或强氧化性气体的气瓶，瓶体或瓶阀上是否沾染油脂。溶解乙炔气瓶的瓶阀出气口有无炭黑等异物。

（4）气瓶上的附件是否齐全、可靠和符合有关规定的要求。检查项目有：

1）气瓶的安全附件（包括瓶帽、防震圈、护罩、易熔合金塞等）是否符合规定、有无残缺不全或其他缺陷。

2）气瓶瓶阀的出气口螺纹型式是否符合 GB 15383—1994《气瓶阀出气口连接型式和尺寸》的规定，即可燃气体用的瓶阀的出气口螺纹应是左旋的内螺纹，其他气体的瓶阀出气口螺纹应是右旋的外螺纹。

3）气瓶所装的瓶阀材质是否与所装气体相容，如为氧气瓶阀，则不能用钢阀而应用铜阀。

2. 相应措施

对检查中不符合充装要求的气瓶，应采取相应措施进行适当处理。

(1) 禁止充气的气瓶。有下列情况之一的气瓶,禁止充装:

1) 不具有气瓶制造许可证的单位生产的。

2) 进口气瓶未经安全监察机构批准认可的。

3) 将要充装的气体与气瓶制造钢印标记中充装气体名称或化学分子式不一致的。

4) 警示标签上印有的瓶装气体名称及分子式与气瓶制造钢印标记中不一致的。

5) 将要充装的气瓶不是本充装站自有产权的,气瓶技术档案不在本充装单位的。

6) 原始标记不符合规定,或钢印标志模糊不清、无法辨认的。

7) 颜色标记不符合 GB 7144—1999《气瓶颜色标记的规定》,或者严重污损、脱落,难以辨认的。

8) 气瓶使用年限超过 30 年的。

9) 超过检验期限的。

10) 附件不全、损坏或不符合规定的。

11) 氧气瓶或强氧化性气体气瓶瓶体或瓶阀沾有油脂的。

12) 气瓶生产国的政府已宣布报废的气瓶。

13) 经过改装的气瓶。

(2) 待处理的气瓶。经检查不符合充气要求的气瓶,按下列原则进行处理:

1) 检验期限已过、外观检查发现有重大缺陷,或对内部状况有怀疑的气瓶,应先送气瓶检验单位,按规定进行技术检验。

2) 新投入使用或经内部检验后首次充气的气瓶,凡未经清理或置换的,应按规定进行清理,并经分析合格方可充装。

3) 无剩余压力的气瓶,充装前应将瓶阀卸下,进行内部检查,经确认瓶内无异物并按上一条款的规定处理后方可充气。

4) 颜色或其他标记以及瓶阀出口螺纹与所装气体的规定不相符的气瓶,除不予充气外,还应查明原因,报告上级主管部门或当地技术监督部门。

5) 经检查不合格（包括待处理）的气瓶应分别存放，并作出明显标记，以防与检查合格的气瓶相互混淆。

（二）气体充装

1. 对装瓶气体的要求

准备装瓶的各种气体，除应符合相应的气体质量标准外，更应注意安全方面的要求，要特别注意防止含有与所装气体起化学反应的杂质混入。以下气体禁止装瓶：

(1) 氧气中的乙炔、乙烯及氢气的总含量达到或超过2%（体积分数，下同）或易燃性气体的总含量达到或超过4%者。

(2) 氢气中的氧气含量达到或超过0.5%者，或氧气中氢气含量达到或超过0.5%者。

(3) 其他易燃气体中的氧气含量达到或超过4%者。

2. 充装中的安全注意事项

气瓶充装气体时，必须严格遵守下列各项规定：

(1) 气瓶充装系统用的压力表必须经检验合格，并在检验的有限期限内，压力表的精度不得低于1.5级，表盘直径不小于150 mm。

(2) 充装前必须检查确认气瓶是经过检查合格或经过妥善处理过的。

(3) 用卡子代替螺纹连接进行充装时，必须认真而仔细地检查确认瓶阀出气口的螺纹与所装气体所规定的螺纹型式是否相符。

(4) 开启瓶阀时应缓慢操作，并应注意监听瓶内有无异常声响。

(5) 气瓶的充气速度不得有大于8 m^3/h（标准状态气体），且充装的时间不应少于30 min。

(6) 在充装易燃气体的操作过程中，禁止用扳手等金属器具敲击瓶阀或管道。

（7）在瓶内气体压力达到充装压力的三分之一以前，应逐只检查气瓶的瓶体温度是否大体一致，瓶阀的密封是否良好，发现异常时应及时妥善处理。

（8）用充气排管按瓶组充装气瓶时，在瓶组压力达到充装压力的10%以后，禁止再插入空瓶进行充装。

（9）气瓶的充装压力（充装终了时的压力）必须在GB 14194—2006《永久气体气瓶充装规定》所规定的范围内。

3. 低温液化永久气体汽化充装

在低温液化永久气体汽化后的气瓶充装过程中，还应遵守以下规定：

（1）充装前，应检查低温液体汽化器出口温度、压力控制装置是否处于正常状态。

（2）在低温液体泵开启前，要有冷泵过程（冷泵时间参照泵的使用说明书定）。

（3）在气瓶充装过程中，低温液体汽化器出口温度不得低于0℃，若出现上述现象，应及时妥善处理。

（4）低温液体加压汽化充瓶装置中，低温泵排液量与汽化器的换热面积及充装量应匹配，应使每瓶气的充装时间不得小于30 min。汽化器的出口温度低于0℃及超压时，应有系统报警及连锁停泵装置。

（5）低温液体充装站的操作人员应佩戴可靠的防冻伤安全生产用品。

（三）充装后的检查与充装记录

1. 气瓶充装后的检查内容

充装气体的气瓶应由专人负责，逐只进行检查，不符合要求的应进行妥善处理。检查内容包括：

（1）瓶内压力是否在规定范围内。

（2）瓶阀及其与瓶口连接的密封是否良好。

（3）充装后的气瓶是否出现鼓包变形或泄漏等严重缺陷。

(4) 瓶体的温度是否有异常升高的迹象。
(5) 气瓶的瓶帽、防震圈、充装标签和警示标签是否完整。
2. 气体充装记录

充气单位应由专人负责填写气体充装记录,并妥善保管该记录,以备查考。

(1) 记录内容至少应包括:充气日期、瓶号、室温(或储气罐气体实测温度)、充装压力、充装起止时间、充装人、有无发现异常情况等。

(2) 充装单位应负责保管气瓶充装记录,保存时间不应少于两年。

第三节 液化气体气瓶的充装

一、低压液化气体气瓶的多发事故

液化气体气瓶由于充装不当而发生的爆炸事故,情况则稍为复杂一些。高压液化气体气瓶或低压液化气体气瓶也有可能像永久气体气瓶那样发生化学性爆炸,但最为普遍的是低压液化气体气瓶因充装过程而发生的物理性爆炸。

为什么低压液化气体气瓶超量(充装过量)就特别容易发生爆破呢?这是由低压液化气体的物理性能决定的。由于低压液化气体的体积膨胀系数(即温度升高1℃时的液体体积增量)一般都很大(是水的几倍到十几倍),而且在充装时的充装温度一般又比较低,在这种情况下灌装气瓶,如果出现失误,就完全可以灌入比标准规定多得多的液化气体。灌装当时瓶内可能还有少量的气相空间,但充装后受到周围环境温度的影响,瓶内介质不断吸热、升温,体积急剧膨胀,瓶内容积很快就会被液体所充满。"满液"后的气瓶如果继续受热升温,体积还要继续膨胀,但它受到气瓶容积的限制,当然不能像未"满液"以前那样自由膨胀,这样只能将液体压缩,不过液体的体积压缩系数(即压力每升高 1 MPa 时的液体体积缩减量）是很小的，这就很容易使瓶内压力急剧升高，一直到压力升至气瓶的屈服压力后，因气瓶产生较大的变形，瓶内压力的上升速率才可得到缓解。如果气瓶的塑性储备较高，而且以后瓶内介质的温度也升高不多的话，气瓶最多也只是发生变形，而不会造成破裂爆炸。但是如果气瓶的塑性储备不足，或者温度仍继续大幅度升高，使瓶内压力继续升高，以致超过气瓶的最大承压能力的话，气瓶就会发生爆炸。

（一）低压液化气体气瓶超装爆炸事例

低压液化气体气瓶由于过量充装而引起爆炸的现象，在 20 世纪八九十年代相当普遍，近期以来则略有好转。

1985 年 7 月，山西丁县城内某集市一只露天放置的 400 L 液氨瓶爆破，破裂的钢瓶飞起，撞开冰棍厂大门而进入冰棍厂内。与此同时，大量液氨喷出，蒸发弥漫开来，使街道上和冰棍厂内的 29 人中毒，导致死亡人数达 6 人。事后查明，此液氨瓶虽超过检验期限（1981 年 3 月制造，4 月投入使用），但气瓶材料及制造质量是符合标准的，爆破原因是充装过量。充装单位既无充装设备，充装时也不计量，仅用一根胶管将气瓶与液氨储罐相连接。充装时开启另一阀门边排气、边灌液，到放气阀排出白烟（液氨）后关闭此阀，又过一分钟才关闭进液阀。充灌时液温约为 10℃，压力约为 0.5~0.6 MPa。

2001 年 9 月 8 日，辽宁省锦州布锦泰公司库房内一只直径为 800 mm 的液氨瓶发生爆炸。气瓶破裂后腾空飞起，冲破房顶后飞上天空，之后向下坠落，砸破房盖降在距原地 48 m 处，导致厂房房顶和门窗玻璃损坏，直接经济损失约 10 万元。事后查明，爆炸气瓶为常州飞机制造厂生产，1998 年 7 月出厂，设计、材料资料齐全，合格，可以排除由于气瓶制造质量低劣而造成事故的可能。气瓶充装是集中充装，统一计量。7 只气瓶共充装液氨 3 240 kg，每只气瓶平均实际充装量为 463 kg。气瓶容积为 800 L，按规定液氨的充装系数为 0.53 kg/L，最大充装量应为 $800 \times 0.53 = 424$ kg。由于爆炸气瓶实际充液氨量为多少已无法查考，仅对同时充装而又未使用的两只气瓶核实其充装量，结果表明：其中一只实际充装量为 480 kg（毛重 930 kg，自重 450 kg），另一只气瓶实际充装量为 525 kg（毛重 970 kg，自重 445 kg），分别超装了 13.2% 和 23.8%。又据查，气瓶充装日当地的平均气温为 -9.5℃，爆炸日事故地的平均气温为 7.1℃，即经过约一个月的储存后，环境温度升高了 16.6℃。从种种迹象可以判定，气瓶是过量充装而引起超压爆炸的。

低压液化气体过量充装引起的爆炸更多见于多为民用的液化石油气气瓶，而这种气瓶一旦发生爆炸，又常常引起火灾等灾害事故。如新疆乌鲁木齐市某旅客餐厅就在 1980 年 5 月发生了一起液化石油气钢瓶的爆炸事故，4 只 YSP-50 型气瓶连续爆炸，造成了 3 人死亡、6 人重伤、6 人轻伤的重大事故。这几只气瓶是在前一年 12 月份气温较低的情况下充装的，充装时也未认真计量，以"差不多"为准，结果在气温较高的 5 月发生爆炸。

据有关部门统计，仅哈尔滨市从 1973 年至 1983 年的 10 年间，液化石油气钢瓶因充装而引起的爆炸事故即达 11 次，死 10 人，伤 47 人。华东地区的 17 个城市从 1975 年至 1980 年的 5 年间，发生这类爆炸事故达 20 余次。

（二）气瓶过量充装的常见原因

根据国内所发生的低压液化气体气瓶爆炸事故分析的情况来看，超装的原因大概可以归纳为以下几个方面：

1. 灌装不计量，盲目充装

有些单位根本不具备气瓶充装的条件（包括人员素质、充装与计量设备等），也不了解有关的规章制度（如《气瓶安全监察规程》《液化气体气瓶充装规定》等），缺乏有关的安全知识，更无严格的管理制度，只是为了获得经济效益就盲目地承担气体充装业务。例如，上面列举的山西丁县的液氨瓶爆炸事故，充装单位是某县的一个小化肥厂,不是定点充装单位,这个单位从领导到操作人员对充装量的规定都一无所知,用他们管理人员和工作人员的话来说:"什么气瓶规程,我从没见过。""我们是从别的厂学回来的,只要是黄瓶子,我们就给装。""别处这样装,我们为什么不能这样装?"也有些气瓶的使用单位或人员缺乏气瓶方面的安全知识,为了多灌装少花钱,竟不惜采取走后门和送礼等手段,让充装人员尽量多灌气,直到灌到不能再灌为止。有些用户甚至为了多装气体,故意将钢瓶皮重改大(如湖南某工程公司就将气瓶皮重多写 19.7 kg),这就更会造成严重的超装。

2. 工作失误,存在侥幸心理

有些单位在充装液化气体时,从充装计量或灌装时的各种迹象已经知道瓶内已经过量充装,但为了省事或根据缺乏安全知识的使用人员的要求,竟让超装的气瓶照常出厂。例如,北京某化工厂在一次充装液氯的过程中,充装操作工已经从计量磅秤中知道气瓶已超装 17%,按规定:"充装过量的气瓶,必须及时将超装的液量妥善排出。"但该操作工竟违规放行,只是叮嘱"快运快用",希望在短时间内不出问题。结果气瓶刚运回至使用单位,就因在运输过程中受热升温而发生超压爆炸,1 000 kg 多液氯流出,并蒸发成氯气扩散,使附近 1 km 内的农作物及渔场遭到严重破坏,导致多人中毒受伤。

3. 充量计量不准或失灵

液化气体气瓶充装过量,也可能是由于充装的计量器具(如磅秤)不灵而造成的。例如,有的磅秤长期没经过校验,有的使用的磅秤不符合规定,例如有的单位用的衡器,其最大的称量值是气瓶充液量的十多倍,甚至几十倍,其允许误差就足以使气瓶过量充装。

4. 计量方法错误

个别的一些充装单位用储罐减量法(即根据气瓶的充装前后储罐存液量之差)来确定充装量。用这种计量方法可能因两方面的原因造成超装：一是储罐较大，必须使用称量值很大的衡器，其允许偏差也就相当大；二是这种减量法既使准确，也只是表明这次灌装的装入量，而对瓶内原有的残液并未计算在内，也就是等于气瓶超装了瓶内原有的残液量。至于像山西某县化肥厂那样，用观察储罐的液位来计量的话，则误差就更大了。有些单位还有更不准确的计量方法，即把几个气瓶装在汽车上，先把放置空瓶的汽车在地磅上称重，然后用胶管往汽车上的几个气瓶上同时充装液化气体，然后再过地磅，前后之差即为几个气瓶的充装量，再平均计算每个气瓶的装入量，这种方法误差之大是显而易见的。

5. 气瓶无标记或标记不清

有的气瓶缺乏原始标志，或原始标志不合要求，例如，有些小瓶不在瓶上打上钢印标志，而是用不干胶纸写上标志贴在瓶上，也有的气瓶标志因为磨损、污垢等原因而造成标志模糊不清，这都可能因标志上的质量、容积、充装量等不清楚而造成超装。1994年12月在海口市某餐馆发生爆炸的小型液化石油气钢瓶（4 kg型）就是用不干胶贴的标志，充装时用充装前后实瓶质量之差来计量。如果瓶内原有的残液较多，则气瓶超装的可能性就更大。

二、液化气体的充装量
（一）高压液化气体的充装量
1. 充装量的确定原则

高压液化气体（低临界温度液化气体）是指临界温度低于70℃的气体。这种液化气体在充装时因为温度较低（低于它的临界温度）而压力较高，因而往往都是以液态装入。但在装入气瓶以后，在运输、使用或储存的过程中，因受到周围环境温度的影响，瓶内气体的温度就会高于它的临界温度。在这种情况下，瓶内的液化气体就会全部汽化，压力迅速升高，这时瓶内气体的压力就不是它的饱和蒸汽压，而是与永久气体一样，决定于它的充装量。所不同的是，永久气体的充装量是以充装终了的温度和压力来计量的,而高压液化气体则因充装时还是液态,故只能以它的充装系数(即气瓶单位容积内所装入的质量)来计量。

高压液化气体的充装量也应与永久气体一样,必须保证所装入的液化气体全部汽化后在气瓶最高使用温度下的压力不超过气瓶的许用压力,也就是液化气体充装系数(单位容积内所装入的质量)不应大于它在温度为气瓶最高使用温度、压力为气瓶许用压力下的密度。

高压液化气体气瓶的许用压力,《气瓶安全监察规程》和国家标准 GB 5099—1994《钢质无缝气瓶》对气瓶公称工作压力的定义是:"气瓶的公称工作压力,对于盛装液化气体的气瓶,系指温度为 60℃ 时瓶内气体压力的上限值。"即高压液化气体气瓶的许用压力就是它的公称工作压力。

2. 高压液化气体充装量的计算

由于真实气体方程为:

$$pV = ZnRT$$

引入气体的相对分子量 M 置换式中的物质的量 n(单位为 mol),用气体的比体积 v(单位为 m^3/kg)置换式中的气体体积 V(单位为 m^3),则真实气体方程可以写成:

$$pv = \frac{ZRT}{M}$$

或

$$v = \frac{ZRT}{pM}$$

高压液化气体的充装系数 F_d 是气体比体积的倒数,即 $F_d = 1/v$,代入上式,并改用工程上惯用的国际单位,则得高压液化气体的充装系数为:

$$F_d \leq \frac{1}{v} = \frac{pM}{ZRT} = \frac{pM}{8.314 \times 333Z} = \frac{3.61pM}{Z} \times 10^{-4} \quad (4\text{—}2)$$

式中 F_d——高压液化气体充装系数,kg/L;

        v——气体比体积,L/kg;

p——气瓶许用压力,MPa(绝对);
T——气瓶最高使用温度,333 K;
M——气体相对分子质量;
R——气体常数,8.314 MPa·L/(kg·K);
Z——气体在绝对压力为 p、绝对温度为 T 时的压缩系数。

高压液化气体在各种温度和压力下的较为精确压缩系数 Z 可以根据它的对比压力 p_r ($p_r = \dfrac{p}{p_c}$,p_c 为气体的临界压力)和对比温度 T_r ($T_r = \dfrac{T}{T_c}$,T_c 为气体的临界温度),从图4—7和图4—8中分别查出 Z^0 和 Z',然后按下式计算:

$$Z = Z^0 + Z'\theta$$

$$\theta = \frac{3}{7}\left\{\frac{\lg p_c + 1}{\dfrac{T_c}{T_b} - 1}\right\} - 1.0 \qquad (4—3)$$

式中 Z——气体的压缩系数;
Z^0——简单气体的压缩系数;
Z'——非简单气体($\theta \neq 0$)压缩气体系数校正值;
θ——压缩系数校正因数;
p_c——气体的临界压力,MPa(绝对);
T_c——气体的临界温度,K;
T_b——气体的沸点(常压下),K。

对于混合气体,则应以假临界压力 p'_c 和假临界温度 T'_c 来代替 p_c 和 T_c,标出对比压力 p_r 和对比温度 T_r,然后再按上述方法进行计算。混合气体的假临界压力 p'_c 和假临界温度 T'_c 按下式计算:

$$p'_c = \sum X_i p_i \text{ 或 } \sum W_i p_i$$
$$T'_c = \sum X_i T_i \text{ 或 } \sum W_i T_i$$

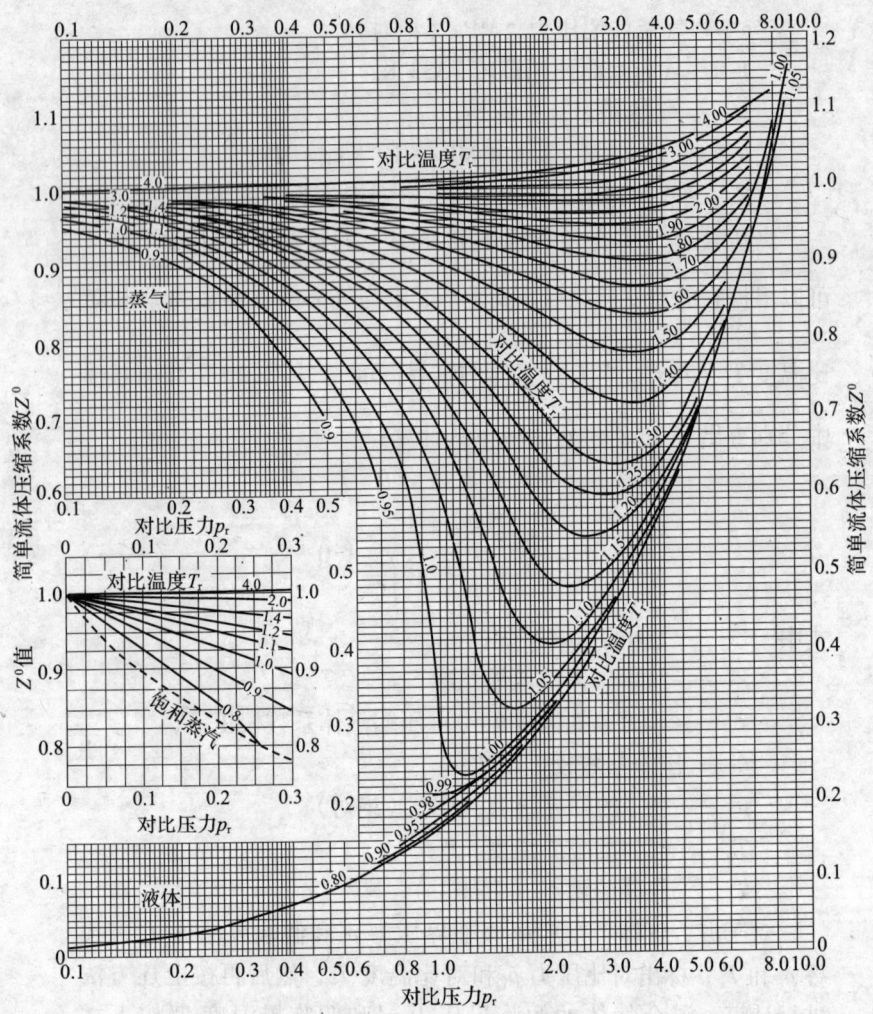

图 4—7 简单气体压缩系数

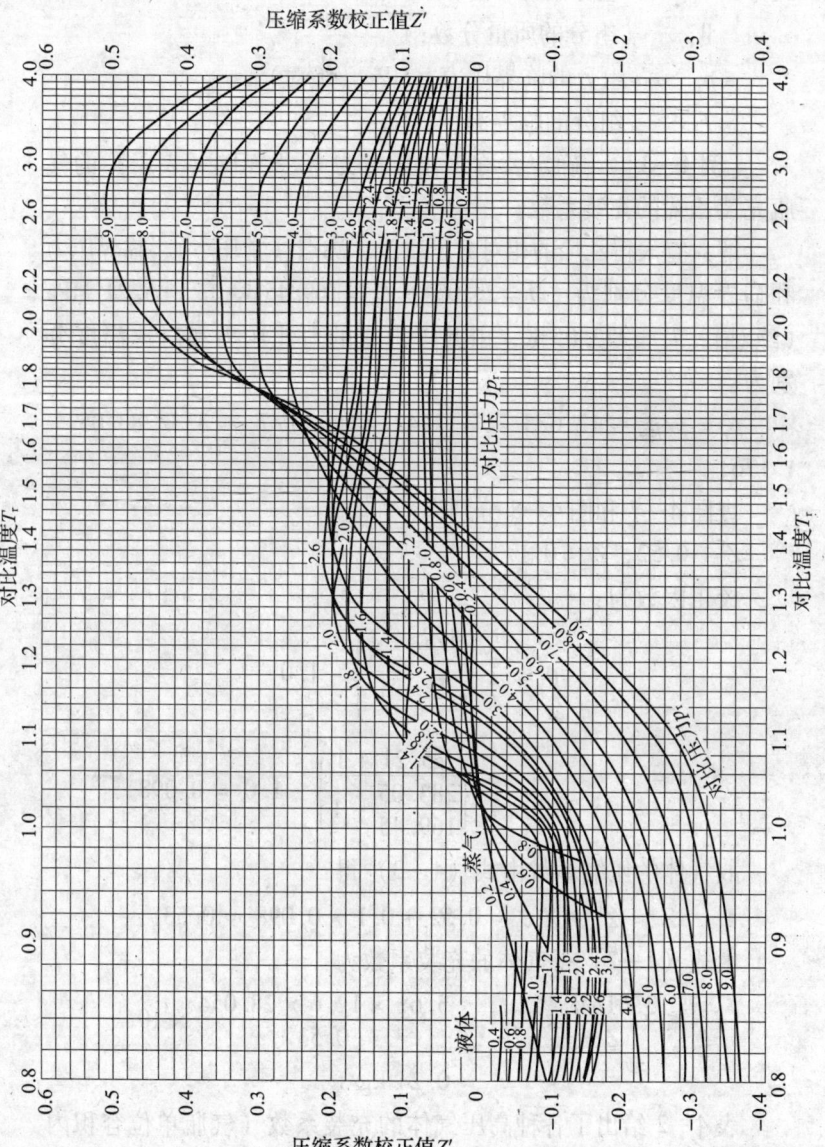

图 4—8 非简单单气体压缩分数校正值

式中　　X_i——i 组分的分子分数；

W_i——i 组分的质量分数；

p_i——i 组分的临界压力，MPa（绝对）；

T_i——i 组分的临界温度，K。

[**例 4—3**]　确定公称工作压力为 12.5 MPa（表压）的气瓶充装乙烯的充装系数。

解：查表得乙烯的相对分子质量、沸点（常压下）、临界压力和临界温度分别为：$M = 28.054$；$T_b = 169.45$ K；$p_c = 5.21$ MPa（绝对）；$T_c = 283.05$ K，由此得出它的对比压力和对比温度分别为：

$p_r = p/p_c \approx 12.6/5.21 = 2.42$；$T_r = T/T_c \approx 333/283.05 = 1.176$；

查图 4—7 和图 4—8 分别得：

$Z^0 = 0.52$，$Z' = 0.1$

校正因数为：

$$\theta = \frac{3}{7}\left\{\frac{\lg p_c + 1}{\dfrac{T_c}{T_b} - 1}\right\} - 1.0$$

$$= \frac{3}{7}\left\{\frac{\lg 5.21 + 1}{\dfrac{283.05}{169.45} - 1}\right\} - 1.0 = 0.098$$

故气体的压缩系数由式（4—3）得：

$$Z = Z^0 + Z'\theta = 0.52 + 0.1 \times 0.098 \approx 0.53$$

由式（4—2）得气体的充装系数为：

$$F_d \leq \frac{3.61pM}{Z} \times 10^{-4} = \frac{3.61 \times 12.6 \times 28.054}{0.53} \times 10^{-4}$$

$$= 0.24 \text{ kg/L}$$

表 4—2 给出了各种高压气体的充装系数（气瓶单位容积内允许装入的液化气体最高量）。

表 4—2　　　　　高压液化气体的充装系数

序号	气体名称	分子式	由气体公称压力（MPa）确定的充装系数（kg/L），不大于		
			1.25	15.0	20.0
1	氙气	Xe	1.23	—	
2	二氧化碳	CO_2	—	0.60	0.74
3	氧化亚氮	N_2O	0.52	0.62	
4	六氟化硫	SF_6	1.33	—	
5	氯化氢	HCl	0.57		
6	乙烷	C_2H_6	0.31	0.34	0.37
7	乙烯	C_2H_4	0.24	0.28	0.34
※8	三氟氯甲烷	CF_3Cl	0.94	—	
9	三氟甲烷	CHF_3	0.76		
10	六氟乙烷	C_2F_6	1.06		
11	偏二氟乙烷	$C_2H_2F_2$	0.66		
12	氟乙烯	C_2H_3F	0.54		
※13	三氟溴甲烷	CF_3Br	1.45		

注：※表示要淘汰的制冷剂

（二）低压液化气体的充装量

1. 充装量确定原则

低压液化气体（也称高临界温度液化气体）是与高压液化或低临界温度液化气体相对而言的。由于它的临界温度高于气瓶最高使用温度，所以在整个使用过程中，只要充装量不超过规定，瓶内始终是气液两态共存，即瓶内的介质有一部分呈液态，有一部分呈气态。温度升高，除了瓶内气体的饱和蒸汽压增大以外，瓶内的液体体积还要膨胀，所以随着温度的升高，瓶内液体所占的容积逐渐增大，原有的气体占据的容积则逐渐减小，当温度升高到一定程度以后，瓶内的容积有可能全被膨胀了的液体所充满。此时如继续增加温度,则由于液体体积的膨胀会使瓶内的压力急剧增高,甚至会因此造成气瓶破裂,发生爆炸事故。因此,为了避免气瓶因液体体积膨胀而产生过大的压力,就必须使瓶内的所装液化气体量在气瓶可能达到的最高温度下也不会全部为液体所充满,也即是液化气体充装系数(单位容积内所充装的质量)不应大于所装介质在最高使用温度时的液相的密度。为了保证安全,并考虑到量具等的误差,还需要留有适当的余量。我国有关标准规定,低压液化气体充装系数的确定,应符合这样的原则,即充装系数应不大于所装液化气体在最高使用温度时液相密度的97%,且应保证在温度高于气瓶最高使用温度5℃时,瓶内不满液。这样,即使气瓶在使用过程中瓶内的温度上升至最高使用温度,瓶内的液相也只占有97%,而还有3%的气相空间。

2. 低压液化气体充装量的计算

根据上述原则,低压液化气体的充装系数应为:

$$F_d = \frac{0.97\rho}{\left(1 - \dfrac{C}{100}\right)} \tag{4—4}$$

式中 F_d——低压液化气体充装系数,kg/L;

   ρ——低压液化气体在最高使用温度(60℃)下的液体密度,kg/L;

   C——液体密度的最大负偏差,%。

式(4—4)中的 C 是考虑到介质的液体密度由于质量不纯而产生的负偏差。因为介质中总不可避免地存在一些杂质,这些杂质中可能有些密度比较小,这样就可能会使介质的密度减少,即同样的质量可能占有较大的体积。因此,为保证安全,必须考虑此负偏差。负偏差的取值,可以根据气体标准中规定的杂质(只考虑密度小于纯物质的杂质)的最大含量及其密度差来定,一般是 $C = 0 \sim 0.3\%$。

式（4—4）中的系数 0.97，是要使所装的介质在最高使用温度下，液体所占的容积也只有 97%，也就是还有 3% 的气相空间作为安全裕度。当然这 3% 当中还考虑了充装计量器具可能产生的误差。在国内的液化气体充装中，计量器具主要还是磅秤，符合标准的磅秤，其允许误差只不过是磅秤最大称量的 0.1%，但由于液化气体的称重计量一般都是以总重与瓶重之差来计算的，而瓶重又占有较大的分量，所以液体的计量误差最多可以达到 0.6%，这样，作为安全裕度的气相空间可能只有 2.4%（3% ~0.6%）。

当然，严格来说，气瓶内的气相空间实际要大一些，因为计算时忽略了气相空间也盛装有一定质量的气体。不过，对于大多数低压液化气体来说，由于临界温度较高（>100℃），温度为 60℃时的蒸气密度很小，只为液体的几分之一，所以忽略了这部分蒸气质量并无多大的影响，只有那些临界温度稍高于 60℃ 的液化气体，如三氟乙烷（t_c = 73.1℃）、一氯五氟乙烷（t_c = 80.0℃）等，它在 60℃ 的蒸气密度越大（越接近临界温度，介质的液体密度和蒸气密度越接近，在临界温度时则相同），气相空间所装的介质分量才会大一些，在这种情况下，液体所占的容积就要比 97% 更小些，也更安全些。

以液氨为例，液氨在 60℃时的液体密度为 0.54 kg/L，而蒸气密度约为 0.021 kg/L，若按液体密度的 97%，即 0.97×0.54 = 0.524 kg/L 进行充装，则液体所占的容积比例可按下式求得：

$$0.524 = \chi \times 0.54 + (1-\chi)0.021$$

$$\chi = \frac{(0.524 - 0.021)}{(0.54 - 0.021)} = 96.9\%$$

由此可见，液体所占的容积基本上无大变化。

各种液化气体在上述条件下的密度 ρ 可以根据它在任一已知温度 T_0 下的密度 ρ_0，按下式计算：

$$\rho = \omega\rho_0/\omega_0 \qquad (4—5)$$

式 (4—5) 中，ω 和 ω_0 分别为液化气体在温度为 60℃ (333 K) 和 T_0 时的液体膨胀因数，可以分别根据液化气体在温度为 333 K 时的对比压力 p_r ($p_r = \dfrac{p}{p_c}$，p 为 333 K 时的饱和蒸汽压，p_c 为临界压力)、对比温度 T_r ($T_r = \dfrac{T}{T_c} = \dfrac{333}{T_c}$，$T_c$ 为临界温度) 以及在温度为 T_0 时的对比压力 p_{r0} ($p_{r0} = \dfrac{p_0}{p_c}$，$p_0$ 为温度 T_0 时的饱和蒸汽压)、对比温度 T_{r0} ($T_{r0} = T_0/T_c$)，由图 4—8 查得。

由两种以上的液化气体混合组成的介质，应由试验确定其在最高使用温度下的液体密度，并按式 (4—4) 确定充装系数的最大极限值。

表 4—3 给出了各种低压液化气体在 60℃ 时的饱和蒸汽压力和充装系数。

表 4—3　低压液化气体的饱和蒸汽压力和充装系数

序号	气体名称	分子式	60℃时的饱和蒸汽压力（表压）(MPa)	充装系数
1	氨气	NH_3	2.52	0.53
2	氯气	Cl_2	1.68	1.25
3	溴化氢	HBr	4.86	1.19
4	硫化氢	H_2S	4.39	0.66
5	二氧化硫	SO_2	1.01	1.23
6	四氧化二氮	N_2O_4	0.41	1.30
7	碳酰二氯（光气）	$COCl_2$	0.43	1.25
8	氟化氢	HF	0.28	0.83
9	丙烷	C_3H_8	2.02	0.41
10	环丙烷	C_3H_6	1.57	0.53
11	正丁烷	C_4H_{10}	0.53	0.51
12	异丁烷	C_4H_{10}	0.76	0.49

续表

序号	气体名称	分子式	60℃时的饱和蒸汽压力（表压）(MPa)	充装系数
13	丙烯	C_3H_6	2.42	0.42
14	异丁烯（2-甲基丙烯）	C_4H_8	0.67	0.53
15	1-丁烯	C_4H_8	0.66	0.53
16	1,3-丁二烯	C_4H_6	0.63	0.55
17	六氟丙烯（全氟丙烯）(R-1216)	C_3F_6	1.69	1.06
※18	二氯二氟甲烷（R-12）	CF_2Cl_2	1.42	1.14
△19	一氟二氯甲烷（R-21）	$CHFCl_2$	0.42	1.25
△20	二氟氯甲烷（R-22）	CHF_2Cl	2.32	1.02
※21	四氟二氯乙烷（R-114）	$C_2F_4Cl_2$	0.49	1.31
22	二氟氯乙烷（R-142b）	$C_2H_3F_2Cl$	0.76	0.99
23	1-1-1-三氟乙烷（R-143b）	$C_2H_3F_3$	2.77	0.66
24	偏二氟乙烷（R-152a）	$C_2H_4F_2$	1.37	0.79
25	二氟溴氯甲烷（R-12B_1）	CF_2ClBr	0.62	1.62
26	三氟氯乙烯（R-1113）	C_2F_3Cl	1.49	1.10
27	氯甲烷（甲基氯）	CH_3Cl	1.27	0.81
28	氯乙烷（乙基氯）	C_2H_5Cl	0.35	0.80
29	氯乙烯（乙烯基氯）	C_2H_3Cl	0.91	0.82
30	溴甲烷（甲基溴）	CH_3Br	0.52	1.50
31	溴乙烯（乙烯基溴）	C_2H_3Br	0.35	1.28

续表

序号	气体名称	分子式	60℃时的饱和蒸汽压力（表压）（MPa）	充装系数
32	甲胺	CH_3NH_2	0.94	0.60
33	二甲胺	$(CH_3)_2NH$	0.51	0.58
34	三甲胺	$(CH_3)_3N$	0.49	0.56
35	乙胺	$C_2H_5NH_2$	0.34	0.62
36	二甲醚（甲醚）	C_2H_6O	1.35	0.58
37	乙烯基甲醚（甲基乙烯基醚）	C_3H_6O	0.40	0.67
38	环氧乙烷（氧化乙烯）	C_2H_4O	0.44	0.79
39	（顺）2-丁烯	C_4H_8	0.48	0.55
40	（反）2-丁烯	C_4H_8	0.52	0.54
41	五氟氯乙烷（R-115）	CF_5Cl	1.97	1.03
42	八氟环丁烷（RC-318）	C_4F_8	0.76	1.31
43	三氯化硼（氯化硼）	BCl_3	0.32	1.20
44	甲硫醇（硫氢甲烷）	CH_3SH	0.47	0.78
45	三氟氯乙烷（R-133a）	$C_2H_2F_3Cl$	0.52	1.18
46	液化石油气			0.42
○47	四氟乙烷	$C_2H_2F_4$	1.58	0.98
○48	四氟甲烷	CH_2F_2	3.83	0.72
○49	三氟乙烷	$C_2H_3F_3$	2.77	0.68
○50	五氟乙烷	C_2HF_5	0.21	0.81
○51	二氟乙烷	$C_2H_4F_2$	1.4	0.75

注：1. 表中有※的为即将淘汰的制冷剂；

2. 表中有△的为可暂时代用的制冷剂；

3. 表中有○的为各国已经或即将开发代用的制冷剂。

（三）低压液化气体气瓶充装过量时的压力增量

低压液化气体气瓶如果充装过量，即实际充装量超过规定的充装系数，则气瓶就会在较低的温度（小于气瓶最高使用温度）下被液体所充满。若温度继续升高，瓶内压力就会急剧增大。下面将讨论气瓶在被饱和液体充满后温度升高时瓶内压力的变化。

设气瓶在温度为 t_1 时瓶内充装液态的液化气体（饱和液化），此时瓶内的压力 p_1 就是所装介质在温度为 t_1 时的饱和蒸汽压。当气瓶内的液体受到周围环境的影响，温度由 t_1 升高至 t_2 时，如果不受到气瓶容积的限制，液体体积膨胀，由 V_1（气瓶在温度为 t_1 时容积）增大至 V_3，则：

$$V_3 = V_1 + \beta(t_2 - t_1)V_1 = V_1(1 + \beta\Delta t)$$

式中　β——液化气体在 $t_1 \sim t_2$ 温度下的体积膨胀系数，（℃）$^{-1}$；

　　　Δt——介质的温度差，$\Delta t = t_2 - t_1$，℃。

如果把气瓶由于温度和压力的升高而产生的容积改变忽略不计，即温度升高后容积仍为 V_1，则液体的体积将受到压缩，并使它的压力增大。若饱和液体的压缩系数为 α，则有如下的关系：

$$\frac{V_3 - V_1}{V_3} = \alpha\Delta p$$

式中　α——饱和液体的压缩系数，（℃）$^{-1}$；

　　　Δp——增大的压力值，MPa。

两式合并，得：

$$\frac{V_1(1 + \beta\Delta t) - V_1}{V_1(1 + \beta\Delta t)} = \alpha\Delta p$$

$$\Delta p = \frac{\beta\Delta T}{\alpha(1 + \beta\Delta t)}$$

公式右项的分母为 $\alpha(1 + \beta\Delta t)$，由于 $\beta\Delta t$ 与 1 比较起来其数甚微，把它忽略不计，公式即可简化为：

$$\Delta p = \frac{\beta}{\alpha}\Delta T \qquad (4\text{—}6)$$

式（4—6）虽然经常被引用来计算气瓶的压力增大值，但它的计算是非常不精确的，因为它忽略了温度和压力都升高时气瓶容积的增大，下面再来讨论关于考虑了气瓶容积增大后的压力变化情况。

设气瓶内饱和液体温度由 t_1 升至 t_2 时，压力由 p_1 增大至 p_2，此时气瓶的容积由于温度及压力的升高也由 V_1 增大至 V_2，则有：

$$V_2 = [V_1 + 3\beta_0(t_2 - t_1) + F_v(p_2 - p_1)]V_1$$
$$= [1 + 3\beta_0\Delta t + F_v\Delta p]V_1$$

式中　β_0——瓶体材料的线膨胀系数，$(\text{℃})^{-1}$；

F_v——气瓶在压力升高时的容积增大系数，MPa^{-1}。

如果不受气瓶容积的限制，液体的体积在温度升高至 t_2 时应为 V_3，现气瓶的容积只改变为 V_2，则液体仍受压缩，并且有：

$$\frac{V_3 - V_1}{V_3} = \alpha\Delta p$$

两式合并整理后得：

$$\frac{\beta\Delta T - 3\beta_0\Delta t - F_v\Delta p}{1 + \beta\Delta t} = \alpha\Delta p$$

略去分母中的 $\beta\Delta t$，移项后得：

$$\Delta p = \frac{\beta - 3\beta_0}{\alpha + F_v}\Delta t \qquad (4\text{—}7)$$

各种低压液化气体的体积膨胀系数 β 和压缩系数 α 的数值是不一样的，而且即使是同一种介质，在不同的温度下，膨胀系数和压缩系数也不一样。表4—4列出了常用的3种低压液化气体（氨气、氯气、液化石油气）的体积膨胀系数 β 和压缩系数 α 及其比值 β/α。

表 4—4　常用液化气体的体积膨胀系数 β 和压缩系数 α

温度 (℃)	液氨 β (1/℃)	液氨 α (1/MPa)	液氨 β/α (MPa/℃)	液氯 β (1/℃)	液氯 α (1/MPa)	液氯 β/α (MPa/℃)	液化石油气 β (1/℃)	液化石油气 α (1/MPa)	液化石油气 β/α (MPa/℃)
0	0.002 04	0.001 1	1.85	0.001 86	0.001 31	1.42	0.002 15	0.001 07	2.01
10	0.002 17	0.001 22	1.78	0.001 97	0.001 50	1.31	0.002 28	0.001 16	1.97
20	0.002 34	0.001 38	1.70	0.002 10	0.001 71	1.23	0.002 46	0.001 26	1.95
30	0.002 57	0.001 58	1.63	0.002 25	0.001 98	1.14	0.002 66	0.001 38	1.93
40	0.002 85	0.001 83	1.56	0.002 41	0.002 32	1.04	0.002 92	0.001 51	1.93
50	0.003 15	0.002 18	1.44	0.002 59	0.002 74	0.95	0.003 26	0.001 68	1.84
60	0.003 38	0.002 60	1.3	0.002 77	0.003 27	0.85	0.003 13	0.001 87	1.99

注：表中的液化石油气是指 65% 丙烷 + 35% 异丁烷（体积分数）的组合液。

由表 4—4 中可以看出，液化气体的 β/α 值一般是 1～2 MPa/℃。这表明，如果不考虑气瓶本身由于温度和压力的升高而产生的容积增量（具体计算在下面详述），则在液化气体气瓶"满液"以后，温度每升高 1℃，压力就得增大 1～2 MPa（有的情况甚至更高些），这样不用升高太多的温度，气瓶就会屈服变形，甚至爆炸。

在钢制气瓶的压力不超过其材料的屈服极限时，其在压力升高时的容积增大系数 F_v 由气瓶的外、内径比值 k 确定，其值见表 4—5。

表 4—5　　　气瓶内压升高时的容积增大系数

（气瓶外径/内径）k	1.02	1.03	1.04	1.05	1.06	1.07
容积增大系数 F_v	4.9×10^{-4}	3.27×10^{-4}	2.45×10^{-4}	1.98×10^{-4}	1.66×10^{-4}	1.43×10^{-4}
（气瓶外径/内径）k	1.08	1.09	1.10	1.15	1.20	1.50
容积增大系数 F_v	1.26×10^{-4}	1.12×10^{-4}	1.02×10^{-4}	7.4×10^{-5}	5.7×10^{-5}	2.9×10^{-5}

现以液氯瓶为例，分别按式（4—6）与式（4—7）计算其被液氯充满后温度升高时的压力增大值，以比较这两种计算方法（即考虑与不考虑气瓶容积的增大）所得的结果。

设气瓶的外径与内径之比值 $k=1.02$，在温度在 10℃ 时瓶内被饱和液体所充满，计算温度升高至 20℃ 时瓶内压力的增大值。已知液氯在温度为 10～20℃ 时的体积膨胀系数 $\beta = 2.05 \times 10^{-3}$，压缩系数 $\alpha = 1.63 \times 10^{-3}$，碳钢的线膨胀系数 $\beta_0 = 1.2 \times 10^{-5}$。

由式（4—6）得气瓶的压力增大值为：

$$\Delta p = \frac{\beta}{\alpha} \Delta T = \frac{2.05 \times 10^{-3}}{1.63 \times 10^{-3}} (20-10) = 12.6 \text{ MPa}$$

由式（4—7）得气瓶的压力增大值为：

$$\Delta p = \frac{\beta - 3\beta_0}{\alpha + F_v}\Delta t$$

$$= \frac{2.05 \times 10^{-3} - 3 \times 1.2 \times 10^{-5}}{1.63 \times 10^{-3} + 4.9 \times 10^{-4}}(20 - 10)$$

$$= 9.5 \text{ MPa}$$

两种计算结果相差约为32%。从许多试验情况来看，式（4—7）的计算结果是符合实际的。因此，在计算气瓶充满饱和液体后的压力增大值时，不应忽略气瓶容积的增大值，特别是薄壁气瓶。

对于充装过量的低压液化气体气瓶，要计算它在某一温度t_2时瓶内的压力，可以按下列步骤进行：

先计算出瓶内被饱和液体所充满时的温度t_1。可以根据气瓶实际装入液化气体的质量除以气瓶的容积算出瓶内液体的密度，用计算或查表的方法求具有此一密度时饱和液体的温度t_1和在此温度下的饱和蒸汽压力p_1；

按式（4—7）计算饱和液体由温度t_1升至t_2时瓶内的压力增大值Δp；

介质在温度为t_1时的饱和蒸汽压p_1加上压力增大值Δp，即为充装过量的气瓶在温度为t_2时瓶内的压力值p，即$p = p_1 + \Delta p$。

应该指出，这种计算只适用于气瓶内的压力在它的屈服压力范围内时，如果瓶内压力超过了它的屈服压力，则气瓶的容积将会迅速增大，这种情况有利于缓解瓶内压力的剧烈升高。

三、低压液化气体气瓶的安全充装

（一）充装前的检查

1. 检查内容

充装前的气瓶应由专人负责，逐只进行检查。检查内容至少应包括：

（1）国产气瓶是否是由具有气瓶制造许可证单位生产，并有监督检验标记的。

(2) 进口的气瓶是否经过安全监察机构批准。

(3) 将要充装的气体是否与气瓶制造钢印标记中的充装气体名称和化学分子式相一致。

(4) 警示标签上所印的气体名称及化学分子式是否与气瓶制造钢印标记中的相一致。

(5) 气瓶是否是本充装站的自有气瓶。

(6) 气瓶外表面的颜色标记是否与所装气体的规定标记相符。

(7) 气瓶瓶阀的出气口螺纹型式是否符合 GB 15383 的规定,即可燃气体用的瓶阀,出口螺纹应是内螺纹(左旋);其他气体用的瓶阀,出口螺纹应是外螺纹(右旋)。

(8) 气瓶内有无剩余压力,如有剩余压力,应进行定性鉴别。

(9) 气瓶外表面有无裂纹、严重腐蚀、明显变形及其他外部损伤缺陷。

(10) 气瓶是否在规定的检验期限内。

(11) 气瓶的安全附件是否齐全和符合安全要求。

2. 相应措施

对检查出的不符合充装要求的气瓶,应采取相应措施进行适当的处理。

(1) 禁止充装的气瓶。有下列情况之一的气瓶,禁止充装。

1) 不具有气瓶制造许可证的单位生产的。

2) 进口气瓶未经省级安全监察机构批准认并且具有合格证的。

3) 将要充装的气体与气瓶制造钢印标记中充装气体名称或化学分子式不一致的。

4) 警示标签上所印的气体名称及化学分子式与气瓶制造钢印标记中的不一致的。

5）气瓶不是本充装站的自有产权或气瓶技术档案不在本充装单位的。

6）原始标志不符合规定，或钢印标志模糊不清、无法辨认的。

7）颜色标志不符合 GB 7144—1999《气瓶颜色标记的规定》，或严重污损脱落，难以辨认的。

8）气瓶使用年限超过规定的。

9）超过检验期限的。

10）经过改装的。

11）附件不全、损坏或不符合规定的。

12）气瓶瓶体或附件材料与所装介质性质不相容的。

13）低压液化气体气瓶的许用压力小于所装介质在气瓶最高使用温度下的饱和蒸汽压的气瓶（国内的低压液化气体气瓶的最高使用温度定为 60℃，常用低压液化气体在 60℃时的饱和蒸汽压见表 4—3）。

(2) 待处理的气瓶。将采取以下措施予以处理：

1）颜色或其他标志以及瓶阀出口螺纹与所装气体的规定不相符的气瓶，除不予充气外，还应查明原因，报告上级主管部门和当地质监部门，进行处理。

2）无剩余压力的气瓶，充气前应将阀门卸下，进行内部检查，经确认内无异物，并按规定处理后方可充气。

3）新投入使用或经内部检查后首次充气的气瓶，充气前应按规定先置换瓶内的空气，并经分析合格后方可充气。

4）检验期限已过的气瓶、外观检查发现有重大缺陷或对内部状况有怀疑的气瓶，应先送检验检测机构，按规定进行技术检验评定。

5）国外进口的气瓶以及外国飞机、火车、轮船上使用的气瓶，要求在我国境内充气时，应先由质监部门认可或指定的检验机构进行检验。

6）经检查不合格（包括待处理）的气瓶，应与合格气瓶隔离存放，并作出明显标记，以防止相互混淆。

（二）气体充装

1. 对量具及装瓶气体的要求

（1）充装计量衡器应保持准确，其最大称量值不得大于气瓶实际重量（包括瓶本身重量和充液重量）的3倍，也不得小于气瓶实际重量的1.5倍，衡器应按有关规定定期进行校验，并且至少在每班使用前校验一次。衡器应设置有气瓶超装报警或自动切断气源的装置。

（2）易燃液化气体中的氧含量超过2×10^{-2}（体积分数，下同）时禁止充瓶。

2. 充装中的安全注意事项

（1）充气前必须检查并确认气瓶是经过检查合格或处理了的。

（2）用卡子连接代替螺纹连接进行充装时，必须认真检查确认瓶阀出气口螺纹与所装气体规定的螺纹型式相符。

（3）开启阀门应缓慢操作，注意充装速度与充装压力，并应注意监听瓶内有无异常声响。

（4）在充装易燃气体的操作过程中，应使用不产生火花的操作及检修工具。

（5）在充装过程中，应随时检查气瓶各处的密封情况，检查瓶体温度是否正常，发现异常时应及时妥善处理。

3. 禁止采用的充装量测控方法

液化气体充装必须精确计量，逐只检查核定。禁止用下列方法确定充装量：

（1）气瓶集合充装，统一称重均分计量，或在一个汇流排中仅用一个衡器计量其中一瓶气体，其他气瓶参照该瓶数值计量。

（2）按气瓶充装前后实测的重量差计量。

（3）按气瓶充装前后储罐存液量之差计量。

(4) 按气瓶容积装载率计量。

(三) 充装后的检查与充装记录

1. 气瓶充装后的检查内容

充装后的气瓶应由专人负责,逐只进行检查,不符合要求时应进行妥善处理。检查内容应包括:

(1) 充装量是否在规定范围内,若发现充装过量的气瓶,必须将超装的液体妥善排出。

(2) 瓶阀及其与瓶口连接的密封是否良好。

(3) 瓶体是否出现鼓包变形或泄漏等严重缺陷。

(4) 瓶体温度是否有异常升高的迹象。

(5) 气瓶是否粘贴警示标签和充装标签。

2. 气体充装记录

(1) 充装单位应由专人负责气瓶充装记录。记录内容至少应包括充装日期、瓶号、室温、气瓶标记容积、重量、充气后总重量、有无发现异常情况、充装者和检验者代号。

(2) 充装单位应负责妥善保管气体充装记录,保存时间不少于两年。

(四) 非重复充装气瓶不能多次充装使用

非重复充装气瓶的设计制造本来就是按保证和满足气瓶一次性充装使用的要求来考虑的。但实际上目前国内不少非重复充装气瓶被多次重复充装使用。究其原因还是因为很多用户对非重复充装气瓶的特点和安全性能认知不够,认为从外表看来还好好的一个钢制气瓶不应该只使用一次就不能再用了。作者就常接受电话或当面咨询,质疑这种气瓶为什么不能重复使用,甚至有些气瓶制造厂也觉得很难解释清楚。

非重复充装气瓶之所以不能多次充气使用,是因为它存在较多的安全薄弱环节。如果反复充装,就不能保证它的安全运行。这些安全薄弱环节主要是:

1. 冲压拉伸成型的瓶体材料,延性、韧性较差,不宜反复承载。非重复充装气瓶瓶体是用冷轧薄钢板（带）经深度冲压拉延成圆筒体，然后焊接制成的。目前国内用以制造非重复充装气瓶瓶体的原材料都是冷轧低碳薄钢带，如 SC1（08Al，国标 GB/T 5213—2001）和 DC04（st14、15，宝钢企标 Q/BoB 403—2003）等，含碳量都较低 [w（C）$\leqslant 0.12\%$]，退火后具有良好的延性和韧性。非重复充装气瓶也正是利用它这种富有延展性而易于冷冲拉伸的特性而加工成型的，并利用它因深冲拉伸变形而产生的应变硬化效应来提高钢材的抗拉强度，借以减小设计壁厚，降低气瓶质量和产品成本。

表 4—6 是国内制造非重复充装气瓶常用钢带在冷轧退火状态与气瓶成品要求的力学性能。从表中可以看出，材料经深冲压拉延后，无论是屈服强度还是抗拉强度，都得到很大的提高。但是在明显增加它的硬度和强度的同时，钢材的应变硬化效应也降低了它的延性和韧性。一般来说，钢材应变硬化后所损失的延性基本上等于先前应变时所耗损的延性。拉延变形越大，硬化程度越高，材料的延性损失也越大。对于不断经受加压、卸压这样反复载荷，壳体材料必须具有良好的延性和韧性，所以这种经深拉伸变形强化而又没有进行热处理的容器，是不宜用于重复充装的。

表 4—6　　非重复充装气瓶用钢的力学性能

牌 号	冷轧后退火状态			气瓶成品		
	R_p（MPa）	R_m（MPa）	A（%）	R_p（MPa）	R_m（MPa）	A（%）
SC1（$\geqslant 0.7mm$）	120~210	$\geqslant 270$	38~39	$\geqslant 390$	$\geqslant 430$	—
DC04（$\geqslant 0.7mm$）	$\leqslant 210$	270~350	$\geqslant 38$	$\geqslant 390$	$\geqslant 430$	—

2. 气瓶的强度裕度较小，难以保证在重复充装条件下的安全运行。为了节省钢材减轻重量，降低制造成本，提高运输效率，非重复充装气瓶的壁厚设计采用很低的爆破安全系数

（爆破压力与最高工作压力之比），所以瓶体设计壁厚很薄，气瓶的强度裕度较小。按照国家标准 GB 17268—1998《工业用非重复充装焊接钢瓶》的规定，气瓶的水压爆破压力不小于试验压力的 1.8 倍，而试验压力则规定为气瓶所装液化气体介质在 60℃下的饱和蒸汽压力。这个安全系数显然要比通用的承压设备所要求的最小安全系数小得多。如果与充装同样液化气体介质的可重复充装气瓶相比较，则更是相距甚远。以目前国内使用最为普遍的一氯二氟甲烷（HCFC-22）非重复充装气瓶为例，介质 HCFC-22 在 60℃时的饱和蒸汽压力为 2.3 MPa（实为 2.32 MPa）。按国标 GB 17268—1998《工业用非重复充装焊接钢瓶》的规定，要求其爆破压力为 $2.3 \times 1.8 = 4.14$ MPa（根据作者在国内制造业的多次评审测试，实测水压爆破压力与此低限值相差无几）。而如果是可重复充装的 HCFC-22 气瓶，则按我国《气瓶安全监察规程》的规定，气瓶的公称工作压力应为 3.0 MPa，水压试验压力为公称工作压力的 1.5 倍，即为 $1.5 \times 3.0 = 4.5$ MPa。又按国家标准 GB 5100—1994《钢质焊接气瓶》的规定，焊接气瓶在试验压力下的应力安全系数为 1.3，则气瓶的设计屈服压力应不小于 5.85 MPa（$4.5 \times 1.3 = 5.85$）。根据 GB 6653—1994《焊接气瓶用钢板》表 2 所提供的力学性能数据，焊接气瓶用钢瓶的屈强比（屈服强度与抗拉强度之比）均小于 0.68，则可重复充装的 HCFC-22 气瓶的设计爆破压力应不小于 $5.85/0.68 = 8.6$ MPa。

3. 产品没有经受过试验压力高于工作压力的耐压试验，缺乏安全实验验证。凡是属于特种设备的承压壳体，包括各种锅炉、各类容器和各式气瓶等，成品在出厂前都应经过压力高于工作压力的耐压试验，以验证其是否具有安全承受工作压力的能力，保证设备的安全运行。一般固定式压力容器的水压试验压力为最高工作压力的 1.25 倍。气瓶等移动式容器的水压试验压力则为公称工作压力的 1.5 倍。非重复充装气瓶则没有经过这样的水压试验。按照 GB 17268 的规定，非重复充装气瓶制成后只进行气压试验，试验压力为所装液化气体介质在 60℃时的饱和蒸汽压力。表 4—7 是 GB 17268—1998《工业用非重复充装焊接钢瓶》所列出的常用制冷剂的非重复充装气瓶和可重复充装气瓶所规定的试验压力。

表 4—7　非重复充装气瓶和可重复充装气瓶的试验压力

所装介质代码	非重复充装气瓶试验压力（MPa）	可重复充装气瓶试验压力（MPa）
HCFC21、HCFC-142b	1.2	1.5
CFC12、HFC-152a	1.4	3.0
HFC134a	1.7	3.0
CFC1115	2.0	3.0
HCFC22	2.3	4.5
HFC143a	2.7	4.5

应该说，非重复充装气瓶的气压试验最多是一种气密试验，其作用也只限于检验气瓶瓶体与连接附件间的气密性，根本不能验证气瓶的安全承压能力。

4. 气瓶焊缝没有经过无损检测，有可能埋藏有焊接缺陷。属于特种设备的承压壳体的焊缝，一般都必须经过不同程度的无损检测，以确保焊接质量。但非重复充装气瓶的所有焊缝，包括上下瓶体连接环焊缝、阀件与瓶体连接的角焊缝都没有要求无损检测。虽然瓶体没有纵焊缝，但有一条承受轴向应力的环焊缝。在内压作用下，其应力只有环向应力的 1/2。但要注意的是，瓶体材料在轴向的焊缝强度要比在环向的焊缝强度低很多。GB 17268—1998《工业用非重复充装焊接钢瓶》规定，非重复充装气瓶成品抽检的拉力试验的评定标准是：瓶体试样的抗拉强度不小于 430 MPa，屈服强度不小于 390 MPa，而焊缝试样的抗拉强度只要求不小于 255 MPa。

上面列举了非重复充装气瓶所存在的一些不安全因素，仅仅是与可重复充装气瓶的安全要求对比而言，所以是相对的，而不是绝对的，不能因此而得出非重复充装气瓶使用不安全的结论，也不能认为只要一经重复充装，气瓶就会立即发生爆炸。它只是说明非重复充装气瓶不具备重复充装的安全要求，如果用于重复充装，确实不能确保气瓶的安全运行。

如何防止非重复充装气瓶的再充装，国外依靠的是违规罚款的法律条文。考虑到我国的实际国情，国内制造的非重复充装气瓶在结构上采取了一些硬性措施：规定非重复充装气瓶必须装设非重复充装瓶阀，这种阀在气瓶一次装入气体后，可以重复开启和关闭，但却不能再装灌气体。同时，瓶阀与瓶体采用不可拆的连接结构，以防有人更换瓶阀再次进行充装。尽管非重复充装气瓶在瓶体上印刷有"严禁重复充装"的明显字样，有关部门也颁发有禁止重复使用的条文，但还是禁而不止，有些地区违规使用非重复充装气瓶的情况还比较普遍。这种现象应引起有关主管部门和业内人士的关注，建议各级特种设备安全监察部门加大监督力度，预防非重复充装气瓶因此而引发意外事故。

第四节　溶解乙炔气瓶的充装

一、乙炔气的充装特点

乙炔是一种在化学性质上极不稳定的气体，特别是在压力较高的状态下，更容易发生聚合或分解反应，所以用气瓶充装乙炔必须采用一些特殊的方法或措施，以防发生事故。

（一）溶解状态装瓶

用气瓶充装乙炔，不能像充装永久气体那样压缩充装。因为乙炔如果加压到一个大气压（表压）以上时，即使没有氧气或空气等，也有可能发生爆炸。乙炔也不能像液化气体那样，经加压液化后装瓶，因为液化后的乙炔，遇到稍微的能量，如碰撞或振动等，就会发生爆炸。所以乙炔只能以溶解于溶剂中的状态装瓶。

丙酮是目前最为常用的一种溶剂，它具有乙炔溶解量大、化学性能稳定、价格比较便宜等优点。但用丙酮溶解乙炔，不能将丙酮装入空瓶内，因为这会给气体的充装和使用带来很大的麻烦，例如必须不断地搅拌溶剂等。

为便于乙炔的充装和使用，乙炔瓶内装有多孔性填料（现在通用的是硅酸盐固化物，过去也有用活性炭的），溶剂则充入填料的孔隙中。其目的是利用多孔性填料的微孔结构来分散溶解在溶剂中的乙炔，防止它发生分解或聚合反应，并由此造成气瓶爆炸。

（二）适当的加压充装

乙炔气是以加压的方式进行充装的，装瓶后的乙炔即溶解于溶剂中。加压充装的目的是在保证安全的基础上，增大乙炔的充装量。因为丙酮中的乙炔溶解量是随着压力的升高而明显增加的。表4—8是在环境温度下，乙炔在不同的压力下在丙酮中的溶解度。

表4—8　乙炔在不同压力下在丙酮中的溶解度

温度（℃）	压力（MPa，绝对）				
	0.1	0.2	0.3	0.4	0.5
-20	0.116 5	0.169 29	0.248 57	0.342 86	0.428 57
-15	0.096 5	0.147 86	0.221 43	0.264 3	0.371 43
-10	0.080 5	0.128 57	0.192 86	0.257 14	0.321 43
-5	0.067 5	0.114 28	0.171 43	0.221 48	0.278 58
0	0.057 24	0.108 07	0.156	0.189	0.237 85

续表

温度（℃）	压力（MPa，绝对）				
	0.1	0.2	0.3	0.4	0.5
5	0.048 06	0.094 05	0.135 21	0.174 9	0.205 28
10	0.040 56	0.081 9	0.120 4	0.152 5	0.179 6
15	0.033 56	0.071 06	0.105 8	0.131 5	0.158 9
20	0.027 54	0.061 6	0.093	0.118 5	0.140 44
25	0.022 1	0.052 8	0.081 13	0.010 42	0.124 9
30	0.017 67	0.045 1	0.071 16	0.088 5	0.111 52
35	0.013 9	0.038 5	0.061 5	0.081 5	0.099 5
40	0.010 26	0.032 57	0.053 3	0.073 5	0.091 3

但是，乙炔的充装压力又不能太高，因为高压下的乙炔极容易引起分解爆炸。引起乙炔分解爆炸所需的最小点火能量是随它的压力的增大而急剧减少的。表4—9提供的是有关部门的实验数据。

表4—9　乙炔分解压力与最小点火能的关系

分解压力（MPa）	0.5	1.0	1.5	2.5
最小点火能（mJ）	17	2.9	0.5	0.2

从表4—9可以看出，分解压力在2.5 MPa时的乙炔分解所需的最小点火能量仅为0.2 mJ，大约是乙炔分解压力为1.0 MPa时最小点火能量的十五分之一。

国家标准GB 13591—1992《溶解乙炔充装规定》中明确规定：乙炔瓶的充装压力，任何情况下不得大于2.50 MPa。

（三）充装时要冷却降温

乙炔的充装过程，实质上就是乙炔气在加压条件下溶解于丙酮的过程。在这个过程中，瓶内是要产生热量的。为了防止乙炔吸热升温,并由此而引起聚合反应、分解爆炸的危险,必须在充装过程中不断地进行散热降温。常用的既简单又经济的降温方法就是喷淋冷却水。用冷却水喷淋时,水的流量应视环境温度和冷却效果而定,但水量要均匀、稳定。

二、充装前的检查

(一) 乙炔瓶检查

乙炔瓶充装前,充装单位应派专职检查员负责对气瓶逐只进行认真检查,经检查不合格的气瓶不得充装。有下列情况之一的,严禁充装,并做相应的处理或送检。

1. 无制造许可证单位生产的乙炔瓶。
2. 未经安全监察机构认可的进口乙炔瓶。
3. 不是本充装站的自有乙炔瓶且未办理临时充装变更手续的乙炔瓶。
4. 颜色标记不符合规定或表面漆色脱落严重的。
5. 钢印标记不全或不能识别的。
6. 附件不全、损坏或不符合规定的。
7. 首次充装或经拆装、更换瓶阀、易熔合金塞后,未进行置换的。
8. 超过检验期限的。
9. 存在瓶体腐蚀、机械操作等表面缺陷,按照国家标准 GB 13076—1991《溶解乙炔气瓶定期检验与评定》应报废的。
10. 易熔合金熔融、流失、损伤的。
11. 瓶阀侧接嘴处积有炭黑或焦油等异物的。
12. 对瓶内多孔填料、溶剂的质量有怀疑的。
13. 有其他影响安全使用缺陷的。

对国外或港澳地区用户的乙炔瓶检查,除原始标志、颜色标记和附件按国外或特殊的规定进行检查外,其他项目仍按以上规定进行检查。

（二）剩余压力检查

乙炔瓶在充装前，应逐瓶检查瓶内是否存有压力，检查前乙炔瓶应在室内静置 8 h 以上。

1. 用表盘直径不小于 100 mm、精度不低于 1.5 级的压力表测定乙炔瓶的剩余压力。

2. 根据剩余压力和测定剩余压力时乙炔瓶周围的环境温度，求出瓶内剩余乙炔量。乙炔瓶内的剩余乙炔量按下式计算：

$$G_s = 0.38\delta VB \qquad (4—8)$$

式中　G_s——乙炔瓶内剩余乙炔量，kg；

　　　V——气瓶实际容积，L；

　　　B——乙炔在丙酮中的质量溶解度，kg/kg，B 值按表 4—8 选用；

　　　δ——瓶内多孔填料孔隙率，%。国家标准 GB 11638—2003《溶解乙炔气瓶》中规定，乙炔瓶多孔填料孔隙率应在 90%~92% 范围内。

3. 对于无剩余压力或经内部检查后首次充装的乙炔气瓶，必须按下列规定进行置换：

（1）用于置换的乙炔，应符合 GB 6819—2004《溶解乙炔》的要求。

（2）置换时乙炔气瓶压力宜小于 0.2 MPa。

（三）补加溶剂

乙炔瓶在补加丙酮前，应逐只称量乙炔瓶实重。

1. 称量衡器的准确度应不低于中准确度，其分度值应符合表 4—10 的要求。衡器应经常保持准确，其检验周期不超过 3 个月，每天至少用四等砝码校正一次。电子衡器应符合乙炔的防爆要求。

2. 丙酮的品质应符合 GB/T 6026 中一等品的要求。

3. 丙酮规定充装量按 GB 11638—2003《溶解乙炔气瓶》的规定执行。

4. 丙酮补加量按下式计算：

$$m_f = T_m + G_s - T_{A1} \qquad (4—9)$$

式中　m_f——丙酮补加量，kg；

　　　G_s——乙炔瓶内剩余乙炔量，kg；

　　　T_m——乙炔瓶皮重，kg；

　　　T_{A1}——充装前乙炔瓶实重，kg。

（1）对公称容积大于等于 40 L 的乙炔瓶，如实重减去剩余乙炔量后其值大于皮重 0.5 kg 或小于皮重 1.5 kg 的，则该气瓶应做处理，否则严禁充装。

（2）首次充装丙酮的乙炔瓶应先抽真空，然后充装规定的丙酮量，经复核后，再按规定用乙炔置换。

补加丙酮后，必须对丙酮充装量进行复核，其允许偏差值应符合表 4—10 的规定。超差的必须做处理，否则严禁充装乙炔。

表 4—10　丙酮充装量允许偏差值和称量衡器分度值

乙炔瓶公称容积（L）	10	16	25	40	60
丙酮充装量允许偏差（kg）		+0.1	+0.2	+0.4	+0.5
称量衡器分度值（kg）	≤0.05	≤0.1		≤0.2	≤0.25

5. 充装丙酮时的压力应小于 0.8 MPa。采用氮气直接压装丙酮时，氮气应符合 GB/T 3864 中一等品的要求。

三、乙炔充装

（一）基本要求

1. 待充装的乙炔瓶是经过充装前检查，符合充装要求的。

2. 充装管路、阀门、安全装置及各连接部位均处于完好、无泄漏状态。充装系统用的压力表，其精度不低于 1.5 级，直径不小于 100 mm。压力表应按有关规定，每 6 个月样验一次。

3. 充装管路中的乙炔质量应符合国家标准 GB 6819—2004《溶解乙炔》的要求。

4. 乙炔瓶的充装流速应为每升气瓶容积小于 0.015 m³/h, 采用强制冷却快速充装的除外。

5. 充装场所的安全设施完好。充装中应注意的安全事项和安全措施，按有关规定执行。

（二）充装中的检查

1. 检查喷淋冷却水，水量应均匀、稳定。

2. 检查瓶壁温度不超过 40℃。超温时，必须停止该瓶的充装，并移至安全地点检查与处理。

3. 检查瓶阀有无堵塞现象，应保证充装顺畅。

4. 充装中，用肥皂水或其他合适的方法检查瓶阀、易熔塞的密封部位及它们与钢瓶的连接部位是否有泄漏。如有泄漏，必须停止该瓶的充装，并用安全的方法将瓶内的乙炔气排空，在泄漏原因未完全排除之前，严禁重新充装。

5. 分次充装时，每次充装后的静置时间不小于 8 h，并应关闭瓶阀。

6. 因故中断充装的乙炔瓶需要继续充装时，必须保证充装主管内乙炔气压力大于等于乙炔瓶内压力时，才可开启瓶阀和支管切换阀。

7. 乙炔瓶的充装压力，在任何情况下不得大于 2.5 MPa。

四、充装后的检查与充装记录

（一）气瓶充装后的检查与处理

1. 充装结束关闭瓶阀后，应通过乙炔回收系统将充装主管和支管内的乙炔回收。关闭瓶阀和管路阀时应轻缓，严而不紧，防止用力过度。

2. 充装结束后，应用肥皂水或其他合适的方法检查瓶阀、易熔塞的密封部位及它们与钢瓶的连接部位的气密性，以保证无泄漏。对于发现有泄漏的气瓶，应用安全的方法将瓶内乙炔排空，送定期检验单位处理，在泄漏未完全排除之前，严禁重新充装。

3. 充装后的乙炔瓶,应逐瓶置于符合要求的衡器上称重,测定瓶内乙炔充装量。乙炔瓶内乙炔充装量按下式计算:

$$m_A = T_{A2} - T_m \quad (4—10)$$

式中 m_A——瓶内乙炔充装量,kg;
T_{A2}——充装后乙炔瓶实重,kg;
T_m——乙炔瓶皮重,kg。

4. 乙炔瓶内乙炔充装量应小于等于该瓶的最大乙炔量。乙炔瓶的最大乙炔量按下式计算:

$$m_{Amax} \leqslant 0.5 m_s \quad (4—11)$$

式中 m_{Amax}——瓶内最大乙炔量,kg;
m_s——丙酮规定充装量,kg。

5. 乙炔充装量超过最大乙炔量时,应将乙炔瓶内超装的乙炔回收到符合要求,否则严禁出厂。

6. 在正常充装条件下,乙炔瓶单位容积充装量若低于0.12 kg/L时,在将瓶内乙炔回收后,把乙炔瓶送至定期检验单位处理。

7. 乙炔瓶充装后,应按国家标准 GB 6819—2004《溶解乙炔》规定的验收规则、试验方法、技术要求分析瓶内乙炔质量并验收。不合格的乙炔瓶应妥善处理,严禁出厂。

8. 乙炔瓶充装后,应静置 8 h 以上,然后从同一批中抽取 10% 的气瓶(不少于两只),测定其静置后压力。其静置后压力不应超过表 4—11 的规定。若发现有一只气瓶超过表 4—11 的规定值时,对同一批乙炔瓶逐只测定。对于静止后压力超过表 4—11 规定的乙炔瓶,应及时妥善处理,否则严禁出厂。

表 4—11　　　　乙炔瓶的静止后压力

环境温度(℃)	-20	-15	-10	-5	0	5	10	15	20
静止后压力 MPa	0.50	0.60	0.70	0.80	0.90	1.05	1.20	1.40	1.60

9. 出厂成品应贴有规定的产品合格证和乙炔瓶的警示、安全等标签。

10. 用于型式试验的乙炔瓶，其最大乙炔量和静置后压力按GB 11638—2003《溶解乙炔气瓶》的有关规定执行。

（二）充装记录

1. 充装单位应认真填写充装前检查记录，其内容至少包括日期、瓶号、缺陷、处理措施和检查人员签章等。记录至少保存12个月。

2. 充装单位应认真填写充装和充装后检查记录。其内容至少包括充装日期、充装间环境温度、乙炔瓶编号、实际容积、皮重、实重、剩余压力、剩余乙炔量、丙酮补加量、乙炔充装量、静置后压力、发生的问题、处理结果和操作者签章等。记录至少保存12个月。

3. 充装单位应建立所充装乙炔瓶的档案，其内容至少应包括乙炔瓶的原始资料、技术参数和历次充装、检验实况等。

第五节 气瓶储运与使用

一、气瓶的运输与储存

（一）气瓶运输

气瓶在运输（或搬运）过程中发生事故也是常见的，因为它容易受到震动或冲击，如果气瓶原来存在一些缺陷，在受震动或冲击的情况下就更容易发生事故，有时候会使气瓶发生粉碎性爆炸。例如，2001年7月19日，湖南省益阳地区沅江市白洲大桥工地在瓶装氧气卸车过程中发生氧气瓶爆炸事故，随车人员中的2人当场死亡。爆炸瓶飞离原地8 m，撞倒和损坏了多只气瓶。根据事故现场的严重破坏情况，可以判定氧气瓶属于化学性质的爆炸，但卸车时操作不当（气瓶坠地、相互撞击、激烈震动）是导致气瓶爆炸的直接原因。

气瓶在运输过程中受到碰撞冲击,也常常会把瓶阀碰坏或撞断,使气瓶喷气飞动伤人或引起喷出的可燃气体着火燃烧。例如,某厂用汽车运输氢气气瓶时,就因瓶阀不慎被撞断,在气瓶发出一声巨响以后,接着喷出的氢气立即着火。

为确保气瓶在运输中的安全,气瓶的运输单位应根据有关规程、规范,按气体性质,制定相应的运输管理制度和安全操作规程,并对运输、装卸气瓶的人员进行专业的安全技术教育。

1. 运输和装卸气瓶时,应遵守下列规定

(1) 运输工具上应有明显的安全标志,运输可燃、易爆和有毒气体气瓶的车辆,应挂有"危险品"标志。

(2) 必须配备好瓶帽(有防护罩的除外),并配置符合要求的防震圈。装卸气瓶时,必须轻装轻卸,避免气瓶相互碰撞或与其他坚硬的物体碰撞,严禁用抛、滑、滚、摔等方式装卸气瓶。

(3) 气瓶搬运中如需吊装时,严禁使用电磁起重机。用机械起重机吊运气瓶时,必须将气瓶装入集装箱或坚固的吊笼内,并妥善加以固定,严禁使用链绳、钢丝绳捆绑或钩吊瓶帽等方式吊运气瓶,以免吊运过程中气瓶脱落而造成事故。

(4) 瓶内气体相互接触能引起燃烧、爆炸,产生毒物的气瓶,不得同车运输;易燃、易爆、腐蚀性物品或与瓶内气体起化学反应的物品,不得与气瓶一起运输。

(5) 气瓶装在车上时,应妥善固定。横放时,气瓶头部应朝向一侧,垛高不得超过车厢高度,且不超过五层;立放时,车厢高度应在瓶高的三分之一以上。

(6) 夏季运输气瓶应有遮阳设施,避免暴晒;应避免白天在城市的繁华市区内运输气瓶。

(7) 严禁烟火。运输可燃、有毒气体气瓶时,车上应备有与瓶内气体相适应的灭火器材和防毒用具。

(8) 运输气体的车辆、船只不得在繁华市区、人员密集的学校剧场、大商场等附近停靠。如必须停靠时,司机与押运人员不得离开。

(9) 装有液化气体的气瓶不应长途运输(限 50 km)。

2. 气瓶运输中的注意事项

为了防止气瓶在运输过程中发生事故,运输气瓶时必须注意以下各点:

(1) 近距离搬运气体的气瓶,允许采用徒手倾斜滚动的方式运输,但距离较远或路面不好时,应使用特制小车搬运,并用铁链等妥善加以固定。

(2) 气瓶运输工具应能保证气瓶在运输过程中不蹿动和不致从运输工具上落下,为此,禁止用叉车、翻斗车、铲车或自行车等运输工具运输气瓶。

(3) 气瓶运输车辆不得与人、物共运。除驾驶员和押送人员外,其他无关人员不准搭车。

(4) 气瓶经铁路、水路和航空运输时,应执行上述主管部门关于危险品运输的规定。

(5) 在运输途中发生气瓶漏气、燃烧等事故时,驾驶员和押送员应密切配合,针对事故原因,进行紧急有效的处理。

(6) 放置气瓶的地面必须平整。气瓶运到目的地后,将气瓶竖直放稳后方可松手脱身,以防气瓶摔倒酿成事故。

(7) 运输、搬运、装卸气瓶的管理、操作、押运和驾驶人员应学习并熟练掌握气瓶、气体的安全知识以及消防器材和防毒面具的用法。

(二) 气体储存

瓶装气体品种多、性质复杂,它们往往具有不同程度的爆炸、可燃、助燃、毒害和腐蚀等危险性,在储存过程中,当盛装气体的气瓶受到强烈的震动、撞击或接近火源、受阳光暴晒、雨淋水浸、储存时间过长、温湿度变化的影响以及泄漏出性质相近相抵触的气体时,就会引起爆炸、燃烧、灼伤、人身中毒等灾害性事故。因此，储存气瓶的单位，应重视气瓶储存库的建设，并根据《气瓶安全监察规程》和有关标准、规范的要求，按照储存气体的性质，制定相应的管理制度和安全技术操作规程，并对管库人员进行专业技术培训。

1. 对气瓶库房的要求

气瓶储存库的建立，必须经环保、防火和安全监察部门实地考察批准。库房的建筑，必须符合环保、防火防爆等有关国家标准、规范、规程的要求。一般要求如下：

（1）气瓶库房的耐火等级、层数和面积，应严格执行《建筑设计防火规范》的有关规定。库房不应设在建筑物的地下室和半地下室内，库房与民用或其他建筑物应有适当的安全距离。

（2）气瓶库房的安全出口不得少于两个（面积小的库房可只设一个）。库房的门窗必须做成向外开的，以便人员疏散和泄爆；门窗应采用磨砂玻璃制作，或在普通玻璃上涂上白漆，以防气瓶被阳光晒热。

（3）库房应有运输和消防通道，设置消火栓和消防水池，在固定地点备有专用灭火器、灭火工具和防毒面具。储存可燃性和毒性气体的库房，应装设灵敏的泄漏气体监测警报装置。

（4）为了调节库内温度，排出气瓶可能泄漏的气体，库内应设置自然通风或人工通风装置，这些装置的工作能力必须能保证库内温度不超过根据气体性质规定的温度，空气中的可燃气体或毒性气体的浓度不致达到危险的界限。

（5）储存可燃或可爆气体气瓶的库房，如果不在避雷装置保护区内，则必须装设避雷装置。

（6）储存可燃性气体气瓶的库房内，其照明、换气装置等电气设备必须采用防爆型的设备，电源开关和熔断器都应装设在库外。

（7）库内的地面应做成平坦的、表面粗糙防滑的地面。储存可燃性气体气瓶的库房，其地面应采用不易产生火星的材料。

（8）气瓶储存库一般都不需要装设取暖设施，如需采暖，则只能装设中央水暖式或中央低压汽暖式的取暖设施，严禁使用煤炉、电热器或其他明火取暖设备。

（9）库内不得有暖气、水、煤气等管道通过，也不准有地下管道或暗沟，库房周围应有排放积水的设施。

（10）在储存库的周围应设一些安全警示语牌，在储存库的墙壁上也应有"禁止烟火""当心爆炸"等各类必要的安全标志。为保证库房的安全，在库房的门外应挂有"谢绝参观"或"未经允许不得擅自入库"等警示语牌。

（11）库房应有健全的、切合实际的安全管理储存制度，以及应付各种险情的应急措施和计划。

2. 气瓶入库储存前的检查

气瓶入库储存前应认真做好检查验收工作。气瓶的检查验收人员应仔细检查每一个准备入库的气瓶（包括空瓶），检查内容包括：

（1）气瓶的漆色、字样及其他标记是否与入库单据相符。

（2）安全附件是否完整，有无影响气瓶安全使用的缺陷，如瓶体变形、机械操作或严重的腐蚀等。

（3）瓶阀有无泄漏、受损或型号不符。

（4）氧气瓶和氧化性气体气瓶在瓶体和瓶阀上有无沾染油脂。

在检查中发现来历不明的气瓶，不论其情况如何，绝对不准入库储存，并应报告有关单位追究来历。

检查气瓶过程中发现的一切缺陷，都应随时用粉笔写在瓶体上，以便事后分别处理。对检查验收合格的气瓶，应逐只准确地登记在登记簿上。对于储存多种气体的储存库，应按气体种类分别建立登记簿。

3. 气瓶入库储存

气瓶入库储存时，应符合下列要求：

(1) 气瓶的储存应由专人负责管理。管理人员、操作人员、消防人员应经过安全技术培训,了解气瓶、气体的安全知识。

(2) 入库的空瓶与实瓶应分别放置,并有明显标志。

(3) 毒性气体气瓶及瓶内气体相互接触能引起燃烧、爆炸、产生毒物的气瓶,应分室存放,并在附近设置防毒用具或灭火器材。例如,盛装可燃性气体的气瓶不能与氧化性气体气瓶同库存放;氯气、氧气、氯化氢、氯甲烷、氧化亚氮、二氧化硫等不得与氨瓶同库存放;甲烷、乙烷、丙烷、丁烷、氟化硼等气瓶不得与氯气瓶同库储存;氢气、氨气、氯乙烷、环氧乙烷、乙炔气瓶不得与氧化亚氮气瓶同时储存;磷烷、硫化氢气瓶不得与甲胺类气瓶同库储存等。

(4) 气瓶入库后,一般应直立储存于指定的栅栏内,并应将气瓶加以固定,以防气瓶倾倒;对于卧放的气瓶,应妥善固定,防止其滚动;如需堆放,其堆放层数不应超过5层,且气瓶的头部朝同一个方向。堆放气瓶时,如果气瓶上无防震圈,则必须在上下两层气瓶间垫上双槽垫木或特制橡胶槽带两根。

(5) 为使先入库或邻近定期检验日期的气瓶优先发放,应尽量将这些气瓶存放在一起,并在栅栏的牌子上注明入库或定期检验的日期。

(6) 对于限期储存的气体(如光气为3个月,溴甲烷、二氧化硫为6个月)及不宜长期存放的气体,如氯乙烯、氯化氢、甲醚等,均应注明存放期限。对于容易起聚合反应或分解反应的气体,必须规定储存期限,并予以注明,同时应避免放射性放射源。这类气瓶限期存放到期后要及时处理。

(7) 气瓶在存放期间,特别是在夏季,应定时测试库内的温度和湿度,并做记录。库房最高允许温度视瓶装气体性质而定,库房的相对湿度应控制在80%以下。

(8) 气瓶在库房内应摆放整齐,数量、号位的标志要明显,并留有适当宽度的通道。

(9) 毒性气体或可燃性气体气瓶入库后,要连续 2~3 天定时测定库内空气中毒性或可燃性气体的浓度。如果气体浓度有可能达到危险值,则应强制换气,并查出库内危险气体浓度增高的原因,予以彻底解决。如果测定结果表明无危险时,则以后的检查可改为定期性检查。

(10) 发现气瓶漏气,首先应根据气体性质做好相应的人体保护,在保证安全的前提下关闭瓶阀,如果瓶阀失控或漏气不在瓶阀上,则必须采取紧急处理措施。

(11) 定期对库房内外的用电设备和库房通风设备以及气瓶搬运工具和栅栏的牢固性进行检查,发现问题及时修理,对库房用的防火器具和防毒器具也应定期进行检查。

气瓶的储存单位应建立并执行气瓶进出库制度,并做到瓶库账目清楚,数量准确,按时盘点,账物相符。

气瓶发放时,库房管理员必须认真填写气瓶发放登记表,内容包括气体名称、序号、气瓶编号、入库日期、发放日期、气瓶检验日期、领用单位、领用者姓名、发放者姓名、备注等。

二、气瓶的安全使用

(一) 气瓶的使用和维护

气瓶的使用不当或维护不良会间接造成爆炸、着火燃烧或中毒伤亡事故。从气瓶使用中发生的事故可以看出,若不具备气瓶使用安全技术知识、不执行安全技术操作规程,就会在使用中造成事故。因此,使用气瓶的单位,应根据《气瓶安全监察规程》的要求,结合本单位使用气体的性质,制定相应的管理制度和安全操作规程,并对使用气瓶的人员进行专业安全技术教育和技术考核。

1. 气瓶使用前的检查

从气体充装站或气瓶储存库接收气瓶时,应对所接收的气瓶逐只进行检查,发现有下列情况之一者,不得接收:

(1) 气瓶上没有粘贴气体充装后检查合格证的。

（2）气瓶的颜色标记与所需的气体不符，或者颜色标记模糊不清，或者表面漆色覆盖在另一种漆色之上的。

（3）瓶体上有不能保证气瓶安全使用的缺陷，如严重的机械损伤、变形、腐蚀等。

（4）瓶阀漏气、阀杆受损、侧接嘴螺纹旋向与所需要的气体性质不符或螺纹受损的。

（5）在氧气或氧化性气体气瓶上或瓶阀上有油脂物的。

（6）气瓶不能直立，底座松动、倾斜的。

（7）气瓶上未装瓶帽和防震圈，或瓶帽和防震圈尺寸不符合要求或损坏的。

在进行上述检查时，对发现有缺陷的气瓶，应随时在气瓶上用粉笔简要地注明，并向充气单位或储存单位交代清楚，以免被他人领用。

2. 气瓶安全使用要点

气瓶的使用单位和操作人员在使用气瓶时应做到：

（1）合理使用，正确操作

1）使用单位应做到专瓶专用，不得擅自更改气体的钢印和颜色标记。

2）气瓶使用时，一般应立放，并应有防止倾倒的措施。

3）近距离移动气瓶，应手盘瓶后转动瓶底。移动距离远时，可用轻便小车运送，严禁抛、滚、滑、翻。气瓶在工地使用时，应将其放在专用车辆上或将其固定使用。

4）使用氧气或氧化性气体气瓶时，操作者应仔细检查自己的双手、手套、工具、减压器、瓶阀等有无沾染油脂。凡有油脂的，必须清理干净后，方可操作。

氧气瓶和氧化性气体气瓶与减压器或汇流排连接处的密封垫，不得采用可燃性材料。

5）在安装减压阀减压器或汇流排导管时，应检查卡箍或连接螺母的螺纹完好情况，以免工作时脱开而引起事故。用于连接气瓶的减压器、接头、导管和压力表,都应涂以标记,用在专一类气瓶上,严防混用。

6) 开启或关闭瓶阀时,只能用手或专用扳手,不准使用锤子、管钳、长柄螺纹扳手,以防损坏阀件。开启或关闭瓶阀的速度应缓慢,防止产生摩擦热或静电火花,对盛装可燃性气体的气瓶更应注意。

7) 发现瓶阀漏气或放不出气来或存在其他缺陷时,将瓶阀关闭,并将发现的缺陷标在瓶体上,送交气瓶充装单位处理。

8) 瓶内气体不得用尽,必须留有剩余压力,以防混入其他气体或杂质。永久气体气瓶的剩余压力,应小于 0.05 MPa;液化气体气瓶应留有不少于 $0.5\% \sim 1.0\%$ 规定充装量的剩余气体。

9) 在可能造成回流的使用场合,使用设备上必须配置防止倒灌的装置,如单向阀、止回阀、缓冲器等。

10) 液化石油器气瓶用户不得将气瓶内的液化石油气向其他气瓶倒装,不得自行处理气瓶内的残液。

11) 气瓶投入使用后,不得对瓶体进行挖补、焊接修理。

12) 气瓶使用完毕,要送回瓶库或妥善保管。使用过的空瓶要标上"空瓶"字样;已用部分气体的气瓶,应把剩余压力写在瓶身上;向瓶库退回未使用的气瓶,应标上"满瓶"字样。

(2) 防止气瓶受热

1) 不得将气瓶靠近热源。安放气瓶的地点周围 10 m 范围内,不应进行有明火或可能产生火花的工作。

2) 气瓶在夏季使用时,严禁暴晒。

3) 瓶阀冻结时,应把气瓶移到较温暖的地方,用温水解冻。严禁用温度超过 40℃ 的热源对气瓶加热。

4) 盛装易于自行聚合反应或分解的气体的气瓶,应避开放射性射线源。

(3) 加强维护

1) 经常保持气瓶上油漆完好，漆色脱落或模糊不清时，应按规定重新漆色。

2) 严禁敲击、碰撞气瓶，严禁在气瓶上进行电焊引弧，不准用气瓶做支架。

练习思考题 4

1. 可燃气体（液化石油气、液化天然气、压缩天然气）充装站的站址及场地有哪些要求？
2. 充装毒性气体的充装站应具备哪些安全措施？
3. 试说明永久气体气瓶充装前检查的内容及其目的。
4. 永久气体气瓶与液化气体气瓶的充装量是如何计量（测定）的？试分别说明永久气体气瓶、高压液化气体气瓶和低压液化气体气瓶充装瓶充装量（充装系数）的确定原则。
5. 永久气体气瓶在充装过程中以及充装后要进行哪些检查？
6. 预防气瓶混装（两种性质不同的气体装入同一瓶内）的措施是什么？
7. 为什么低压液化气体气瓶充装过量要比其他气瓶充装过量更容易发生破裂爆炸事故？
8. 溶解乙炔瓶充装过程中为什么要喷淋冷却水？
9. 气瓶入库存放之前要做哪些检查？
10. 气瓶运输过程中应注意哪些问题？
11. 使用气瓶为什么必须留有余气？
12. 内径 $D_i = 60$ mm、壁厚 $S = 6$ mm、容积 $V = 400$ L 的液氯瓶（16Mn 钢、$R_e = 350$ MPa）按规定的充装系数（$F_d = 1.25$）充装，但忽略了瓶内尚有残液 64 kg。试问瓶内温度达到 28℃时，压力能否达到气瓶的屈服压力。已知液氯的物理性能如下：

温度（℃）	密度（kg/L）	蒸气压（MPa，表压）	β (1/℃)	α (1/MPa)
10	1.44	0.392	1.97×10^{-3}	1.50×10^{-3}
20	1.41	0.549	2.10×10^{-3}	1.71×10^{-3}
30	1.38	0.764	2.25×10^{-3}	1.98×10^{-3}

13. 为什么非重复钢瓶不能多次充装使用？

第五章　气瓶定期检验与综合性能试验

第一节　气瓶定期检验

一、气瓶定期检验综述
（一）定期检验的重要性

气瓶的定期检验是指在气瓶的使用过程中，每间隔一定的期限并采用各种适当有效的方法，对气瓶的各个承压部件、附件和安全装置进行检查，进行必要的试验，借以早期发现气瓶上存在的缺陷，使它们在还没有危及气瓶安全之前即被消除或采取适当措施进行特殊监护，以防气瓶在运行和使用中发生事故。

气瓶虽是静止设备，不像高速转动机器的部件那样易于磨损或产生疲劳，但是，由于它长期承受压力和其他一些载荷，有的还要受到腐蚀性工作介质的腐蚀，或在恶劣的环境条件下工作，因此，气瓶在使用过程中，原材料或制造过程中遗留的微小缺陷就会发生扩展变化，也可能产生新的缺陷。例如：

1. 由于工作介质对气瓶材料具有腐蚀性，使气瓶发生局部腐蚀或均匀腐蚀而致壁厚逐渐减薄，或由于瓶壁金属发生晶间腐蚀、缠绕气瓶的连续纤维老化蠕变而致使材料的力学性能降低。

2. 由于频繁地加压（充装）和泄压（用气），气瓶在反复变载作用下，在原材料存在缺陷或应力集中的部位产生疲劳裂纹。

3. 由于气瓶设计壁厚太薄，应力过大，或气瓶充装过量，受较高环境温度的影响，瓶内气体（或液体）膨胀，因而产生较大的塑性变形。

4. 由于气瓶结构不良、材料选用不当或焊接质量低劣，在焊缝及其附近或其他局部应力过高等部位存有裂纹，这些裂纹在使用过程中扩展。

5. 由于气瓶在运输途中颠簸振动或被野蛮装卸，使瓶壁金属磨损或瓶体损伤、变形。

6. 由于瓶阀的反复开启、关闭，使阀杆磨损，密封填料失效。

7. 缠绕气瓶由于常年承受反复变载，致使纤维时效老化，或因时常搬动造成连续纤维磨损断裂或撞击损伤等。

显然，气瓶这些使用、运行中产生的缺陷如果不能及早发现或消除，任其发展扩大，则必将在继续使用过程中发生断裂破坏，导致严重的气瓶爆破事故。

实行定期检验是及早发现缺陷、消除隐患、保证气瓶安全运行的一项行之有效的措施，这已被国内外长期的生产实践所证实。

（二）定期检验的主要工作内容

气瓶的定期检验至少包括下列主要内容：

1. 检查发现气瓶（包括气瓶主体和附件）在使用过程中所产生的各种缺陷，包括原有缺陷的扩展情况。

2. 对查出的缺陷进行必要的测定和技术评定。

3. 对可以修复的轻微缺陷进行修整和适当的善后处理，包括更换气瓶附件等。

4. 根据气瓶使用条件和存在缺陷的具体情况进行技术评定，包括缩短检验周期、限制使用条件等。

5. 对查出有严重缺陷而评定为不能继续使用的气瓶判定报废，并按规定对报废的气瓶进行妥善处理。

（三）检验周期

检验周期是气瓶在正常使用情况下定期对其进行技术检验所

规定的期限。我国制定有各类气瓶的定期检验标准，标准中明确规定了气瓶的检验周期。

1. 按照国家标准 GB 13004—1999《钢质无缝气瓶定期检验与评定》的规定：盛装惰性气体的气瓶，每 5 年检验 1 次；盛装腐蚀性气体的气瓶、潜水气瓶以及常与海水接触的气瓶，每 2 年检验 1 次；盛装其他气体的气瓶，每 3 年检验 1 次。

2. 按照国家标准 GB 13077—2004《铝合金无缝气瓶定期检验与评定》的规定：盛装惰性气体的铝瓶，每 5 年检验 1 次；盛装腐蚀性气体的铝瓶或在腐蚀性介质（如海水等）环境中使用的铝瓶，每 2 年检验 1 次；盛装其他气体的铝瓶，每 3 年检验 1 次。

3. 按照国家标准 GB 19533—2004《汽车用压缩天然气钢瓶定期检验与评定》的规定：钢瓶的首次检验和第二次检验为每 3 年进行 1 次；第二次检验后每 2 年进行 1 次；对出租车用钢瓶的检验每 2 年进行 1 次，第二次检验的有效期为一年。

4. 按照国家标准 GB 13075—1999《钢质焊接气瓶定期检验与评定》的规定：盛装一般气体的气瓶，每 3 年检验 1 次；盛装腐蚀性气体的气瓶，每 2 年检验 1 次。

5. 按照国家标准 GB 8334—1999《液化石油气钢瓶定期检验与评定》的规定：对在用的 YSP-0.5 型、YSP-2.0 型、YSP-5.0型、YSP-10 型和 YSP-15 型钢瓶，自制造日期起，第一次至第三次检验的周期均为 4 年，第四次检验有效期为 3 年；对在用的 YSP-50 型钢瓶，每 3 年检验 1 次。

6. 按照国家标准 GB 13076—1991《溶解乙炔气瓶定期检验与评定》的规定：乙炔瓶每 3 年进行 1 次定期检验与评定。

上列各标准所规定的检验周期均是指气瓶在正常条件与环境下的年限。如果在使用过程中发现气瓶有严重腐蚀、损伤或对其安全可靠性有怀疑时，还应提前进行检验。对于库存或停用时间超过一个检验周期的气瓶，启用前也应进行检验。

二、常见缺陷及其检验

气瓶必须定期地进行技术检验,检验的目的是要在早期发现其所存在的缺陷,并及时地消除隐患,以防缺陷继续发展扩大,最后造成爆破事故。

气瓶中比较常见的缺陷是腐蚀、裂纹和变形。在本节中将讨论这些缺陷,包括它们产生的原因、重点检验部位和缺陷的评定处理等。

(一) 腐蚀

腐蚀是气瓶在使用过程中最容易产生的一种缺陷,是由于金属与接触的介质发生化学或电化学变化作用而引起的。气瓶的腐蚀可以是均匀腐蚀、点腐蚀、晶间腐蚀、应力腐蚀和腐蚀疲劳。不管是哪一种形式的腐蚀,严重时都会导致气瓶的失效或破坏。

1. 产生的原因与重点检验部位

气瓶的内外表面都可以产生腐蚀。气瓶的外壁一般是大气的腐蚀,大气的腐蚀作用与地区、季节等有密切关系,在干燥的地区或季节,大气腐蚀要比潮湿地区或多雨季节轻微得多。铁在潮湿的大气中被腐蚀的机理是:首先生成腐蚀产物——氢氧化亚铁 $[Fe(OH)_2]$,然后继续与空气中的氧气起作用,转变为氢氧化铁 $[Fe(OH)_3]$。氢氧化铁以一种疏松的沉淀形式覆盖在金属表面,它不能对空气的继续侵入起保护作用,而且由于它具有吸湿性,更加速了大气腐蚀作用的进行,一直到铁完全被腐蚀,最后生成水合的氧化铁——铁锈 $(nFeO \cdot mFe_2O_3 \cdot pH_2O)$ 时为止。船舶上使用的气瓶,外壁一般都比较容易腐蚀,这与使用环境中空气的湿度较大有关。此外,被污染的大气常常会加速腐蚀的进行,例如,由于燃烧煤的缘故,空气中常含有大量的二氧化硫,其被吸附在气瓶外壁后,它吸收空气中的水分生成硫酸,对铁合金等产生严重的腐蚀。据试验,在相对湿度为88%的空气中,含0.01%二氧化硫的空气对铁的腐蚀作用要比纯空气大 10~13

倍（以失重计）。气瓶外壁的腐蚀多产生于经常处于潮湿状态和易于积存水分或湿气的部位，如无缝钢瓶的底座内面或焊接气瓶、液化石油气钢瓶的护罩内常常会发现比较严重的腐蚀。气瓶底部之所以容易产生腐蚀，除了具有潮湿、积存灰垢和铁锈等加速腐蚀的条件以外，还因接地电流的作用而产生外部电流腐蚀。

气瓶内壁的腐蚀主要是由于工作介质或它所含的杂质的作用而产生的。一般说来，工作介质具有明显腐蚀作用的气瓶，设计时都在材料选用、内表面防腐蚀处理等方面采取了措施，所以更多的内壁腐蚀是由于使用条件不正常引起的。例如，干燥的氯气对钢瓶是不产生腐蚀的，而如果氯气中含有水分或钢瓶因进行水压试验后没有干燥，或由于其他原因进入水分，则氯气与水作用生成盐酸或次氯酸，对内壁即会产生强烈的腐蚀。一氧化碳对铁合金一般也没有腐蚀作用，因为它可以被铁吸附，在金属表面形成一层保护膜。但如果气体中或钢瓶内存在水分，则会产生严重的应力腐蚀，器壁上会出现穿透性裂纹，甚至导致气瓶的破坏。盛装天然气的钢瓶，常因天然气中含有高湿的硫化氢气体，气瓶内壁产生应力腐蚀开裂。

2. 腐蚀的检查与处理

气瓶外壁的检查比较简单，因为大气腐蚀一般都是均匀腐蚀（如表面生成层层铁锈）或局部腐蚀（如深坑腐蚀、密集斑点腐蚀或片状腐蚀），这些缺陷用直观检查的方法即可发现。而内壁腐蚀的检查则较为麻烦一些，因为内壁可能有各种形式的腐蚀。对内壁的均匀腐蚀和局部腐蚀也可以通过直观检查，即由瓶口吊入小灯泡，或用内窥镜探入气瓶内部，直接观察瓶内壁的表面情况以及瓶内的腐蚀产物等，以发现内壁的腐蚀。有些氧气瓶用水润滑的压气机进行充装，瓶内常有较多的积水，所以在气瓶底部水气交界处的瓶壁常发生严重的锈蚀，有时甚至可以从瓶内倾倒出一堆铁锈来。

对有腐蚀缺陷的气瓶不宜修补后继续使用。内外壁有均匀腐蚀的大型气瓶,可用测厚仪测定腐蚀后的剩余壁厚,以判定其是否能继续使用。

(二) 裂纹

1. 气瓶的常见裂纹

裂纹是包括气瓶在内的承压设备中最危险的一种缺陷。因为它是导致设备发生脆性破裂的主要因素,同时又会促进疲劳破裂和腐蚀断裂的产生。在国内外发生的许多压力容器和气瓶事故中,大部分都与裂纹有关。按其生成的过程,气瓶中的裂纹大致可以分为两大类,即原材料或气瓶制造中产生的裂纹和气瓶使用过程中产生或扩展的裂纹。前者包括钢坯或钢板的轧制裂纹、气瓶的拉拔裂纹、淬火裂纹、焊接裂纹和消除应力热处理裂纹;后者包括疲劳裂纹和应力腐蚀裂纹。

原材料的轧制裂纹是由于金属材料本身存在疏松、缩孔和非金属夹杂物等缺陷,并积聚在一起,经轧制后而生成的线性缺陷。这种缺陷可以在材料的内部,也可以在表面,无一定的方向性和固定的部位。有时在钢板或锻件的表面上还会存在由于冶炼缺陷而造成的沿轧制的纵长方向延伸的毛细管小裂纹,这种裂纹形似发丝状,所以称为发裂。它的长度一般都不超过 20 mm,宽度不超过 0.1 mm,有的分布较广,但用肉眼观察一般不容易发现,而只是在磁力探伤时有微小的磁粉集聚痕迹,有的用手锉很容易锉去。这种裂纹比起其他裂纹的危害要小些,而且在气瓶中也不是常见的。

在拉拔或管制无缝钢瓶的定期检验中,有时也会发现有类似的轧制裂纹,这些裂纹多沿气瓶的轴向分布,而且数量较多,分布较广,但深度一般都不大。

焊接裂纹也是定期检验中可能发现的一种缺陷,它主要是在气瓶制造过程中产生的。这些裂纹可能是由于气瓶制造厂质量检验不严,或原有缺陷轻微未被发现而在使用过程中有所扩展,也有些焊接裂纹是在使用后焊补中产生的。

消除应力热处理裂纹是一种呈分枝状的晶间裂纹,是在焊后消除应力热处理时产生的,也可以在使用中扩展。

疲劳裂纹是设备经受反复多次的加压或卸压之后而产生的裂纹。它多发生在局部应力过高的部位,如气瓶的开孔处。但在气瓶的定期检验中很少发现。

腐蚀裂纹是腐蚀性介质在一定的工作条件(如压力、温度)下对材料进行腐蚀而逐渐形成的一种裂纹。这种裂纹往往与应力有关。因为应力和腐蚀两者相互促进,后者在材料表面形成缺口,产生应力集中,或削弱金属的晶间结合力;而前者则加速腐蚀的进展,使表面缺口向深处(或沿晶向)扩展。气瓶的应力腐蚀可以从开始到断裂的过程中整个被腐蚀的表面上只存在一条裂纹,也可以一开始就形成许多裂纹,而且在开始阶段都以大致相同的速度扩展。这种应力腐蚀裂纹究竟以哪一种方式进行,则决定于在裂纹产生过程中应力和腐蚀两者哪一种是主要因素。腐蚀裂纹的产生必须具备一定的条件,包括介质(或杂质)的浓度、温度、材料的抗拉强度和工作应力等。例如,含高湿度硫化氢的天然气对高抗拉强度的铬钼气瓶产生应力腐蚀裂纹较为敏感。

气瓶的裂纹虽然在它的内外表面的各个部位都可能存在,但是一般最容易产生裂纹的地方是焊缝与焊接热影响区以及局部应力过高的部位,如气瓶的开孔周围等。

2. 裂纹的检查与处理

裂纹的检查可以用直观检查和无损探伤,且不可忽视直观检查的作用。实践证明,有许多严重的裂纹缺陷都是通过直观检查发现或初步发现其迹象,再通过无损探伤进一步加以确认的。

在定期检验中,发现气瓶存在裂纹缺陷时,首先应根据裂纹所在的部位、数量、大小、分布情况以及气瓶的工作条件等分析裂纹产生的原因,必要时可以通过金相检验等方法,以判明裂纹是原材料存在的缺陷,还是气瓶制造时留下的,或者是使用过程中产生的。然后再根据缺陷的严重程度（如裂纹的尺寸、所在的部位、对气瓶的影响等）和气瓶的具体情况（如材料的韧性、在工作压力下的应力水平、反复变载的次数、应力腐蚀的可能性等）确定缺陷及其处理方法。

发现存在裂纹缺陷的气瓶，原则上都不应继续使用。对于确认是气瓶的原始裂纹，而在使用过程中未发现扩展的，可以通过打磨（如轧制材料的发裂）或铲除的方法消除裂纹。对裂纹铲除后留下的洼槽，应打磨成平滑过渡，并经无损探伤，确认没有裂纹后，可以根据瓶体的剩余壁厚判定其是否可能继续使用。

（三）变形

1. 气瓶的变形缺陷

变形是指气瓶在使用以后，整体或局部部位在外观上发生几何形状的改变，这种缺陷在气瓶的定期检验中是比较常见的。

气瓶的变形一般可以表现为局部凹陷、鼓包和整体膨胀等几种形式。

局部凹陷是壳体或封头的局部区域受到外力的撞击或挤压因而发生的表面凹洼，这种变形一般只能在壳壁较薄的焊接气瓶产生。一般说来，凹陷并不引起气瓶壁厚的改变，而只使某一局部表面失去了原有的几何形状。

鼓包是气瓶的某一部分承压面因严重的腐蚀（大面积的片状腐蚀）而壁厚显著减薄，因而在内压作用下发生的向外凸起变形。气瓶这种变形将使这一区域的壁厚进一步减薄。

整体膨胀变形是因为气瓶壁厚太薄或超压使用，致使整个气瓶或某些截面产生屈服变形而造成的。例如，充装液化气体的焊接气瓶常因充装过量，在温度升高的情况下，瓶内液体体积膨胀，压力剧烈上升，因而发生整体膨胀变形，使气瓶由原来的圆筒形变成腰鼓形。

2. 变形缺陷的检查与处理

变形缺陷的检查一般可用直观检查，对于严重的局部凹陷、鼓包以及整体扁瘪,通过直观观察是不难发现的。严重的整体膨胀变形也可以通过直观检查发现,因为气瓶产生这种变形时,往往都是两端径向变形较小而中间部分膨胀较大(因两端径向变形受到封头的限制),形成一种腰鼓形。不太严重的局部变形和整体变形可以通过量具检查来发现,例如用平直尺、弧形样板等工具,或用测量气瓶直径的方法来检查。

三、无缝气瓶定期检验项目与缺陷评定

(一) 直观检查

定期检验时,应逐只对气瓶进行直观检查。检查瓶体外表面有无裂纹、鼓包、剥层、凹陷等力学性损伤;有无弧疤、焊迹或明火烧烤等热损伤;有无整体或局部变形等缺陷;瓶壁有无腐蚀及其腐蚀程度如何等。发现有下列缺陷的气瓶应予报废:

1. 瓶体存在裂纹、鼓包、剥层等机械性损伤。
2. 瓶体有磕伤、划伤、凹坑等缺陷,缺陷处(或经修磨并圆滑过渡后)的剩余壁厚小于设计壁厚。
3. 瓶体凹陷深度超过 1.5 mm 或大于凹陷短径的 1/35。
4. 瓶体凹陷中带有划伤或磕伤缺陷,且缺陷深度达到上述 2、3 条的规定;或其缺陷虽未达到上述规定,但其磕伤或划伤长度等于或大于凹陷短径,且凹陷深度超过 1.0 mm 或凹陷深度大于凹陷短径的 1/40。
5. 瓶体有弧疤、焊迹等缺陷,或有明显的经受明火烧烤的迹象等。
6. 瓶体上存在孤立的点腐蚀、线状腐蚀、局部腐蚀及普遍腐蚀等缺陷,腐蚀处(或缺陷经修磨圆滑过渡后)的剩余壁厚小于钢瓶的设计壁厚。
7. 在同一截面上测量筒体圆度的最大与最小外径之差,应超过该截面平均外径的 2.0%。
8. 筒体的直线度超过瓶体直线长度的 0.004,且弯曲深度大于 5 mm。

（二）音响检查

音响检查是无缝气瓶特有的检验项目，其目的是凭借敲击瓶体发出的声音来判断气瓶有无裂纹、严重锈蚀等缺陷。直观检查合格的钢瓶，应逐只进行音响检查。

音响检查是气瓶在没有附加物或其他妨碍瓶体振动的情况下，用木锤或质量约 250 g 的小铜锤轻击瓶壁，如发出的音响清脆有力，余韵轻而且有韵律感，则此项检验合格。

音响十分混浊低沉，余韵重而短并伴有破壳音响的气瓶应报废。

（三）瓶口螺纹检查

1. 用直观或低倍放大镜逐只检查螺纹有无裂纹、变形、腐蚀或其他力学性损伤。

2. 瓶口螺纹不得有裂纹性缺陷，但允许瓶口螺纹有不影响使用的轻微损伤，允许有不超过 1 牙的缺口，且缺口长度不超过圆周的 1/6，缺口深度不超过牙高的 1/3。

3. 瓶口螺纹的轻度腐蚀、磨损或其他损伤可用丝锥修复。修复后用量规检验，检验结果不合格则该气瓶报废。

（四）内部检查

1. 应用内窥镜或电压不超过 24 V、具有足够亮度的安全灯对气瓶逐只进行内部检查。

2. 对盛装氧化性介质的气瓶，要特别注意检查瓶内有无被油脂沾污。发现有油脂沾污时，必须进行脱脂处理。

3. 内表面有裂纹、结疤、皱褶、剥层或凹坑的气瓶应报废。

4. 内表面存在腐蚀缺陷时，参照本节（一）中（6）条评定。

（五）重量与容积测定

1. 气瓶必须逐只进行重量与容积测定。

2. 重量与容积测定用的衡器应保持准确，其最大称量值应为常用称量值的 1.5~3.0 倍。衡器的校验周期不得超过 3 个月。

3. 气瓶现重量与制造标称重量的差值大于 3% 时，应测定瓶壁最小壁厚。除点腐蚀外，最小壁厚小于设计壁厚的气瓶应报废。实测重量与标称重量之差值大于标称重量5%的气瓶应报废。

4. 现容积值小于制造标称容积值的盛装高压或低压液化气体的气瓶，必须根据容积测定记录将原制造标称容积值改大为现容积值。现容积值大于制造标称容积值10%的气瓶应报废。

（六）水压试验

1. 气瓶必须逐只进行水压试验。气瓶水压试验压力为标称工作压力的1.5倍（按 GB 17258—1998《汽车用压缩天然气钢瓶》的规定，该类气瓶的水压试验压力为标称工作压力的5/3倍）。

2. 气瓶在水压试验压力下保持压力的时间不少于2 min。

3. 水压试验时，瓶体出现渗漏、明显变形或保持压力期间的压力有回降现象（非因试验装置或瓶口泄漏）的气瓶应报废。

4. 高压气瓶在水压试验时，应同时测定容积残余变形率。容积残余变形率超过6%时，应测定瓶体的最小壁厚，其最小壁厚小于设计壁厚的应报废；容积残余变形率超过10%的气瓶应报废。

5. 在高压气瓶进行水试验过程中，当压力升至试验压力的90%以上时，如因故无法继续进行试验的，均可采取提高试验压力的方法对试验无效的受试瓶再次进行试验。

（七）瓶阀检验与装配

1. 瓶阀应逐只进行解体检验、清洗和更换损坏的零部件，保证开闭自如、不泄漏。

2. 阀体和其他部件不得有严重变形，螺纹不得有严重损伤。

3. 更换瓶阀或密封材料时，必须根据盛装介质的性质选用合适的瓶阀和材料。在装配瓶阀之前，必须对瓶阀进行气密性试验。

4. 瓶阀应装配牢固,并应保证其与瓶口连接的有效螺纹牙数和密封性能,其外露螺纹不得少于 1~2 牙。

(八) 气密性试验

1. 气瓶水压试验合格后,必须逐只进行气密性试验。试验压力应等于气瓶标称工作压力。

2. 盛装可燃气体或毒性气体的气瓶以及盛装高纯度气体或混合气体的气瓶,应用浸水法进行气密性试验。气瓶浸水保持压力的时间不少于 2 min,保持压力期间不得有泄漏或压力回降现象。

盛装其他气体的气瓶可在定期检验后首次充装结束时,用涂液法进行气密性试验。气瓶带液保持压力的时间不少于 1 min,不允许有气泡连续逸出。

3. 气瓶气密性试验时,在试验压力下瓶体泄漏的气瓶应报废。

4. 试验过程中,若试验装置或瓶阀产生泄漏,应立即停止试验,待维修或重新装配后再试验。

四、焊接气瓶定期检验项目与缺陷评定

(一) 直观检查

定期检查时,应逐只对瓶体外表面直观检查。检查瓶体有无裂纹、鼓包、磕伤、划伤、凹陷等力学性损伤;有无弧疤、焊迹或明火烧烤等热损伤;瓶壁有无腐蚀、腐蚀程度如何;有无整体或局部变形等缺陷;主焊缝有无裂纹及其他力学性损伤等。存在下列缺陷的气瓶应予报废:

1. 瓶体存在裂纹、鼓包、结疤、皱褶或夹杂等缺陷。

2. 瓶体磕伤、划伤、凹坑处的剩余壁厚小于设计壁厚的 90%。

对未达到判定报废条件的缺陷,特别是线性缺陷或尖锐的力学性损伤应进行修磨,使其边缘圆滑过渡,但修磨后的壁厚应大于设计壁厚的 90%。

3. 瓶体凹陷深度超过6 mm 或大于凹陷短径的1/10 的气瓶。

4. 瓶体凹陷深度小于6 mm，凹陷内划伤或磕伤处剩余壁厚小于气瓶设计壁厚的。

5. 瓶体存在弧疤、焊迹或明火烧烤等热损伤而使金属受损的。

6. 瓶体上孤立点腐蚀处的剩余壁厚小于设计壁厚2/3 的。

7. 瓶体线腐蚀或面腐蚀处的剩余壁厚小于设计壁厚90% 的。

8. 护罩或底座破裂、脱焊、磨损而失去作用或底座支撑面与瓶底最低点之间距离小于10 mm 的。

9. 主体焊缝不符合下列规定的气瓶应报废：

（1）焊缝不允许咬边，焊缝和热影响区表面不得有裂纹、气孔、弧坑、凹陷和不规则的突变。

（2）主体焊缝上的划伤或磕伤经修磨后，焊缝不得低于母材。

（3）主体焊缝热影响区的划伤或磕伤处修磨后剩余壁厚不得小于设计壁厚。

（4）主体焊缝及其热影响区的凹陷最大深度不得大于6 mm。

在检查中，对有怀疑的部分应使用10 倍放大镜检查，必要时进行无损探伤。

（二）阀座、塞座检查

1. 用直观或低倍放大镜逐只检查阀座或塞座及其螺纹有无裂纹、变形、腐蚀或其他力学性损伤。

2. 阀座或塞座有裂纹、倾斜、塌陷的气瓶应报废。

3. 阀座或塞座螺纹不得有裂纹或裂纹性缺陷，但允许有轻微不影响使用的损伤，允许不超过3 牙的缺口，缺口长度不超过圆周的1/6，缺口深度不超过牙高的1/3。

4. 螺纹的轻度腐蚀、磨损或其他损伤可用丝锥修复。修复后用量规检验，检验结果不合格的气瓶应报废。

（三）内部检查

1. 应用内窥镜或电压不超过24 V、具有足够亮度的安全灯逐只对气瓶进行内部检查。

2. 对盛装氧化性介质的气瓶，要特别注意检查瓶内有无被油脂沾污。发现有油脂沾污时，必须进行脱脂处理。

3. 内表面有裂纹、结疤、皱褶、夹杂或凹坑等缺陷的气瓶应报废。

4. 内表面存在腐蚀缺陷时，参照本节（一）中（6）、（7）条评定。

（四）壁厚测定

1. 对气瓶除进行有缺陷部位的局部测厚外，还必须逐只进行定点测厚。

2. 测厚仪的误差应不大于±0.1 mm。

3. 对内外表面腐蚀程度轻微的气瓶，至少在上封头、筒体和下封头的3个部位上各测定一点；对腐蚀程度严重的气瓶，至少在上封头测定2点、筒体上测定4点、下封头测定2点。上述各测点应选在腐蚀最深处。

4. 在上封头、筒体和下封头3个部位上，无论选定多少测点，只要有一点的剩余壁厚小于设计壁厚的90%，则该气瓶报废。

（五）容积测定

1. 定期检验应逐只测定气瓶的实际容积。

2. 容积测定用的衡器最大称量值为常用称量值的1.5～3.0倍。衡器的校验周期不得超过3个月。

3. 实测容积值小于制造标称容积值时，表明气瓶变形或气瓶产品不符合要求，该气瓶报废。

（六）水压试验

1. 气瓶应逐只进行水压试验。水压试验压力为标称工作压力的1.5倍。

2. 气瓶在水压试验中保持压力的时间不少于 3 min。

3. 水压试验时，瓶体（包括主焊缝）出现渗漏、整体变形或保持压力期间的压力有回降现象（非因试验装置、瓶口、卸压阀口或盲塞口泄漏）的气瓶应报废。

（七）瓶阀、泄压阀及盲塞检验

1. 气瓶定期检验时，应逐只对气瓶的瓶阀和泄压阀进行解剖检验、清洗和更换损伤的零部件，保证开闭自如，严密不泄漏。

2. 阀体及其零部件不得有严重变形，螺纹不得有严重损伤。

3. 更换瓶阀、泄压阀、盲塞或密封材料时，必须根据盛装介质的性质选用合适的瓶阀和材料。在装配瓶阀、泄压阀之前，必须对瓶阀、泄压阀的气密性进行试验。

4. 瓶阀、泄压阀及盲塞应装配牢固，并应保证其与阀座或塞座连接的有效螺纹牙数和密封性能，其外露螺纹数不得少于 1~2 牙。

（八）气密性试验

1. 气瓶水压试验合格后，必须逐只进行气密性试验。试验压力应等于气瓶标称工作压力。

2. 盛装可燃气体或毒性气体的气瓶以及盛装高纯度气体或混合气体的气瓶，应用浸水法进行气密性试验。气瓶浸水保持压力的时间不少于 2 min，保持压力期间不得有泄漏或压力回降现象。

盛装其他气体的气瓶可在定期检验后首次充装结束时，用涂液法进行气密性试验。气瓶带液保持压力的时间不少于 1 min，不允许有气泡连续逸出。

3. 气瓶在进行气密性试验时，在试验压力下瓶体泄漏的气瓶应报废。

4. 试验过程中，若试验装置或瓶阀、泄压阀及盲塞产生泄漏应立即停止试验，待维修或重新装配后再试验。

第二节 气瓶综合性能试验

为了验证气瓶的安全可靠性，保证气瓶安全运行，常常需要对气瓶成品和新产品进行一些必要的综合性能试验，包括非破坏性试验和破坏性试验。

在本节中，着重介绍气瓶经常进行的几种综合性能试验，包括气瓶水压试验、气瓶气密性试验和气瓶水压爆破试验。

一、气瓶水压试验

（一）目的与作用

水压试验的主要目的是检验气瓶的强度，即验证它是否具有保证在设计压力下安全运行所必需的承压能力。同时也可以通过试验时发生在局部地方的渗漏等现象，来发现气瓶潜在的局部缺陷。

对于耐压试验的主要目的，国外还有些不同的意见，有的认为耐压试验的主要目的是检验气瓶各连接部位和有潜在缺陷处是否泄漏，而不是验证气瓶的强度。其理由是，气瓶是否具有足够的强度，应该通过强度计算来判断，如果要用耐压试验来验证强度，则只有在试验时测定气瓶是否出现屈服现象才有实际意义，但如果要求每一个气瓶在耐压试验时都做这样的测定，实际上是难以办到的。

气瓶的强度虽然可以通过计算来验证，但毕竟还是理论数字，这当中不仅存在计算理论公式的选用及其精确性问题，就是计算时选用数据（如材料的力学性能、气瓶的壁厚等，特别是对已经使用过的气瓶）的误差有时也会使理论计算与实际情况有较大的差别。水压试验是实验验证气瓶安全可靠的既简单又实用的方法。如果气瓶没有足够的强度裕度，则它在水压试验压力（高于气瓶的工作压力）下将产生塑性变形甚至整体屈服，若出现这种现象，通过水压试验时的残余变形测定即可及时发现而被检出。即使是低压气瓶（水压试验时不要求测定残余变形），也可以从试验时升压过程出现的异常现象中发现，如果有明显的塑性变形，那就更容易通过直观检查来发现，这样就可能避免气瓶在使用过程中发生爆炸事故。气瓶在水压试验时破裂，虽然也可能造成一些破坏，但比起它在使用过程中发生爆炸事故所造成破坏的危害性要小得多。这是因为水压试验是预防性试验，在进行试验时就考虑到气瓶有破裂的可能性，因而采取了一些必要的措施（如气瓶在试验压力下，操作人员不得靠近等）；更主要的是水压试验是用水或其他无害液体作为加压介质，这与所装的介质主要是气体的情况大不一样，气体的爆炸能量要比液体的大得多。气瓶所装的介质很多是易燃、有毒的气体，如果在使用过程中破裂爆炸，事故后果就将更为严重。

从国内外的一些试验情况来看，气瓶在水压试验时破裂或产生明显的塑性变形的事例也是不少的，这说明水压试验对于检验气瓶是否具有足够的强度有着重要的实际意义。

有些文献指出，对于存在裂纹等严重缺陷的承压设备，如果在水压试验时不爆破，较高的压力也不会对原有的缺陷产生不良的影响。因为在长期承受正常压力载荷的过程中，施加一次高于平时运行压力的试验压力，会起到改善缺陷处受力状况的作用。表现在，较高的试验压力，可以使裂纹产生较大的开裂变形，而材料的塑性流动，裂纹尖端的曲率半径将会增大，应力集中系数将减小，从而降低裂纹尖端附近的局部应力；又由于水压试验时的应力较大，裂纹尖端附近存在一种鱼尾状的塑性变形区。卸压后，因受到周围材料（处于弹性状态）收缩变形的影响，此塑性区即存在残余压缩应力，从而可以部分地抵消设备承受工作压力时产生的较高拉伸应力。另一方面，壳体在局部地区可能存在较大的残余应力，水压试验时，这些局部地区的残余应力与水压试验时所产生的较大的载荷应力相叠加，有可能使材料局部屈服，从而引起应力再分布，减小原有残余拉伸应力。对于承压反复载荷的设备,如果存在裂纹缺陷,则定期检验中的水压试验(压力高于正常运行时的最高压力)可以延缓裂纹的扩展。实验证明,偶尔一次的过载应力对随后的恒定低载荷下的裂纹扩展速度,有明显的延缓作用。

(二) 试验用加压介质

气瓶的水压试验应称为耐压试验更为全面一些,只是因为在一般情况下,试验加压介质只能用水或其他适宜的液体(具有挥发性、易流动、不燃和无毒等特性),而不应用气体。因为耐压试验的目的既然是检验气瓶的强度,那就应该考虑它在耐压试验时有破裂的可能性,而且耐压试验的试验压力要比它的最高使用压力还高,所以气瓶在耐压试验时破裂要比使用时破裂的可能性更大。为了减轻气瓶万一在耐压试验时破裂所造成的破坏,耐压试验的加压介质应选用液体。由于水的来源和使用都比较方便,又具有做耐压试验所需的各种性能,因而就常常被用做耐压试验的加压介质,耐压试验也就被称做水压试验。

要使瓶内介质的压力从大气压力升到较高的压力,就必须要对加压介质做一定的功,它以内能的形式储存介质之中,一旦气瓶破裂,瓶内压力即降回至大气压力,这时储存在介质中的能量也就释放出来。压缩一定体积的气体至某一压力所需的功(等于气体的膨胀功)要比压缩同体积的液体至相同压力所需的功大得多,所以相同体积、相同压力的气体泄压时所释放的能量(简称爆破能量)要比液体大得多。

下面将从理论上计算并比较体积和压力都相同的气体和液体(水)的爆破能量。

1. 气体膨胀时的爆破能量

气体膨胀时的爆破能量为:

$$U_g = \frac{pV}{k-1}\left[1 - \left(\frac{0.1013}{p}\right)^{\frac{k-1}{k}}\right] \qquad (5\text{—}1)$$

式中　U_g——气瓶膨胀的爆破能量,kJ;

p——气瓶内气体的绝对压力，MPa；
V——气瓶的容积，L；
k——气体的绝热指数。

常用的气体多为双原子气体，其绝热指数 $k=1.4$，则这些气体绝热膨胀的爆破能量为：

$$U_g = \frac{pV}{1.4-1}\left[1-\left(\frac{0.1013}{p}\right)^{\frac{1.4-1}{1.4}}\right]$$

$$= 2.5pV\left[1-\left(\frac{0.1013}{p}\right)^{0.2857}\right] \qquad (5\text{—}2)$$

2. 压缩液体所消耗的能量

液体受压缩时，由于它的体积缩小甚微，所消耗的能量也较小。压缩液体所消耗的能量等于液体卸压膨胀的爆破能量为：

$$U_l = \frac{\Delta p \Delta V}{2} = \frac{\Delta p^2 V \beta}{2} \qquad (5\text{—}3)$$

式中 U_l——压缩液体消耗的能量，kJ；
Δp——液体的增压，MPa；
ΔV——液体被压缩了的体积，L；
V——气瓶（亦即液体）的容积，L；
β——液体的压缩系数，MPa^{-1}。

水在常温（20℃）和压力在 45 MPa 以内的条件下的平均压缩系数约为 $\beta = 4.5 \times 10^{-4}$，因此，将水由大气压力（0.1013 MPa）压缩至 p（MPa，绝对）时所消耗的能量为：

$$U_l = \frac{\Delta p^2 V \beta}{2} = \frac{(p-0.1013)^2 V}{2} \times 4.5 \times 10^{-4}$$

$$= 2.25(p-0.1013)^2 V \times 10^{-4} \text{ kJ} \qquad (5\text{—}4)$$

3. 气体与水在泄压膨胀时爆破能量的比较

式（5—2）与式（5—4）分别表明了气体和水泄压膨胀时的能量，亦即有压力的气体和水的爆破能量。比较这两式即可得

气体爆破能量 U_g 和水爆破能量 U_1 之比为:

$$\frac{U_g}{U_1} = 2.5pV\left[1-\left(\frac{0.1013}{p}\right)^{0.2857}\right] \Big/ [2.25(p-0.1013)^2 V \times 10^{-4}]$$

$$= 1.1p\left[1-\left(\frac{0.1013}{p}\right)^{0.2857}\right] \times 10^4 / (p-0.1013)^2$$

(5—5)

表 5—1 列出了各种常用压力（绝对）下的气体与水的爆破能量之比值。

表 5—1　　　　常用压力下的 U_g/U_1 比值

压力（MPa）	3.1	7.6	18.1	30.1	45.1
比值（U_g/U_1）	2.36×10^3	1.05×10^3	4.75×10^2	2.96×10^2	2.02×10^2

从表 5—1 可以看出，气体的爆破能量要比液体（水）大数百倍至数千倍，压力越低，比值越大。所以气瓶的耐压试验，加压介质一般只能用水（或其他液体），而不应用气体。只有在瓶内确实不能装水试压的情况下，才可以按有关规范的规定，用气压试验代替水压试验，试验压力应降低，试验气体温度应较高。

（三）试验用装置及对装置的基本要求

1. 加压装置

（1）受试瓶的加压可以选用电动柱塞泵、气驱泵或其他增压装置。

（2）加压泵的额定工作压力应不小于受试瓶水压试验压力的 1.5 倍。

（3）加压泵的流量可以按照受试瓶要求的加压速度进行调整。受试瓶水压试验的加压速度，应保证其瓶壁的应力速率在表 5—2 规定的范围内。

（4）对受试瓶不得施加除了试验水压以外的任何其他外力。

2. 承压管道

（1）测试装置全部承压管道应选用金属管。

表 5—2　　　　　　　　瓶壁应力速率

气瓶类别	瓶壁应力速率（MPa/s）	
	最小	最大
钢瓶、碳纤维缠绕瓶	2	20
铝合金瓶、玻纤缠绕瓶	6	60

（2）承压管道必须经过耐压试验，试验压力应不小于气瓶水压试验压力的 1.5 倍。

（3）测试装置的承压管道应固定装设，妥善布置，保证测试系统内的气体可以全部排净。

（4）管道与测试设备、计量仪表的连接必须具有良好的密封。

3．试验用水

（1）试验用水必须是洁净的淡水。受试瓶是含铬合金钢气瓶时，试验用水中氯离子含量应不大于 25 mg/L。

（2）受试瓶用于充装氧或其他强氧化性介质时，注入或压入受试瓶中的试验用水严禁受到油脂的污染。

（3）试验用水的温度不得低于 5℃。

（4）在设有试验装置的室内必须设置盛装试验用水的水槽，水槽的盛水量应与日检气瓶量相适应。水槽内充入新鲜水后必须敞口放置 8 h，方可用于水压试验。

4．测试计量仪表及器具

（1）试验装置上至少应在两点各安装 1 只能同时正确显示试验压力的压力测量仪表或压力传感器，并应装有 1 只作为校验用的精密压力测量仪表。

（2）压力测量仪表的量程应是受试瓶试验压力的 2~3 倍，其精度级别必须不低于 1.6 级。压力传感器的量程不宜超过受试瓶试验压力的 2 倍，其相对误差应不大于 0.25%。精密压力测量仪表的量程不宜超过受试瓶试验压力的2倍,精度级别不得低于0.4级。

(3) 压力测量仪表必须定期进行检验。检验周期按有关规定执行。

(4) 测定受试瓶容积变形的水量测量仪器可用量管或电子秤。

(5) 用于称量受试瓶重量的衡器,其最大称量应是常用称量值的1.5~3.0倍。

(6) 用于测量试验用水温度和环境温度的温度测量仪表,其最小刻度值应不大于1℃。

(四) 气瓶水压试验方法

1. 耐压试验装置

不测定容积变形的耐压试验,只用于低压气瓶。如气瓶的充装介质和水压试验压力都相同,允许对多只受试瓶同时进行试验。

气瓶耐压试验装置如图5—1所示。

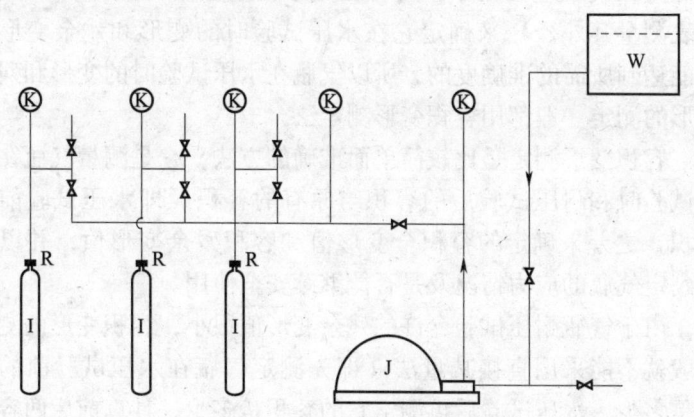

图5—1 耐压试验装置
W—试验用水水槽 K—压力表(读取试验压力用)
I—受试瓶 J—水压泵 R—专用接头

2. 耐压试验操作守则

（1）应尽可能在受试瓶加压前把装置系统内的空气排净。

（2）受试瓶内的压力升至工作压力时，应暂停升压，检查系统各连接处有无泄漏。

（3）试验升压速度应保证受试瓶的瓶壁应力速率在表5—2规定的范围内。

（4）受试瓶在试验压力下至少保持30 s，压力不应下降。

（5）在受试瓶保压期间，检查瓶内压力是否稳定不降。

（6）卸压后，直观检查受试瓶瓶体有无渗漏，目视可见的瓶体变形。

3. 合格标准

（1）瓶体、焊缝不渗漏。

（2）瓶体无局部、整体的膨胀变形。

（3）试验压力下，指示瓶内压力的压力表指针不回降。

（五）高压气瓶水压试验容积变形的测定

高压气瓶直径较小，用直径变形测量法（即用千分尺或千分表测量其外径）来确定它在水压试验时的变形和残余变形是不能达到所需的准确度的，所以气瓶在水压试验时的变形和残余变形的测定一般都用容积变形测定法。

容积变形测定是比较简单而准确的方法，它是测量气瓶在耐压试验时和耐压试验后的容积与原有的容积（即水压试验前的容积）之差来确定的容积全变形值和容积残余变形值，并以此来判定气瓶的应力情况及是否能继续安全使用。

由于气瓶耐压试验允许的残余变形值很小，容积变形的测定一般就不能采用直接减量法（即先测定气瓶在水压试验前的容积是多少，水压试验后再测定它的容积是多少，计算前后两容积之差）来确定它的残余变形值。例如，一般容器的允许残余变形率（直径）为0.03%，容器直径增大0.03%，容积约增大0.06%，即容器的容积由水压试验前为 V 增大至 $1.000\ 6\ V$。这样的精确值显然是一般的容积量具或称量量具所不能测得的,因此,要准确测定气瓶水压试验时的容积变形和容积残余变形,则必须有一套比量法的装置。这种测定装置和方法有瓶内测定法和瓶外测定法两种,简称内测法和外测法。

1. 内测法

内测法通过测定瓶内在试验压力下所进入的水量与它在卸压后由瓶内所排出的水量来计算其容积全变形与容积残余变形的。这种方法目前在国内的气瓶检验站广为采用,其优点是测量装置比较简单,但容易产生较大的误差。

(1) 试验装置流程与操作守则。内测法测试装置流程如图5—2 所示。气瓶内测法试验应遵守下列规则:

1) 对于试验用水,禁止从自来水管直接灌入受试瓶内进行试压。

2) 在测试前应用木槌轻击受试瓶瓶体,排尽附着于瓶内壁

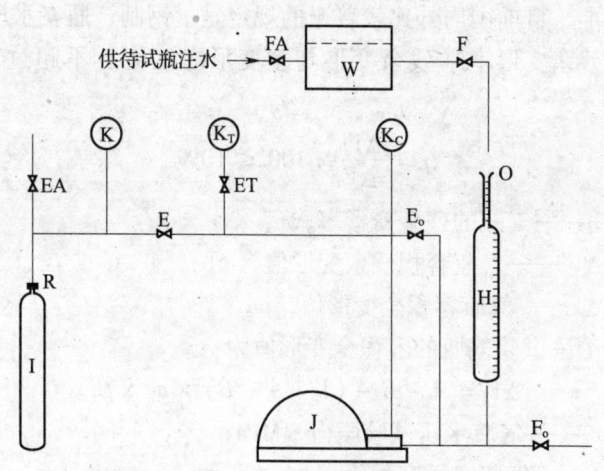

图5—2 内测法测试装置
W—试验用水水槽 J—水压泵 I—受试瓶
R—专用接头 H—量管 K_c—压力表(指示、控制泵出口压力用)
K—压力表(读取试验压力用) K_T—精密压力表(校验其他压力表用)

的气泡,并用水补满。瓶体外表面应彻底擦干。

3) 在受试瓶加压前,必须把瓶内及承压管道内的空气全部排尽。并应在标称工作压力范围内反复加压、卸压,直至在量管中完全没有气泡浮出为止。

4) 受试瓶内的压力升至标称工作压力时,应暂停升压,检查瓶体及各连接接头不得有泄漏、压力测量仪表指示的压力值不应下降。

5) 试验升压速度,应保证受试瓶的瓶壁应力速率在表5—2规定的范围内。

6) 受试瓶在试验压力下至少保持30 s,压力不应下降,量管水位稳定不变。

(2) 合格评定标准。气瓶水压试验下的容积残余变形,可以间接反映它在试验压力下所产生的应力水平,所以容积残余变形就成为评定气瓶水压试验是否合格的一个重要指标。关于它的合格标准,目前国内外比较普遍的规定是:钢制气瓶在水压试验时容积残余变形率(残余变形与全变形之比值)不超过10%,即:

$$\eta = \frac{\Delta V'}{\Delta V} \times 100 \leqslant 10\% \qquad (5—6)$$

式中 η——气瓶的残余变形率,%;

$\Delta V'$——气瓶容积残余变形值,mL;

ΔV——气瓶容积全变形值,mL。

内测法试验气瓶的容积全变形值为:

$$\Delta V = A - B - (V + A - B) \times p_h \times \beta_t \qquad (5—7)$$

式中 p_h——气瓶水压试验压力,MPa;

V——气瓶实际容积,mL;

ΔV——气瓶容积全变形值(试验测定值),mL;

β_t——水在试验压力和试验水温下的压缩系数,MPa^{-1},可由表5—3查得;

A——气瓶在试验压力下的总进水量（试验测定值），mL；
B——承压管道在试验压力下的压入水量（固定值，实际测定），mL。

表5—3　　　　不同温度和压力下水的压缩系数

试验温度 ($\degree$C)	压缩系数 $\beta_t \times 10^4$ (MPa^{-1})					
	水压试验压力 p_h (MPa)					
	12	18	18.8	22.5	30	45
5	4.860	4.820	4.814	4.789	4.738	4.636
6	4.833	4.793	4.787	4.762	4.711	4.609
7	4.804	4.764	4.758	4.733	4.682	4.580
8	4.778	4.738	4.732	4.707	4.656	4.554
9	4.752	4.712	4.706	4.681	4.630	4.528
10	4.730	4.690	4.684	4.659	4.608	4.506
11	4.710	4.670	4.664	4.639	4.588	4.486
12	4.693	4.653	4.647	4.622	4.571	4.469
13	4.677	4.637	4.631	4.606	4.555	4.453
14	4.660	4.620	4.614	4.589	4.538	4.436
15	4.643	4.603	4.597	4.572	4.521	4.419
16	4.628	4.588	4.582	4.557	4.506	4.404
17	4.613	4.573	4.567	4.542	4.491	4.389
18	4.598	4.558	4.552	4.527	4.476	4.374
19	4.586	4.546	4.540	4.515	4.464	4.362
20	4.572	4.532	4.526	4.501	4.450	4.348
21	4.561	4.521	4.515	4.490	4.439	4.337
22	4.551	4.511	4.505	4.480	4.429	4.327
23	4.541	4.501	4.495	4.470	4.419	4.317
24	4.531	4.491	4.485	4.460	4.409	4.307

续表

试验温度 (℃)	压缩系数 $\beta_t \times 10^4$ (MPa^{-1})					
	水压试验压力 p_h (MPa)					
	12	18	18.8	22.5	30	45
25	4.522	4.482	4.476	4.451	4.400	4.298
26	4.512	4.472	4.466	4.441	4.390	4.288
27	4.504	4.464	4.458	4.433	4.382	4.280
28	4.496	4.456	4.450	4.425	4.374	4.272
29	4.488	4.448	4.442	4.417	4.366	4.264
30	4.481	4.441	4.435	4.410	4.359	4.257
31	4.475	4.435	4.429	4.404	4.353	4.251
32	4.470	4.430	4.424	4.399	4.348	4.246
33	4.466	4.426	4.420	4.395	4.344	4.242
34	4.461	4.421	4.415	4.390	4.339	4.237
35	4.455	4.415	4.409	4.384	4.333	4.231
36	4.451	4.411	4.405	4.380	4.329	4.227
37	4.447	4.407	4.401	4.376	4.325	4.223

（3）内测法可能产生的测量误差。用内测法测定气瓶在水压试验时的变形，试验装置比较简单，但往往误差较大。误差的产生主要受气瓶或试压系统中存在气体的影响。瓶内或管路中存有气体，即装满后试压系统内存有气体的部分是气体空间，这些气体所占的空间在加压系统至试验压力时，一方面因为一部分气体被高压水溶解（气体在水中的溶解度与压力有关，压力越大，溶解度也越大），另一方面因为气体的体积受到压缩，缩小的空间需要由水来填充，于是这两部分原来是气体的空间容量就被误认为是气瓶在压力作用下的变形量。卸压时，溶解在水中的气体，由于压力降低而大部分从水中释放出，但这释放出的气体往往与水混杂在一起返回量筒中，并进入大气中。因而卸压

后，瓶内或管路中原来是气体的空间也需要由水来填充，这样就使卸压后从瓶内排出的水量减小，测出的残余变形量也就比实际得大。

气瓶及试压系统内之所以在装满水后还可能存留气体，主要有以下的一些原因：气瓶内壁沾附有油污（不是装氧气的气瓶）或其他杂质，如铁锈等，因而装水后瓶壁上仍附着一些小气泡（这种现象在往玻璃容器内灌装水时常可见到）；气瓶的结构不合理，装水时气瓶的肩部有一部分气体无法排出；试验用水溶解有较多的气体等。

测量误差有时还可能是由于试压操作不当而产生，例如试压前没有采取适当的措施来完全排除瓶内和试压管道中所存在的气体等。

2. 外测法

外测法是在气瓶外部测量它在水压试验的容积（体积）变形。试验时需要将气瓶放在一个专用水套内进行测试，因此，又称水套测量法。

（1）试验装置流程与试验操作守则。外测法对气瓶容积变形的测定计量有量管型和称量型两种，后者在近年来被广泛使用。如图5—3所示为称量型外测法的试验装置。

气瓶I装在一个特制的水套U内，在气瓶的肩部用橡胶垫与水套盖L进行密封，水套盖上装有放气旋塞，水套内的水溢满到它上部的量杯G中。气瓶在试验压力下体形膨胀，把水套内的一部分水挤压到量杯G中去，使量杯中的水量增加，这增加的水量就是气瓶的全变形量。气瓶卸压后，弹性变形消失，于是量杯内增加的水又返回到水套内。如果量杯中的水仍比在气瓶加压前要多，则这多出的水量就是气瓶的容积残余变形量。

这种方法的试验装置虽然要比内测法复杂一些，但操作简便，而且可以直接从量管中读出气瓶的变形值，不像内测法那样需要经过复杂的计算。更主要的是，它不受瓶内及管路中残余气体

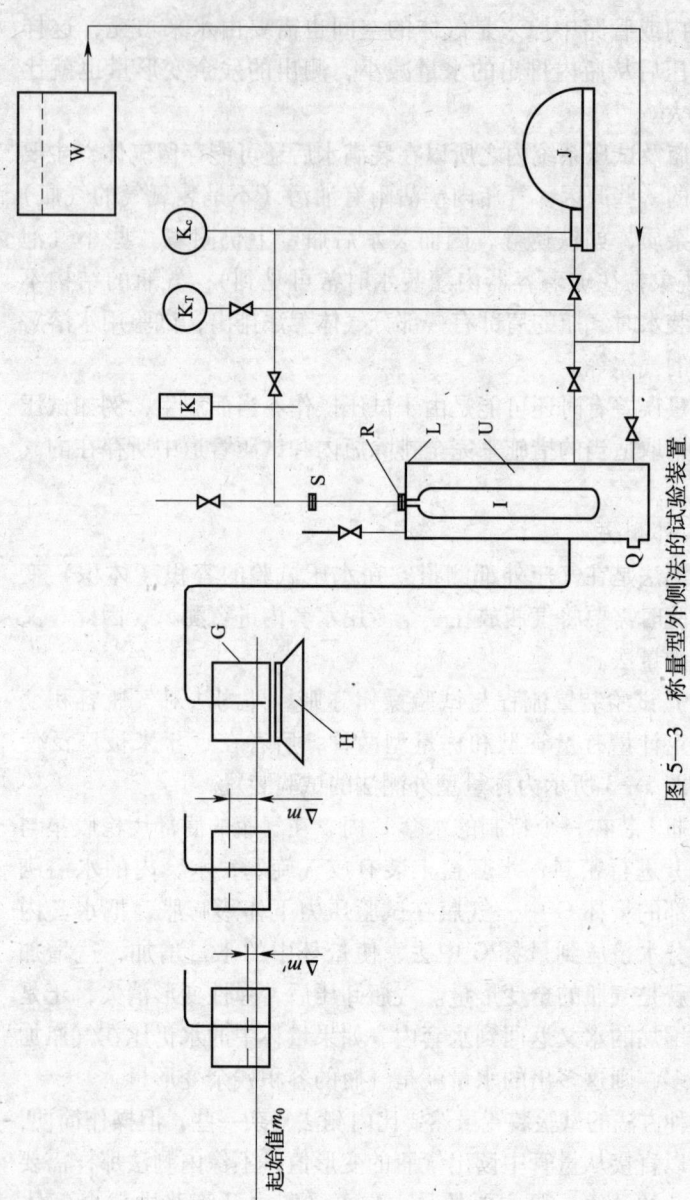

图 5—3 称量型外测法的试验装置

W—试验用水水槽 J—水压泵 R—专用接头 S—活接头 U—水套壳 L—水套盖 I—受试瓶 K_c—压力表(指示、控制泵出口压力用) K_T—精密压力表(校验其他压力表用) G—量杯 H—电子秤 Q—安全泄放口 K—压力表(读取试验压力用)

的影响,所以测量误差较小。虽然水套有时也可能存有一些气体,但它对测量误差的影响比内测法要小得多。因为水套内没有什么压力,即使存在一些气体,它在试压过程中也不会发生大的变化。

气瓶外测法试验应遵守下列规则:

1) 受试瓶加压前,必须把专用水套及连接管路内的空气排尽。

2) 测试专用水套必须经过校准瓶的校验。校准瓶的大小应与专用水套相适应,其容积不应小于专用水套容积的1/3。

[注:校准瓶,国内惯称标准瓶。这种称呼与其实际功能不符。作者在2008年修订国家标准GB/T 9251时更正为校准瓶。这也符合国际标准、美国DOT标准的英文原名"Calibrated Cylinder"的含义。]

3) 受试瓶装入水套后,应先静置30 s,在此期间,电子秤的示值应稳定、无漂移。

4) 调整电子秤的起始示值,确保其起始示值、量杯质量和受试瓶全变形值之和应在电子秤量程范围内。

5) 受试瓶内的压力升至标称工作压力时,应暂停升压,进行检查。电子秤的示值不应继续上升,压力表指示的压力值不应下降。

6) 试验时升压速度应保证受试瓶的瓶壁应力速率在表5—2规定的范围内。

7) 受试瓶在试验压力下至少保持30 s,压力不应下降,电子秤的指示值也必须稳定。

(2) 合格评定标准。外测法测定气瓶的残余变形的合格标准为气瓶的残余变形率不超过10%。

称量型外测法的残余变形率为:

$$\eta = \frac{\Delta V'}{\Delta V} \times 100\% = \left(\frac{m' - m_0}{m - m_0}\right) \times 100\% = \frac{\Delta m'}{\Delta m} \times 100\%$$

(5—8)

式中 m_0、m、m' 分别为试验前、试验压力下和卸压后电子秤的指示值,单位为 g。

(3)外测法可能产生的测量误差。用外测法测量气瓶的容积变形,不按规定操作也可以产生较大的误差。其主要原因是:试验装置不正常,因此,在每次试验前都必须用校准瓶对专用的水套进行校验;试验加压用水与水套内的水存在较大的温差,因此,应按规定测定水温,并使水温保持恒定。

二、气瓶气密性试验

(一)气密性试验的目的与作用

新制成的气瓶,出厂前应逐只进行气密性试验。在役气瓶也应在定期检验时逐只进行气密性试验。

气瓶气密性试验的目的是检验气瓶的气密性,即检查气瓶的瓶体、焊缝(主焊缝和附件焊接焊缝)、各可拆附件的连接处、缠绕气瓶的内胆和缠绕层,以及其他有可能泄漏的地方是否在工作压力下能保持严密不漏。虽然气瓶成品以及在役气瓶在定期检验中都经过压力远高于气瓶工作压力的水压试验压力的试验,但仍然可能潜在有局部的微小渗漏。这种渗漏如果不通过气密性试验发现并及时消除,则可能在气瓶投入使用后产生不良后果。不但由于气瓶所装气体漏失造成不必要的经济损失,还可能存在安全隐患。因为气瓶所装的介质中有许多是可燃或有毒的气体,这些气体的逸散或者积聚,会产生火灾、人员中毒等严重后果。

国内先后发生过充装了气体的出口气瓶气体漏失造成恶性事故而被外商索赔巨额罚金的事例,也发生过瓶装有毒气体因泄漏而造成多人中毒的事例。

气瓶的气密性试验应在水压试验合格后进行。因为气密性试验的介质是气体而不是液体,只有通过试验压力较高的水压试验合格,才可以避免气瓶在气密性试验发生瓶体爆破,造成严重的人员伤亡。

气瓶气密性试验有浸水法或涂液法两种。

浸水法是将充有规定压力的压缩气体的受试瓶浸入水槽中,以检验气瓶的气密性。浸水法适用于气瓶整体或其他任何部位的气密性检验。

涂液法是在充有规定压力的压缩气体的某些部位上涂以试验液,以检验气瓶气密性。涂液法适用于检验气瓶瓶阀螺纹连接处、瓶阀阀杆处、易熔塞或气瓶其他局部部位的气密性检验。

(二)气密性试验装置及对装置的要求

1. 充气装置

(1)气体压缩机工作压力应大于气瓶气密性试验压力的1.1倍,并能进行调节。

(2)试验用的介质可用空气、氮气或其他与气瓶盛装气体性质不相抵触的、对人体无害的、无腐蚀和非可燃性气体。对盛装氧气或氧化性的气瓶,必须用不含油脂的气体。

(3)气瓶气密性试验压力应不低于气瓶标称的或气瓶安全监察规程规定的气密性试验压力。

(4)从气体压缩机到受试气瓶之间应装置储气罐。储气罐上必须装置安全阀和油水吹除阀,并定时吹除油水。

(5)压缩机和储气罐均应装压力表,表盘直径不应小于100 mm,压力表精度应不低于1.6级,压力表量程应选择在试验压力的1.5~2.5倍之间,压力表应每3个月检定1次。

2. 试验水槽

(1)试验水槽用于浸水法气密法试验。

(2)试验水槽的深度应能使气瓶任何部位离水面最小深度大于5 cm。

(3)试验水槽内壁应呈白色。

(4)试验水槽应保持清洁透明。

3. 试验液

(1)试验液用于涂液法气密性试验。

(2)试验液不得对气瓶产生有害的作用,用于盛装氧气或氧化性气体的气瓶，应用无油脂的试验液。

（3）试验液应选择表面张力较小的液体，推荐采用肥皂水、洗涤精等。

4. 对充气室的安全要求

（1）上述充气系统的耐压强度应为气密性试验的 1.5 倍，其充气管道上应设置安全阀和泄放装置。

（2）充气压缩机应采用无油压缩机。

（3）试验压力大于 10 MPa 的充气室应符合安全防爆设计规范。

（三）气瓶气密性试验方法

1. 试验条件

（1）气瓶气密性试验的环境温度应不低于 5℃。

（2）气密性试验的气瓶必须经水压试验合格（溶解乙炔气瓶以及气瓶试验过程中不允许进水的气瓶除外），且气瓶瓶壁不得有油污或其他杂质。

（3）根据不同气瓶的试验要求，按规定的充气速度将受试气瓶充到气密性试验压力，对于溶解乙炔气瓶，充气速度应控制在 0.3 MPa/min 以下。

2. 浸水法试验

（1）将充到气密性试验压力的受试瓶放于水槽中，使气瓶任何部位离水面最小深度大于 5 cm。

（2）缓慢地转动气瓶，观察瓶壁各部位有无气泡出现（发现有固定不动的气泡，应将其抹去），观察是否继续出现气泡。如发现固定气泡抹去后仍出现气泡或连续冒出气泡，则认为该受试瓶试验不合格。气瓶浸水时间不小于 1 min。

3. 涂液法试验

在充气到试验压力的气瓶的待查部位涂上试验液，涂液保压时间不少于 1 min，直观检查有无气泡连续逸出。如发现有气泡逸出，则判该受试瓶气密性不合格。

三、气瓶水压爆破试验

(一) 试验目的与作用

气瓶水压爆破试验是以水为加压介质,在受试瓶内腔不断加大压力,直至瓶体爆破。水压爆破试验是一种破坏性试验,前面曾经做了叙述和对比,气瓶爆破时所释放的能量与瓶内介质和集性有关,装气的气瓶在爆破时所释放的能量要比装水(液)的气瓶大数百倍至数千倍。为了避免试验气瓶爆破时可能产生的不良后果,爆破试验必须以水为加压介质,也因而称为气瓶水压爆破试验。

水压爆破试验是气瓶产品的型式试验和批量试验的重要项目。受试瓶(样品瓶)应从成品中随机抽取,不应人为地挑选,以保证其对产品的代表性。

气瓶水压爆破试验是对气瓶安全性能最实际的实验验证。通过试验考核验证气瓶的设计是否正确无误,包括制瓶材料的选用、瓶体壁厚尺寸的确定、整体结构的形式等;也考核验证气瓶的制造工艺是否适当,包括焊接工艺和热处理工艺等。

气瓶水压爆破试验不仅仅是要测定样品的实际爆破压力(当然这是主要的,因为由它可以掌握气瓶实有的安全系数),也要从样品瓶的爆破形态中确认其断裂形式,从样瓶爆破时的容积变形增大情况了解气瓶所具有的塑性储备(这点对盛装低压液化气体的气瓶尤为重要)。

(二) 试验装置及其要求

1. 试验装置系统

气瓶水压爆破试验装置系统包括加压装置、承压管道、测量仪表和数据处理计算机。气瓶水压爆破试验装置系统示意图如图5—4所示。

2. 加压装置

(1) 受试瓶的加压可以选用电动柱塞泵、气泵或其他增压装置。

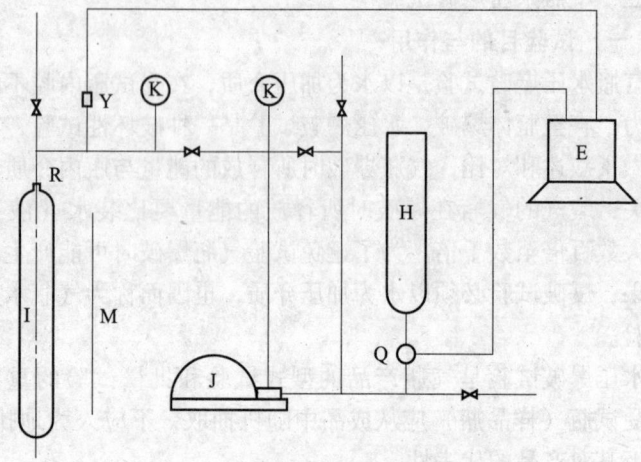

图5—4 气瓶水压爆破试验装置系统示意图
J—水压泵　I—受试瓶　R—专用接头
H—储水容器　K—压力测量仪表　E—计算机
Y—压力传感器　Q—流量传感器　M—安全防护设施

（2）加压泵的额定工作压力应不小于受试瓶水压试验压力的1.5倍。

（3）加压泵的流量可以按照受试瓶要求的加压速度进行调整。

（4）对受试瓶不得施加除了试验水压以外的任何其他外力。

3．承压管道

（1）装置的全部承压管道应选用金属管。

（2）承压管道必须经过耐压试验，试验压力应不小于气瓶水压试验压力的1.5倍。

（3）承压管道应妥善布置，以保证系统内的气体可以全部排净。

（4）承压管道与测试设备、仪表的连接必须具有良好的密封。

4．测量仪表

（1）测试系统中进水计量用的流量传感器可为液柱计量式

或质（重）量计量式。传感器的精度应不低于0.5级。

（2）测试系统中用于压力测定的压力传感器的精度不低于0.5级。用于压力监测用的压力表的精度不低于1.6级。压力表的最大量程为气瓶设计爆破压力的1.5~3倍。

（3）用于测定试验环境温度和试验用水温度的温度测量仪表其最小显示值不大于1℃。

5. 数据处理用计算机

（1）根据流量传感器和压力传感器采集的数据，自动绘制出受试瓶的压力—进水量曲线图。

（2）以数字方式正确显示受试瓶的实际爆破压力。

（3）根据压力—进水量曲线，以数字方式显示受试瓶的屈服压力。无明显屈服现象的受试瓶，按曲线偏离（或偏离至某一很小的规定值）比例膨胀线时的压力值即为显示受试瓶的屈服压力。

6. 测试要求

（1）测试前检查

1）检查环境温度和试验用水温度，调整并保持其在5℃以上。

2）测定受试瓶的实际壁厚，测试点应不少于12点（筒体的上、中、下的3个部位和圆周的4个方位）。

3）测定受试瓶筒体的上、中、下3个部位的实际周长。

4）测定受试瓶的实际容积。

（2）升压速度。测试过程中，受试瓶在屈服压力范围内的加压速度，应保证瓶壁的应力速率在表5—2规定的范围内。

7. 特殊情况处理

（1）测试过程中，当受试瓶的试验压力未达到气瓶屈服压力而遇到设备或系统出现故障以致测试不能持续进行时，允许在故障修复后重新进行测试。

（2）若受试瓶的压力已超越气瓶屈服压力，不管任何原因造成的测试停止，该受试瓶不能再行测试，应另外抽取样品重新进行。

8. 测试结果核查、测定和记录

(1) 确认计算机显示的受试瓶爆破压力值和屈服压力值。核对其是否与其绘制的压力—进水量曲线所表示的数值一致。

(2) 对瓶体的破裂形态至少要进行下列几方面的核查、测定和记录。

1) 查实气瓶的破裂部位（上部、中部、下部）。

2) 观测瓶体的破裂形状（鱼腹状、单鱼尾状、双鱼尾状）。

3) 测定爆破瓶体在裂口最宽处的实际周长（不包括裂口宽度）。

4) 鉴别断口特征（脆性、韧性、有无剪切唇）。

5) 要求测定气瓶破裂时的容积变形率。

$$\eta_v = \frac{\Delta V}{V} \times 100\% \quad (5\text{—}9)$$

式中 V——受试瓶的实际容积，mL；

ΔV——受试瓶爆破时的容积变形，mL。

$$\Delta V = A - B - (V + A - B) \times p_b \times \beta_t \quad (5\text{—}10)$$

式中 p_b——受试瓶的实测爆破压力，MPa。其符号和单位同式(5—7)。

在试验用水温度和受试瓶爆破压力下，水的平均压缩系数为：

$$\beta_t = (K \times 10^5 - 6.8 p_b) \times 10^{-7} \quad (5\text{—}11)$$

式中 K——用水温度系数，见表5—4。

表5—4　　　　　试验用水温度系数

温度（℃）	K	温度（℃）	K	温度（℃）	K
5	0.049 42	14	0.047 42	23	0.046 23
6	0.049 15	15	0.047 25	24	0.046 13
7	0.048 86	16	0.047 10	25	0.046 04

续表

温度 (℃)	K	温度 (℃)	K	温度 (℃)	K
8	0.048 60	17	0.046 95	26	0.045 94
9	0.048 34	18	0.046 80	27	0.045 86
10	0.048 12	19	0.046 68	28	0.045 78
11	0.047 92	20	0.046 54	29	0.045 70
12	0.047 75	21	0.046 43	30	0.045 63
13	0.047 59	22	0.046 33		

练习思考题 5

1. 气瓶为什么要进行定期检验？
2. 简述无缝气瓶与焊接气瓶定期检验的主要检验项目。
3. 气瓶定期检验的水压试验压力是标称工作压力的几倍？无缝气瓶试验时为什么还要测定容积残余变形？
4. 气瓶气密性试验的目的是什么？为什么气密性试验要在水压试验合格后进行？
5. 气瓶气密性试验时的检验方法有哪两种？分别说出其主要适用场合。
6. 气瓶水压爆破试验的主要目的是什么？对爆破后的气瓶主要考核哪几方面的结果？
7. 气瓶水压爆破试验为什么不能用空气作为加压介质？

第六章　气瓶安全监督管理

气瓶属于移动式压力容器，是由国家设专门机构进行安全监督的特种设备。为了保证设备的安全进行，保证人民生命和财产安全，国家质检总局对气瓶的设计、制造、安装和使用等都制定有一系列的监督管理规范，主要有《气瓶安全监察规定》《气瓶安全监察规程》《气瓶设计文件鉴定规则》《锅炉压力容器制造监督管理办法》《气瓶充装许可规则》和《气瓶使用登记管理规则》等。

第一节　气瓶设计安全监督

一、国家对气瓶设计实行设计文件鉴定制度

根据国家质检总局于 2006 年 6 月颁布的《气瓶设计文件鉴定规则》的规定，凡是在中华人民共和国境内使用的符合《特种设备安全监察条件》规定范围内的气瓶，其设计文件应当按照该规则进行设计文件鉴定。

气瓶设计文件鉴定就是对气瓶设计中的安全性能是否符合国家质检总局颁布的安全技术规范有关规定的审查。

气瓶设计文件鉴定工作应当在气瓶制造前进行，气瓶制造单位不得将未经鉴定或者鉴定未通过的气瓶设计文件用于制造。

申请设计文件鉴定的气瓶单位，必须持有气瓶相应级别的特种设备制造许可证。

对于正在申请制造许可证的单位，如果其制造许可申请已经被受理并且在有效期内，则可以申请气瓶设计文件鉴定。

申请气瓶设计文件鉴定的气瓶级别应当与制造许可证（或者已经申请受理）级别一致。

气瓶设计文件鉴定的技术要求应当依据《气瓶安全监察规定》《气瓶安全监察规程》等有关的气瓶安全技术规范、标准（包括国家标准或者行业标准）。未制定标准或者气瓶设计超出现行标准范围的，可以依据经评审的企业标准。

境外气瓶制造单位设计的在中国境内使用的气瓶，其气瓶设计文件鉴定的技术要求应当依据安全技术规范、标准或者我国认可的国外标准。

各级质量标准监督部门负责监督《气瓶设计文件鉴定规则》的实施。

二、气瓶的设计文件
（一）气瓶设计文件的内容
1. 一般设计文件

气瓶的一般设计文件应包括设计任务书、设计计算书、设计说明书、标准化审查报告、使用说明书和设计图样。

（1）设计任务书应包括任务来源，任务要求，设计依据的法规、标准和用户提供的有关标准及技术参数，产品用途及使用范围、主要技术参数，产品结构形式的概述，设计文件种类，承担单位，完成时间等内容。

（2）设计计算书至少包括以下内容：

1）设计计算的目的及依据、计算参数、设计结构（含简图）、材料的选取、热处理要求（无缝气瓶）。

2）设计壁厚计算、刚度计算（必要时）、容积计算、质量计算（无缝气瓶）。

3）最大充装量计算（焊接气瓶）、丙酮充装量计算（乙炔瓶）、最大乙炔量计算（乙炔瓶）。

4）最小爆破压力计算、开孔补强计算（焊接气瓶）、安全泄放量计算（必要时）、内胆强度计算（缠绕气瓶、低温气瓶）、缠绕层计算（缠绕气瓶）、总的热传递计算（低温气瓶）。

5）有限元应力分析计算以及产品标准上要求的其他计算等。

各部分计算应列出详细计算过程，对同一设计中不同规格的计算不应省略。

(3) 设计说明书至少包括设计依据、设计参数、结构、材料的选择，设计计算说明，结构说明，阀门及安全附件的选择，主要产品工艺要求、检验要求等。

(4) 标准化审查报告至少包括产品名称和用途、引用标准和规范列表、产品图样和设计文件的质量水平、标准化程度、标准化审查的综合评价和结论等。

(5) 使用说明书至少包括产品简介、设计标准、结构与性能、产品使用等说明（气体性质、充装、运输、储存、定期检验、漆色和字样及其他需要向用户说明的内容）。

(6) 设计图样至少包括设计总图、主要零部件图，其中应包括技术参数、技术要求、钢印标志（含制造单位代号）等内容。技术参数表中应当详细列出介质名称及所配阀门和安全附件。

2. 有限元应力分析报告

(1) 钢质无缝气瓶的底型分析及 LPG 车用钢瓶开孔有限元分析至少包括以下内容：

1）对所用分析软件的说明（选用的国内、外软件应是公认的商品化通用或者专用工程计算软件，并能满足计算的需要）。

2）结构尺寸（瓶底结构尺寸、开孔尺寸等）。

3）计算模型（计算区域、单元类型、材料参数、网格划分、载荷条件、位移边界条件等）。

4）计算结果，包括在载荷下计算区域内的应力情况（包括彩色应力等值线图）。

5）计算分析（根据不同气瓶的规范要求对计算结果的分

析、数据整理和计算结果评定）、结论。

（2）复合气瓶缠绕层有限元分析至少包括以下内容：

1）对所用分析软件的说明（选用的国内、外软件应是公认的商品化通用或者专用工程软件，并能满足计算的需要）。

2）结构尺寸。

3）计算模型，包括内胆、复合层材料的性能参数、计算区域、载荷条件［零压力、工作压力（标称工作压力和最高工作压力）、耐压试验压力、预应力压力、设计最小爆破压力］、位移边界条件（含耦合或者接触情况）、单元类型、网格划分等。

4）计算过程（载荷的施加过程及使用的计算方法）。

5）计算结果，包括在各种载荷下计算区域内的应力情况（包括彩色应力等值线图）。

6）计算分析（根据不同气瓶的规范要求，对计算结果的分析、数据整理和计算结果评定）、结论。

（二）气瓶新设计

1. 新设计的基本定义

属于以下情况之一者为气瓶新设计：

（1）改变设计壁厚。

（2）改变瓶体材料牌号。

（3）改变气瓶瓶体结构、形状。

2. 特殊情况的新设计定义

以下情况也应视为新设计：

（1）同一名义壁厚，标称工作压力的变动超过两挡。

（2）同一设计（相同壁厚、相同直径、相同压力）的标称容积变动范围超过一个容积系列，对其中及大容积系列长度增加超过50%。

注：小于12 L为小容积系列、12~100 L为中容积系列、大于100 L为大容积系列。

（3）改变瓶口螺纹形式，由内螺纹改为外螺纹或者由外螺纹改为内螺纹。

（4）改变端部形状。

（5）改变瓶口尺寸。

（6）改变无缝气瓶的制造工艺。

（7）改变阀座、塞座等开孔尺寸，由小开孔改为大开孔（此种改变应重新进行开孔补强计算）。

（8）改变焊接气瓶的开孔位置。

（9）改变低温气瓶的绝热材料及绝热方式。

（10）有关气瓶标准中明确规定为新设计的其他变更。

三、气瓶设计文件的鉴定

新设计的气瓶，申请单位应当提供上述各项文件。

对没有国家标准的气瓶或者气瓶设计超出现行标准范围时，应当提供经评审的企业标准；对于瓶内介质超出《气瓶安全监察规程》范围的气瓶，还应当经过法定机构认可的气体标准或者由气体供应商提供的包含气瓶设计所需的气体物性参数等基本信息的正式技术文件。

对已经鉴定的气瓶设计文件进行修改，其修改的内容如在规定的范围内，应当视为新设计，需要按照新设计进行设计文件鉴定，但可以只提供修改部分的设计文件。

对气瓶瓶阀及安全附件的选配，由气瓶制造单位根据有关气瓶标准及用户要求确定瓶阀型号、安全附件类型及厂家，并对选配的正确性负责。当需要变更原设计文件中已确定的瓶阀型号及安全附件类型时，应当向原文件鉴定机构书面通报。

文件鉴定机构应当本着确保安全性能原则，根据所鉴定气瓶的安全技术规范和相关标准，进行气瓶设计文件鉴定。

（一）鉴定程序

气瓶设计文件鉴定工作程序包括申请、受理、鉴定和结论。

1. 申请

气瓶制造前，申请单位应当向文件鉴定机构提出气瓶设计文件鉴定书面申请，填写《气瓶设计文件鉴定申请书》，并且提供制造许可证（复印件）或者已经受理的特种设备制造许可申请书，以及相应的设计文件。

2. 受理与鉴定

文件鉴定机构在收到申请单位提交的设计文件及文件鉴定申请书后，应当在申请书上签署受理或者不受理的意见，并将其中1份返回申请单位。文件鉴定机构一般应当在15个工作日内（特殊情况下不应当超过30个工作日）完成文件鉴定工作。如鉴定中发现问题，文件鉴定机构可以先向申请单位出具《气瓶设计文件鉴定意见书》，申请单位对气瓶设计修改并经确认后，文件鉴定机构再出具《气瓶设计文件鉴定报告》并做出下述结论意见：

（1）修改设计。气瓶设计中个别地方不符合相关安全技术规范及标准的要求，需要进行修改，文件鉴定机构应当指出需要修改的内容，申请单位对其设计进行修改，并且按本章规定的程序对设计修改部分重新进行鉴定。

（2）鉴定通过。气瓶设计符合相关安全技术规范及标准的要求，可以按照该设计进行制造。

（3）鉴定未通过。气瓶设计严重违反相关安全技术规范及标准的要求，文件鉴定机构应当注明原因。

气瓶设计文件鉴定合格后，文件鉴定机构向申请单位出具《气瓶设计文件鉴定报告》的同时，应当在所鉴定的总图、主要受压部件图、气瓶设计任务书、设计计算书、有限元应力分析报告（必要时）、设计说明书、标准化审查报告、使用说明书等设计文件上加盖"特种设备设计文件鉴定专用章"。

申请单位名称变更时，应当向文件鉴定机构提出更名的申请。经核实后，文件鉴定机构在更名后的设计文件上加盖"特种设备设计文件鉴定专用章"。

（二）文件鉴定机构

气瓶设计文件鉴定工作由国家质检总局核准的机构承担。

文件鉴定机构应当加强对文件鉴定人员的管理，定期对文件鉴定人员进行培训、考核并检查文件鉴定工作情况，防止和及时纠正鉴定失职行为。文件鉴定机构及其文件鉴定人员对所出具的鉴定结果负责。

文件鉴定机构应当按照以下要求从事文件鉴定工作：

（1）保证文件鉴定人员技术力量充足，能够满足文件鉴定工作需要。

（2）按时完成文件鉴定工作。

（3）严格按本规则要求对气瓶设计文件进行鉴定。

（4）保证设计文件鉴定质量，鉴定通过的气瓶设计文件应当满足安全技术规范及有关标准要求。

（5）出具客观公正的鉴定结论。

文件鉴定机构至少有 5 名文件鉴定人员。文件鉴定人员应当具有丰富的气瓶设计经验，并且按有关文件和鉴定人员监督管理的规定经国家质检总局考核合格。文件鉴定人员必须在文件鉴定工作中履行职责，严守纪律，做好文件鉴定的各项工作记录，确保文件鉴定工作质量，客观、公正、及时地出具文件鉴定意见。

文件鉴定机构及文件鉴定人员对申请单位提供的设计文件及其他技术资料负有保密责任，并且应当妥善保管申请单位提供的资料。

文件鉴定机构应当每年向国家质检总局报告气瓶设计文件鉴定工作情况（包括通过气瓶设计文件鉴定的制造单位名单和气瓶型号及主要参数等）。

第二节　气瓶制造监督管理

为加强对压力容器（包括气瓶，下同）制造的监督管理，保证压力容器安全性能，保障人身财产安全，国家质检总局制定有《锅炉压力容器制造监督管理办法》，并于2003年1月以国家质检总局第22号令公布施行。

《锅炉压力容器制造监督管理办法》规定，在中华人民共和国境内制造、使用的锅炉压力容器，国家实行制造资格许可制度和产品安全性能强制监督检验制度。

锅炉压力容器制造的监督管理工作由国家质检总局负责，地方各级质量技术监督部门负责本行政区域内的锅炉压力容器制造的监督管理工作。国家质检总局和地方各级质量技术监督部门内设的锅炉压力容器监察机构负责具体实施。

境内制造、使用的锅炉压力容器，制造企业必须取得《中华人民共和国锅炉压力容器制造许可证》。未取得《制造许可证》的企业，其产品不得在境内销售、使用。

压力容器制造许可分类共有A、B、C、D四个级别。其中气瓶属于B级压力容器。无缝气瓶为B1级，焊接气瓶为B2级，特种气瓶为B3级。焊接气瓶包括溶解乙炔气瓶、液化石油气钢瓶。特种气瓶包括机动车用瓶、非重复充装气瓶，各式缠绕气瓶和低温绝热气瓶。

气瓶（包括境外企业制造用于境内的气瓶）的《制造许可证》由国家质检总局颁发。

气瓶制造企业必须具备以下条件：

（1）具有企业法人资格，并已取得所在地合法注册。

（2）具备与制造产品相适应的生产场地、加工设备、技术力量、检测手段等条件。

（3）建立质量保证体系，并能有效运转。

(4) 保证产品安全性能符合国家安全技术规范的基本要求。

申请取证的制造企业应向发证部门的安全监察机构提出书面取证申请，并提交有关资料。安全监察机构应在接到申请和全部资料后的 15 个工作日内做出是否受理申请的决定。

制造企业取证申请被批准受理的，应按照批准范围试制产品，以备审查。2 年内不能完成产品试制的，原批准的受理失效。

发证部门的安全监察机构或委托审查机构应在产品试制结束后，对制造企业进行工厂检查和相应的产品检验，并出具审查报告。国家安全技术规范中规定进行型式试验的产品，应在工厂检查前进行型式试验。

发证部门应对审查报告进行审核，并对审核合格的企业签发《制造许可证》。取证申请未被受理或受理后经审查不合格的制造企业，1 年内不得提出取证申请。

《制造许可证》发证部门的安全监察机构和制造企业所在地安全监察机构应按规定对制造企业的证书使用、生产条件、产品质量状况及其管理等情况进行检查，制造企业必须接受检查。

持证企业不得涂改、转让、转借《制造许可证》。制造的产品不得超出《制造许可证》所批准的产品范围。许可证在全国范围有效，各地相关部门不得重复审查、重复发证。

一、气瓶制造许可条件

气瓶制造许可条件包括制造许可资源条件、质量管理体系要求和产品质量要求。

（一）气瓶制造许可资源条件

资源条件要求包括基本条件和专项条件，前者是制造各级别气瓶产品的通用要求，后者是制造相关级别气瓶产品的专项要求，企业应同时满足基本条件和相应的专项条件。

1. 基本条件

（1）申请压力容器制造许可的企业，应具有独立法人资格或营业执照，取得当地政府相关部门的注册登记。

（2）气瓶制造企业具有与所制造气瓶产品相适应的、具备相关专业知识和一定资历的下列质量控制系统（以下简称质控系统）责任人员，包括：设计、工艺质控系统责任人员，材料质控系统责任人员，焊接质控系统责任人员，理化质控系统责任人员，热处理质控系统责任人员，无损检测质控系统责任人员，压力试验质控系统责任人员，最终检验质控系统责任人员。

（3）气瓶制造企业应具备适应气瓶制造和管理需要的专业技术人员。其中，B1级许可证企业技术人员比例不少于本企业职工数的10%，且具有与所制造气瓶产品相关的专业技术人员。B2级和B3级许可证企业技术人员比例不少于本企业职工数的5%，且不少于5人；具有与所制造气瓶产品相关的专业技术人员。

（4）各级气瓶制造许可证企业应具有满足气瓶制造要求的各类专业人员，包括：

1）具备相应资格条件的持证焊工。B2级、B3级许可企业的持证焊工不少于8名，且应具备至少3项合格项目（非焊接气瓶除外）。

2）具有满足气瓶制造要求的组装人员。

3）具备相应资格的无损检测人员。其中B2级许可企业至少应具有RT或UT中级人员各2人·项，无损检测责任人员应具有中级资格证书；B1级许可企业至少应具有UT或MT中级人员2人·项，无损检测责任人员应有中级资格证书；B3级许可企业需要进行无损检测的，应分别符合B1或B2级许可企业无损检测人员数量和级别的要求。

（5）各级别气瓶制造许可企业应具备适应气瓶制造需要的制造场地、加工设备、成型设备、切割设备、焊接设备、起重设备和必要的工装，并满足以下要求：

1）具有存放气瓶材料的库房和专用场地，并应有有效的防护措施，气瓶合格与不合格区应有明显的标志。

2）具有满足焊接材料要求的专用库房和烘干、保温设备。

3）具有与制造产品相适应的足够面积的检测用射线曝光室和焊接实验室。

2. 专项条件

各级别气瓶制造许可企业应分别具有与所制造许可级别相适应的如下专项条件：

（1）具有满足气瓶爆破试验要求的专用场地和爆破试验自动记录设备。

（2）B1级许可企业应具备气瓶连续制造流水生产线。制造调质钢气瓶的，应具备UT或MT无损检测设备仪，淬火、回火的热处理设施及外测法水压试验设备。

（3）B2级许可企业应具备专用制造设备和制造生产线。其中，乙炔瓶应具备配料、搅拌、振动、烘干和蒸压釜等设备；液化石油气瓶应具备连续制造生产线和热处理及其自动记录装置。

（4）B3级许可企业应具备专用制造设备和制造生产线；制造缠绕气瓶的应具有自控缠绕机械和固化设备。

（5）满足制造专门产品需要的其他专用设备。

（二）气瓶安全附件制造许可资源条件

1. 基本条件

（1）申请气瓶安全附件制造许可的企业应具有独立法人资格，并依法在当地政府有关部门注册登记。

（2）具有满足产品制造、试验要求的场地、车间、相关制造装备和检验试验设备。

（3）安全附件制造企业应具备健全、有效的产品质量管理体系，安全附件的各主要环节，如设计、材料、焊接、无损检测、机械加工、热处理、压力试验、产品检验、计量等，须有相关人员负责，确保产品质量符合我国相关法规、标准对安全附件性能的要求。

(4）安全附件制造企业应有能满足安全附件设计、材料、外购件、机械加工、焊接、无损检测、产品型式试验和质量管理等需要的各类技术人员，其比例不少于本企业员工数的5%；持证焊工和无损检测人员的数量和检测项目应能满足产品制造的需要。

2. 气瓶用安全阀制造许可专项条件要求

（1）申请制造许可证的各型号安全阀均应通过型式试验。

（2）应有足够大的库房用以分类存放不同类型和规格的半成品和外购件，如阀体、盖、弹簧等。

（3）应有与制造产品相适应的起重、运输、焊接和无损检测设备，包括符合要求的焊材储存、烘干设施和堆焊设备等；应有与所制造产品相适应的能保证加工精度的机械加工设备。

（4）应有与制造产品相适应的弹簧热处理设备、弹簧强压处理设备和试验设备。

（5）应有满足制造要求所必需的研磨设备和相应的表面加工质量的检测设备。

（6）应有满足制造要求所必需的安全附件的零部件几何尺寸测量器具。

（7）应有满足制造要求所必需的水压试验设备和气密试验装置。

（8）应有与制造产品相适应的整定压力试验装置。

（9）制造弹簧式安全阀应有全性能试验台架。其他形式的安全阀应具有相应的性能试验装置。

（10）应具有金属材料化学成分分析和力学性能试验装置。

3. 气瓶专用爆破片及其装置制造许可专项条件

（1）申请制造许可的各型号爆破片及其装置均应通过型式试验。

（2）应有满足爆破片制造要求所必需的压力机和相应的下料、成型、开槽设备。

(3) 应有与制造产品相适应的起吊、传送和热处理设备。

(4) 应有能保证爆破片及其装置加工精度的机械加工设备和激光切割机。

(5) 应有与产品制造相适应的无损检测设备。

(6) 应有满足制造要求所必需的几何尺寸测量器具。

(7) 应有满足制造要求所必需的压力试验设备和气密试验装置。

(8) 应有与产品制造相适应的常温和低温爆破压力试验装置。

4. 气瓶瓶阀制造许可专项条件要求

(1) 申请制造许可的各型号气瓶瓶阀均应通过型式试验。

(2) 应具备足够的存放气瓶瓶阀原材料、辅料、外协件、外购件和产品的库房。

(3) 应具备与所制造产品相适应的锻压成型、机加工设备、螺纹加工等专用设备以及起重、运输设备。

(4) 应具备产品型式试验和其他检验所需的装置和器具（如启闭式测定、气密性试验、耐振性试验、耐温性试验、耐压性试验、耐用性试验、安全泄放装置试验、真空度检测等装置）。

(5) 应具有阀体材料化学成分分析和力学性能试验装置。

(三) 质量管理体系基本要求

1. 管理职责

气瓶制造企业应有质量方针和质量目标的书面文件。应采取必要的措施使各级人员能够理解质量方针，并贯彻执行，并应符合以下要求：

(1) 企业内与质量有关的活动、职责、职权和相互关系应清晰，各项活动之间的接口具有控制和协调措施。

(2) 从事与质量活动有关的管理、执行和验证工作的人员，特别是具有独立行使权力开展工作的人员，应规定其职责、权限和相互关系，并形成文件（包括材料、焊接、无损检测等负责人的责任）。工厂管理层中应指定1名成员为质量保证工程师，并明确其对质保体系的建立、实施、保持和改进的管理职责和权限。

2. 质量体系

企业应建立符合气瓶制造，而且包含了质量管理基本要素的质量体系文件。

（1）作为确保产品符合要求的一种手段，应编制质保手册。质保手册应包括或引用的质量体系程序，并概述质量体系文件的结构。

（2）编制符合实际要求且与规定的质量方针相一致的程序文件，具有有效实施质量体系及其形成文件的程序。

（3）质保手册中规定的表格应该标准化、文件化。现行的质量记录表格的内容应能满足相应级别产品的质量控制要求。

（4）应有正在贯彻实施的并能确保产品质量的质量计划。质量计划中产品质量控制点（包括记录审核点、见证点和停止点）应合理设置。

3. 质量改进和人员培训

（1）企业应有对产品的质量信息（包括厂内和厂外）进行反馈、汇集、分析、处理的流程。应有进行内部质量审核的规定，以确保质量保证体系正常运作，并能对存在的质量问题进行分析研究，提出解决问题的措施和预防措施。

（2）企业应制定质保工程师、焊接工程师、检验人员、理化和无损检测人员、焊工和其他对产品质量有重要影响的制造活动执行者、验证者和管理人员等培训的规定。

（四）产品安全质量要求

（1）气瓶制造企业所制造的气瓶产品必须满足下列有关我国气瓶安全技术规程的要求：

1）《气瓶安全监察规定》。

2）《气瓶安全监察规程》。

3)《溶解乙炔气瓶安全监察规程》。

（2）各类气瓶必须按照我国国家标准进行设计、制造及检验。型式试验前，设计文件需经鉴定。暂时没有我国国家标准时，应将所依据的制造标准和相关技术文件报质检总局安全监察机构审批。其中，涉及气瓶安全质量的关键项目，如设计温度、设计压力、爆破试验、无损检测、力学性能等，均不得低于我国相应国家标准的规定。

（3）各类进口气瓶的颜色标志应按照强制性国家标准 GB 7144 的规定执行。

二、气瓶制造许可程序

气瓶制造许可程序包括气瓶及其附件制造许可申请、受理、审查、证书的批准颁发及有效期满时的换证程序。

国家质检总局特种设备安全监察机构设置专业办公室，负责办理制造许可的日常事务。

（一）气瓶制造许可申请和受理

1. 申请的提出

（1）申请气瓶及其附件制造许可的境内制造企业须向国家质检总局安全监察机构提交申请。申请资料应先经省级质量技术监督部门安全监察机构申请并签署意见。

（2）申请气瓶及其附件制造许可的境外制造企业应向质检总局安全监察机构提交申请。

（3）申请时，企业应提交以下申请资料（申请资料应采用中文或英文，原始件为其他文种时应附中文或英译文）：

1）特种设备制造许可申请表一式2份。
2）工厂概况说明。
3）依法在当地政府注册或登记的文件复印件。
4）工厂已获得的认证或认可证书复印件。
5）典型产品名称及相关参数和规格。
6）产品图样和设计文件（适用于有型式试验要求的产品）。

7）工厂质量手册。

8）其他必要的补充资料。

2. 申请受理

负责受理申请的安全监察机构对企业提交的申请资料进行审查后，在15个工作日内确定是否予以受理。

对符合申请条件的制造企业，安全监察机构在申请表上签署同意受理意见，并将一份申请表返回申请企业。

国家质检总局安全监察机构受理的境内制造企业，在同意申请受理时，发函通知该企业所在地省级安全监察机构。

对不符合申请条件的企业，发证部门在申请表上签署不受理意见并说明理由，将一份申请表返回申请人。

获得申请受理的制造企业，应按《锅炉压力容器制造许可条件》中产品质量的有关规定试制相应级别的典型产品，以备制造许可审查和进行型式试验。

（二）资格审查

1. 资格审查内容

制造企业完成产品试制后，应当约请鉴定评审机构安排进行实地条件的鉴定评审。评审组按《许可条件》的规定对工厂进行检查和产品检验，审查主要分为以下几个方面：

（1）核实生产场地、加工制造设备、检验试验设备及人员状况。

（2）审查质量手册和相关文件。

（3）审查质量管理体系的实施情况。

（4）审查相关的技术资料。

（5）对试制产品进行检查和试验。

2. 资格审查前的工作

气瓶及瓶阀应先进行型式试验，并在工厂检查前完成以下工作：

（1）审查有关设计文件、图样。

(2) 在现场随机抽样,由型式试验机构进行产品型式试验,试验结果应符合相应标准。

3. 资格鉴定评审

评审组根据评审情况做出书面评审报告,评审报告结论分为符合条件、需要整改和不符合条件 3 种。评审报告结论为需要整改或不符合条件的,评审组书面通知企业。

评审报告结论为需要整改的企业应在 6 个月内完成整改,并将整改报告书面报评审组组长,由评审组核实确认。符合《许可条件》的,评审报告结论应改为符合条件。6 个月内未完成整改的企业或整改后仍不符合《许可条件》的,整改报告结论应改为不符合条件。

鉴定评审机构依据评审组的评审报告完成书面鉴定评审报告,报发证部门的安全监察机构。

(三)《制造许可证》的批准颁发和换证

1. 发证

发证部门的安全监察机构对鉴定评审报告进行审核并提出结论意见。

对于审核结论意见为符合《许可条件》的企业,由安全监察机构上报发证部门为其签发《制造许可证》。对于审核结论意见为不符合《许可条件》的企业,由安全监察机构上报发证部门后向申请单位签发不许可通知。

《制造许可证》自签署之日起 4 年内有效。

2. 换证

持证企业如需在有效期满后继续持有《制造许可证》,应在有效期满前 6 个月向国家质检总局安全监察机构或省级质量技术监督部门书面提出换证申请。逾期未提出换证申请的,《制造许可证》在有效期满时自动失效,企业被视为自动放弃。

气瓶产品换证审查时,若其产品未发生适用标准、材质、结构形式和使用条件的改变,可免做型式试验。

对于审查结论为不具备换证条件的制造企业，由安全监察机构上报发证部门后向申请单位发出不许可通知。

（四）许可证的注销、暂停和吊销程序

企业由于破产、转产等原因不再制造气瓶产品时，应将《制造许可证》交回发证部门，办理注销。

按照《管理办法》对持证制造企业实施责令改正时，发证部门应书面通知制造企业，明确责令改正的内容和时限。

按照《管理办法》对持证制造企业实施暂停使用《制造许可证》时，发证部门书面通知制造企业，并说明暂停使用《制造许可证》的原因、暂停期限以及责令企业整改的要求。

按照《管理办法》对持证制造企业实施吊销《制造许可证》时，发证部门书面通知企业，说明吊销的原因，同时制造企业应将《制造许可证》交回发证部门。

三、气瓶产品安全性能监督检验

（一）气瓶产品的强制监督检验

根据《锅炉压力容器制造监督管理办法》的规定，国内制造、使用的气瓶，国家实行产品安全性能强制监督检验（简称监检）制度。取得制造资格的企业，应由检验机构在产品制造过程中对产品安全性能进行监督检验，未经监督检验或经监督检验不合格的产品不得销售、使用。

境内制造企业的气瓶安全性能监督检验工作，由制造企业所在地的省级质量技术监督部门授权有资格的检验机构承担；境外制造企业的气瓶安全性能监督检验工作，由国家质检总局安全监察机构授权有资格的检验机构承担。

接受监检的气瓶制造企业，必须持有气瓶制造许可证或者省级以上安全监察机构对试制产品的批准。

对实施监检的气瓶产品，必须逐台进行产品安全性能监督检验，监检工作应在制造现场且在制造过程中进行。监检是在受检企业质量检验合格的基础上，对气瓶产品安全性能进行的监检验证。监检不能代替受检企业的自检。监检单位对承担的监检工作质量负责。

从事安全性能监督检验工作的检验机构,按照《锅炉压力容器产品安全性能监督检验规则》及有关技术规范的规定进行检验,并对检验合格的产品出具监督检验合格证明。

(二) 监检依据和监检内容

气瓶产品安全性能监检工作依据的是《气瓶安全监察规定》《气瓶安全监察规程》《溶解乙炔气瓶安全监察规程》和现行的相关标准、技术条件以及设计文件等。

监检内容包括对气瓶制造过程中涉及安全性能的项目进行监检和对受检企业气瓶制造质量体系运转情况的监督检查。监检项目和要求由监检人员参照《锅炉压力容器产品安全性能监督检验大纲》和《锅炉压力容器产品安全性能监督检验项目表》的要求结合所检气瓶的品种、材质、结构和制造工艺等实际情况自行确定。

(三) 受检企业职责

受检企业应对气瓶产品的制造质量负责,保证质量体系正常运转。未经检验单位出具《监检证书》并打监检钢印的气瓶产品,不得在境内销售、使用。

受检企业在制造气瓶产品前,应向监检单位报检。境内制造企业向当地省级安全监察机构授权的监检单位报检;境外制造企业向总局安全监察机构授权的监检单位报检。监检单位应当通知设备使用地或进口口岸地的省级安全监察机构。

受检企业应当向监检单位提供必要的工作条件和与监检工作有关的下列文件、资料:

(1) 质量体系文件(包括质量手册、程序文件、管理制度、各责任人员的任免文件、质量信息反馈资料等)。

(2) 从事气瓶焊接的持证焊工名单(列出持证项目、有效期、钢印代号等)一览表。

(3) 从事气瓶质量检验的人员名单一览表。

(4) 从事无损检测人员名单（列出持证项目、级别、有效期等）一览表。

(5) 气瓶的设计资料、工艺文件和检验资料，以及焊接工艺评定一览表。

(6) 气瓶产品的月生产计划。

上述文件、资料如有变更，应当及时通知监督单位。

受检企业应当确定监检联络人员，需要监检员到场监检的项目，受检企业应当提前通知监检员，使监检员能按时到场。

（四）气瓶产品的安全性能监督检验大纲

1. 监检内容

(1) 对气瓶制造过程中涉及产品安全性能的项目进行监督检验。

(2) 对受检企业质量体系运转情况进行监督检查。

2. 监检项目和方法

(1) 检查气瓶产品企业标准备案、审批情况，确认气瓶产品设计文件已按有关规定审批，总图上应有审批标记；检查气瓶型式试验的试验结果。

(2) 检查确认该批气瓶瓶体材料有质量合格证明书，确认各项数据符合规程、相应标准和设计文件的规定。

(3) 检查瓶体材料，按炉号验证化学成分，并审查验证结果，必要时由监检单位进行验证。以钢坯作原材料的，应确认低倍组织验证结果；以无缝管作原材料的，应确认其逐根探伤检验情况和结果。

(4) 检查经验证合格的材料所作标记和分割材料后所做标记移植。

(5) 审查焊接工艺评定及记录，确认产品施焊所采用的焊接工艺符合相关标准、规范。审查无缝瓶热处理工艺验证性试验报告。

（6）监检员现场逐只监督气瓶水压试验。检查受检企业是否逐只记录试验压力、保压时间、试验结果和气瓶钢印编号。

（7）中、小容积试样瓶由监检员到现场抽选并做标记，记录样瓶瓶号。试样瓶的外观以及产品标准中规定的逐只检验项目，其检验结果应符合有关规程和相应标准的规定。

（8）检查大容积气瓶的产品焊接试板材料，应与瓶体材料相一致。在焊接试板从瓶体纵焊缝割下之前，监检员应在试板上打监检钢印予以确认，并检查试板上应有瓶号和焊工代号。

（9）监检员从每批乙炔瓶中抽选试样瓶1只并做标记，记录样瓶瓶号。样瓶解剖时，应到现场检查填料与瓶壁间隙、填料外观、表面孔洞，并检查填料试样的制备情况。对试样瓶填料的抗压强度、体积密度、孔隙率等，在测试中应到现场进行抽查，并对检验记录进行审核。

（10）现场监督力学性能试验过程和试验结果，应符合有关规定。

（11）监检员按规定抽取压扁试验的气瓶，试验前应检查准备工作并到现场监督试验。在负荷作用下，检查压头间距、压扁量，并检查压扁处有无裂纹。

（12）检查确认无缝气瓶冷弯试样的截取、制备、试验方法和试验结果。

（13）检查气瓶材料的金相组织分析报告，必要时，检查金相照片。对重新热处理的气瓶，应检查试验样品和金相照片。检查底部解剖试样的截取和制备，审查其低倍组织分析结果，测量底部结构形状和尺寸。

（14）监检员从每批产品中抽选1只试样瓶，现场监督水压爆破试验。试验前应检查试验设备、仪表、安全防范措施，应对试验记录和试验结果进行确认。

（15）检查瓶体外观、钢印标记、气瓶颜色和色环，应与标准色卡相符。

（16）检查出厂气瓶批量检验报告，应逐只出具合格证，并在合格证上加盖监检员章。

（17）监检人员应当审查受检单位的下列文件：

1）质量手册。

2）质量体系人员任免名单。

3）从事气瓶无损检测人员名单（持证项目、级别、有效期等）。

4）从事气瓶质量检验人员名单。

5）气瓶制造工艺文件和检验资料，以及焊接工艺评定一览表。

6）气瓶产品的企业标准、设计文件和疲劳试验验证报告。

3. 监检数量

（1）每批气瓶必须完成《监检项目表》中规定的该品种气瓶的全部监检项目。

（2）监检中，若发现不合格项目，应对该项目再增加检验数量，增加的数量应符合标准的规定；标准中未规定的，可由监检单位作出规定，必要时，监检单位可在《监检项目表》之外增加监检项目。

第三节　气瓶充装许可

为加强气瓶充装单位的安全管理，保证气瓶充装和使用安全，国家质检总局制定有《气瓶充装许可规则》，并于2006年6月颁布施行。

根据《气瓶充装许可规则》的规定，气瓶充装单位应当经省级质量技术监督部门批准，取得气瓶充装许可证后，方可在批准的范围内从事气瓶充装工作。

各级质量技术监督部门负责《气瓶充装许可规则》的实施。

气瓶充装单位必须具备的条件是：

（1）具有法定资格。

（2）取得政府规划、消防等有关部门的批准。

（3）有与气瓶充装相适应的符合安全技术规范的管理人员、技术人员和作业人员。

（4）有与充装介质种类相适应的充装设备、检测手段、场地厂房、安全设施，具有足够数量的自有产权气瓶。

（5）有健全的质量管理体系和安全管理制度，以及紧急处理措施，并且能够有效运转和执行。

（6）充装活动符合安全技术规范的要求，能够保证充装工作质量。

（7）能够对气瓶使用者安全使用气瓶进行指导、提供服务。

一、气瓶充装许可条件

气瓶充装许可条件包括气瓶充装单位资源条件、充装质量管理体系和充装工作质量要求。

（一）气瓶充装单位资源条件

资源条件包括人员、充装工艺设备、检测手段、场地厂房和消防及安全设施。

1. 人员

（1）管理人员。气瓶充装单位应设有下列管理人员及其要求：

1）充装站负责人（站长）。应当熟悉充装介质安全管理相关的法规，取得具有充装作业（站长）的《特种设备作业人员证》。

2）技术负责人1名。熟悉介质充装的法规、安全规范及专业技术知识，具有相应技术职称的任职资格。

3）专（兼）职安全员。应当熟悉安全技术和要求，并切实履行安全检查职责。

（2）技术人员。检查人员不少于2人，并且每班不少于1人，应当经过技术培训，取得《特种设备作业人员证》。

(3) 作业人员。充装单位的作业人员及其要求包括：

1) 充装人员每班不少于 2 人，取得具有充装作业项目的《特种设备作业人员证》。

2) 配备与充装介质相适应的化验员、气瓶附件检修人员，并且经过技术和安全培训，有培训记录。

3) 配备与充装介质相适应的气瓶装卸、搬运和收发等人员，并且经过技术和安全培训，有培训记录。

2. 充装、工艺设备

(1) 充装设备。充装单位应具有满足以下要求的充装设备：

1) 液化气体（包括液化石油气）充装必须做到称重（质）充装，并且有专用的复秤衡器。

2) 对于流水线作业的大型液化石油气充装站，应当安装超装自动切断气源的灌装秤。

3) 对于小型液化气体充装站，必须安装超装自动报警装置。

4) 永久气体充装必须配备防错装接头。

5) 氢气、氧气、氮气充装必须配备抽空装置。

6) 溶解乙炔充装必须有测量瓶内余压、剩余丙酮量和补加丙酮的装置，有冷却喷淋和紧急喷淋装置，并且有可靠水源。

(2) 工艺设备。工艺设备应当与设计一致，并且与充装介质种类、充装数量相适应，充装速度控制在规定范围内。

(3) 充装能力和产权气瓶数量。充装单位应具有一定的充装介质储存能力和一定数量的自有产权气瓶。

注：充装介质的储存能力和自有产权气瓶的数量由发证机关根据当地具体情况予以规定。

(4) 气瓶管理。充装单位对气瓶的管理应当达到以下要求：

1) 建立气瓶登记台账和档案，办理气瓶使用登记，对气瓶实行计算机管理。

2) 气瓶颜色标志符合规定，安全附件齐全。

3）气瓶瓶体上有充装单位标志和钢印（永久）标记，贴有警示标签和充装标签，瓶体整洁。

4）改装气瓶或者不符合安全技术规范要求的气瓶不得充装使用。

(5) 残液、残气处理设施。充装单位应具备下列装备或设施：

1）有判明瓶内残液、残气性质的仪器装置。

2）有处理易燃、有毒介质残液、残气的设施，且记录齐全。

3. 检测手段

充装站配备符合以下要求的检测仪器和计量器具：

（1）有与充装介质相适应的介质分析检测、压力计量、温度计量、称重衡器和浓度报警仪器，计量器具应当灵敏可靠，布局合理，并按规定进行定期校验。

（2）以电解法制取氢气、氧气的充装站，应有氧气、氢气纯度化学分析仪器。

4. 场地厂房。充装单位的场地厂房应当符合有关标准的相应要求。

5. 消防及安全措施

（1）消防设施和消防措施。消防设施和消防措施应当符合以下要求：

1）配备相应的消防器材，且经消防检查合格。

2）设置安全警示标志。

3）有符合安全技术要求的气瓶待检区、不合格瓶区、待充装区和充装合格区，并且有明显隔离措施。

4）易燃易爆气体充装场地、设施、电气设备必须防爆、防静电。

5）在易燃易爆气体充装间、压缩房、重瓶库等地点应设置气体浓度报警器。

(2) 应急救援措施。充装单位应配有事故应急救援预案涉及的应急工器具,并且定期进行应急救援预案演练。

(3) 安全设施。充装安全设施应当符合有关的安全设施要求。

(4) 检修间。检修间应有气瓶维护保养场所,并配备相应的工器具。

(二) 气瓶充装质量管理体系要求

1. 基本要求

质量管理体系的编制符合以下基本要求:

(1) 质量管理手册正式颁布实施,并且能够根据有关法规、标准和本单位的实际情况的变动、充装工艺的改进而及时修订。

(2) 质量管理体系符合本单位实际情况,绘制体系图,有充装工艺流程图,能够正确有效地控制充装质量和安全。

2. 管理职责

(1) 组织机构应设置合理,关系明确,有组织机构图。

(2) 正式任命的责任人员应熟悉相关法规、规章、安全技术规范、标准,能够认真履行职责。

3. 管理制度

建立以下各项管理制度和人员岗位责任制,并且能够有效执行:

(1) 各类人员岗位责任制。

(2) 气瓶建档、标识、定期检验和维护保养制度。

(3) 安全管理制度(包括安全教育、安全生产、安全检查等内容)。

(4) 用户信息反馈制度。

(5) 压力容器(含液化气体罐车)、压力管道等特种设备的使用管理以及定期检验制度。

(6) 计量器具与仪器仪表校验制度。

(7) 气瓶检查登记制度。
(8) 气瓶储存、发送制度（如佩带瓶帽、防震圈）等。
(9) 资料保管制度（如充装资料、设备档案）等。
(10) 不合格气瓶处理制度。
(11) 各类人员培训考核制度。
(12) 为用户的宣传教育及服务制度。
(13) 事故上报制度。
(14) 事故应急救援预案定期演练制度。
(15) 接受安全监察的管理制度。

4. 安全技术操作规程

建立以下各项操作规程，并且能够有效实施：
(1) 瓶内残液（残气）处理操作规程。
(2) 气瓶充装前、后检查操作规程。
(3) 气瓶充装操作规程。
(4) 气体分析操作规程。
(5) 设备操作规程。
(6) 事故应急处理操作规程。

5. 工作记录和见证材料

以下的工作记录和见证材料能够适应工作需要，并且得到正确的使用和保管：
(1) 收发瓶记录。
(2) 新瓶和检验后首次投入使用气瓶的抽真空置换记录。
(3) 残液（残气）处理记录。
(4) 充装前、后检查和充装记录。
(5) 不合格气瓶隔离处理记录。
(6) 气体分析记录。
(7) 质量信息反馈记录。
(8) 设备运行、检修和安全检查等记录。
(9) 液化气体罐车装卸记录。

(10) 溶解乙炔气瓶丙酮补加记录。

(11) 安全培训记录。

(三) 气瓶充装工作质量要求

1. 充装前、后的检查

做到逐只对充装气瓶进行以下项目的检查，检查要求符合相应规定，记录齐全，符合要求。

(1) 外观。

(2) 定期检验情况。

(3) 标志（颜色标志、钢印标志、警示标签）。

(4) 充装介质及其压力（或质量）。

(5) 附件，包括瓶阀、防震圈等。

对盛装易燃有毒介质的气瓶，在充装后，应当进行检漏。

2. 充装工作质量

充装工作能够保证质量，并符合以下要求：

(1) 充装过程能按规定进行操作，并有专人进行巡回检查。

(2) 气瓶充装的温度、压力及其流速符合规定。

(3) 溶解乙炔气瓶充装时间及静止时间符合要求，充装后应当逐只称重和检查压力。

(4) 液化气瓶充装量符合有关规定，能够进行复称。

(5) 永久气体充装压力符合规定。

(6) 认真并及时填写充装过程记录。

(7) 对充装的气瓶建立档案。

二、气瓶充装许可程序

气瓶充装许可程序包括申请、受理、鉴定评审和审批发证。

(一) 气瓶充装许可申请和受理

1. 申请的提出

申请气瓶充装许可的单位填写《气瓶充装许可申请书》，并且附有以下资料（各1份），向单位所在地的发证机构提出书面申请：

(1) 工商营业执照或者工商行政管理部门同意办理工商执照的证明（复印件）。
(2) 政府规划、消防等有关部门的批准文件（复印件）。
(3) 气瓶使用登记表。
(4) 质量管理手册。

2. 申请受理

发证机关接到书面申请后，在5个工作日内做出是否受理其申请的决定，在申请书上签署受理或者不受理意见，并返回申请单位。不同意受理时，还要向申请单位出具不受理决定书。

（二）资格评审

申请被受理后，申请单位可以进行气瓶充装线调试，邀请由国家质检总局公布的气瓶充装鉴定评审机构进行鉴定评审，并向鉴定评审机构提交如下资料：

(1) 已签署受理意见的《气瓶充装许可申请书》正本1份。
(2)《特种设备鉴定评审约请函》一式3份。
(3) 质量管理手册1份。
(4) 申请单位的综合自查报告。

鉴定评审机构按照《特种设备行政许可鉴定评审管理与简单规则》的要求，派出鉴定评审组对申请单位的资源条件、质量管理体系和充装工作质量进行现场审查，提出评审结论意见。

评审结论意见分为"符合条件""需要整改"和"不符合条件"。

申请单位满足许可条件的为"符合条件"；申请单位现有情况不符合许可条件，但是在短时间内进行整改，能够达到许可条件的为"需要整改"。

存在以下情况的为"不符合条件"：
(1) 申请单位的法定资格与申请不符。
(2) 申请单位的实际资源条件与申请不符，不能满足申请项目的要求。

(3) 质量管理体系没有建立或者不能有效运行。规章制度、操作规程等主要环节没有得到有效控制，管理混乱。

(4) 充装工作质量得不到保证。

(5) 申请单位在许可工作中有弄虚作假行为。

评审结论意见为"需要整改"或"不符合条件"的，鉴定评审组按照《鉴定评审规则》的要求，出具《特种设备鉴定评审工作备忘录》，书面通知申请单位。

评审结论意见为"需要整改"的，申请单位完成整改后出具整改报告，书面报告鉴定评审机构，由鉴定评审组组长进行核实并且提出整改报告，必要时可以安排鉴定评审人员进行现场确认。进行现场确认时，鉴定评审机构应当报告发证机关及其下一级质量技术监督部门。

鉴定评审结论意见为"符合条件"或者经过整改确认"符合条件"的，鉴定评审组按照《鉴定评审规则》的规定填写《气瓶充装许可评审报告》。经过整改确认符合条件的，《鉴定评审报告》注明"整改后经现场（书面）确认，符合条件"。

鉴定评审报告由鉴定评审组长提交鉴定评审机构审核，并且按照鉴定评审机构质量管理体系文件规定的要求进行审批并加盖鉴定评审机构章。

（三）充装许可证的颁发及换发

发证机关在接到鉴定评审报告后，在 20 个工作日内完成审查、批准手续，在 10 个工作日内向符合规定条件要求的申请单位颁发气瓶充装许可证。

气瓶充装许可证应载明下列事项：

(1) 充装单位名称。

(2) 充装地址。

(3) 许可充装范围。

(4) 自有气瓶数量。

(5) 发证日期和有效期限。
(6) 证书编号。

气瓶充装许可证有效期为4年,气瓶充装单位需要继续从事气瓶充装活动,应当在气瓶充装许可证有效期满6个月前向原发证机关提出换证申请,按照本章规定程序,符合规定要求的换发新证。对于能够按照规定办理气瓶使用登记并且年度监督检查均合格的气瓶充装单位,经发证机关同意可以直接换发新证。

气瓶充装单位未按规定提出换证申请或者未获准换证,有效期满后不得继续从事气瓶充装工作。

气瓶充装单位因特殊原因不能按期换证,需要延续已取得的气瓶充装许可证有效期时,应当在气瓶充装许可证有效期满30日前向发证机关提出申请,经过批准后可以办理延续手续,但是延续时间一般不应当超过1年。

三、充装许可监督管理

发证机关定期将本地区气瓶充装许可证的审批、颁发情况向社会公布,并且于每年年底报国家质检总局备案。

气瓶充装单位应当在批准的充装范围内从事气瓶充装工作,不得超范围充装。气瓶充装单位不得转让、买卖、出借、伪造或者涂改气瓶充装许可证。

气瓶充装单位发生更名、产权变更、充装场地变更等情况,应当在变更后30日内向发证机关申报。发证机关根据充装单位的变更申报,做出予以许可、进行必要的检查或者重新办理许可申请手续等决定,并且通知充装单位。

充装单位需要变更充装范围,应当在变更前向发证机关申报,由发证机关进行必要的检查,方可办理变更手续。

气瓶充装单位应当采用计算机对自有产权气瓶进行建档登记,积极采用信息化手段对气瓶进行安全管理。气瓶建档登记的内容应当包括出厂合格证、质量证明书、气瓶定期检验状况及合格证明、气瓶使用登记证以及气瓶使用登记表等。

鼓励充装单位实行连锁经营或者规模化、集约化经营。对自有产权气瓶数量超过一定规模的充装单位，发证机关可以制定相应优惠政策予以支持。

市（地）级质量技术监督部门每年应当对本辖区内的气瓶单位进行1次年底监督检查。年度监督检查内容按照国家质检总局颁布的现场安全监督检查的要求进行。年底监督检查结论应当记录在气瓶充装许可证的副证上。

年度监督检查不合格，充装单位应在20日内完成整改，整改仍不合格的，市（地）级质量技术监督部门向发证机构建议吊销气瓶充装许可证。

气瓶充装单位每年应当向市（地）级质量技术监督部门报告拥有建档气瓶的种类、数量、充装站警示标签样式，以及当年已经进行定期检验的气瓶数量和下一年到期计划需要进行定期检验的气瓶数量。

第四节　气瓶使用登记管理

为了加强气瓶的使用登记管理，国家质检总局制定有《气瓶使用登记管理规则》，并于2005年9月颁布施行。

按照《气瓶使用登记管理规则》的规定，气瓶充装单位、车用气瓶产权单位或个人（以下统称使用单位）应当按照该规则办理气瓶使用登记，领取《气瓶使用登记证》。

气瓶使用登记证在气瓶定期检验合格期间内有效。

直辖市或者设区的市质量技术监督部门，负责办理本行政区域内的气瓶使用登记工作。

登记机构可以委托下一级质量技术监督部门以本机构的名义办理气瓶使用登记工作。

气瓶可以按批量或逐只办理登记使用。批量办理使用登记的气瓶数量由登记机构确定。

办理使用登记的气瓶必须是取得充装许可证的充装单位的自有产权气瓶或者经省级质量技术监督部门批准的其他在用气瓶。

一、使用登记

（一）使用登记的办理

气瓶使用单位办理使用登记时，应当向登记机关提交以下文件：

（1）《气瓶使用登记表》一式2份，并附电子文本。

（2）气瓶产品质量证明书或者合格证（复印件）。

（3）气瓶产品安全质量监督检验证书（复印件）。

（4）气瓶产权证明和检验合格证明。

（5）气瓶使用单位代码。

在用气瓶使用登记时，如果已经超过定期检验有效期，应当在定期检验合格后办理使用登记。

（二）使用登记的审核与受理

登记机构接到气瓶使用单位提交的文件后，按照以下规定及时审核、办理使用登记：

（1）当场或者在5个工作日内向使用单位出具文件受理凭证。

（2）对允许登记的气瓶，按照《气瓶使用登记代码和使用登记证编号规定》，编写气瓶使用登记代码和使用登记证编号。

（3）自文件受理之日起15个工作日内完成审查登记、办理使用登记证。一次登记数量较大的，登记机构可以到使用单位现场办理登记，在30个工作日内完成审查及发证手续。

（三）《气瓶使用登记表》的发证和管理

气瓶使用单位按照通知时间持文件受理凭证领取使用登记证或者不予受理决定书。登记机构发证时，应当返回使用单位提交的文件和一份由登记机关盖章的《气瓶使用登记表》。

气瓶使用单位应当建立气瓶安全技术档案，将使用登记证、登记文件妥善保存，并将有关资料录入计算机。

气瓶使用单位应当在每只气瓶的明显部位标注气瓶使用登记代码永久性标记。

登记机构对有下列情况的气瓶不予登记：

（1）无制造许可证单位制造的气瓶。

（2）擅自变更使用条件或者进行过违规修理、改造的气瓶。

（3）超过规定使用年限的气瓶。

（4）无法确定产权关系的气瓶。

（5）超过定期检验周期或者经检验不合格的气瓶。

（6）其他不符合有关安全技术规范或国家标准规定的气瓶。

登记机构采取在办公地点张贴悬挂使用登记程序流程图、提供免费文字介绍材料、网上公布等方式，公布气瓶使用登记的办理程序、要求，便于气瓶使用单位查询、了解。

登记机构应当建档保存登记表，并且及时将《气瓶使用登记表》、气瓶使用登记代码、使用登记证编号等信息输入计算机数据库，实施动态监管。

登记机构应当在发证后5个工作日内将登记信息传送给气瓶使用单位所在的地县级质量技术监督部门。

地县级质量技术监督部门接到登记信息后，应当对新增气瓶使用情况实施安全监督检查。

气瓶使用单位应当于每年12月31日前，向登记机关报送气瓶变更情况，填写《气瓶使用登记表》，并附电子文件。

登记机构应当对气瓶使用登记实施年度监督检查，并且及时更新气瓶使用登记数据库。

二、气瓶过户和注销登记

（一）气瓶过户

气瓶需要过户，气瓶原使用单位应当持使用登记证、《气瓶使用登记表》、有效期内的定期检验报告和接收单位同意接收的证明，到原登记机构办理使用登记注销手续。

原登记机关在《气瓶使用登记表》上做注销标记，并且向气瓶原使用单位签发《气瓶过户证明》。

气瓶原使用单位应当将《气瓶过户证明》、标有注销标记的《气瓶使用登记表》、历次定期检验报告以及登记文件全部移交给气瓶新使用单位。

气瓶过户时,其使用登记代码永久标记不得更改,但应当在气瓶原标记前标注"过户代码(CH)+气瓶新使用单位代码"字样。

(二)登记证的废止

气瓶有以下情形之一的,不得申请变更登记:
(1)气瓶原使用单位未办理使用登记的。
(2)定期检验结论为判废或者到期报废的。
(3)擅自变更使用条件或者进行过违规修理、改造的。
(4)无技术资料的。
(5)超过规定使用年限的。
(6)制造单位不明或者制造日期不清的。
(7)对于定期检验不合格的气瓶,气瓶检验机构应当书面告知气瓶使用单位和登记机构。登记机构收到报告后,应当注销其气瓶使用登记。

气瓶报废后,使用单位应当持登记证和《气瓶使用登记表》到登记机关办理报废、使用登记注销手续。

练习思考题 6

1. 气瓶设计文件鉴定的目的是什么?
2. 气瓶设计文件鉴定的工作程序是怎么样的?
3. B 级压力容器(气瓶)制造许可分类中的 B1、B2、B3 是如何划分的?
4. 气瓶制造许可资源条件中的基本条件有哪些?
5. 气瓶制造许可工作程序包括哪些内容?

6. 气瓶充装单位必须具备哪些条件？
7. 气瓶充装单位申请充装许可证时，在哪些情况下应评为"不符合条件"？
8. 气瓶使用单位办理使用登记时，应当向登记机构提交哪些文件？
9. 气瓶需要过户时要办理哪些手续？

第七章 气瓶爆破失效分析

第一节 概 述

一、失效与失效分析

机器设备或其结构零部件在使用期限内达不到设计规定的正常工作能力,也就是失去设计规定的效能,称为"失效"。失效分析则是运用各种手段和措施,研究失效的特征或机理,探清失效的形式或过程,以查明机件失效的原因,从而找出解决或预防的有效措施。

失效分析的内容很多,也有各式各样的分类方法。从分析的目的和角度来看,有失效统计分析和失效过程(直接原因)分析。前者以某一类失效事件(设备)为分析目标,根据失效统计的原始数据资料,从大量的失效事件中分析探索这一类失效事件(设备)的各种因素,并从中总结出预防这一类事件发生的有效措施;后者以某一类失效事件(设备)为分析目标,根据失效后的各种现象,分析失效的过程和产生的原因,并从中获得预防失效的办法和措施。

在失效过程和原因的分析过程中,又可以划分为事前分析和事后分析。前者是在失效现象未发生前,根据一般规律和经验以及设备的具体情况(使用条件、有无缺陷等),预测设备是否会失效,或发生什么类型的失效,所以也可成为"失效预测",目的是寻求防止失效的办法或措施;后者是在失效发生以后,根据各种现象,通过检测、分析、鉴定,查明失效的原因。

设备零部件的失效主要有3种类型。一是过量变形,包括过量的弹性变形和过量的塑性变形；二是表面状态和尺寸的变化，包括零件表面腐蚀磨损和零件尺寸的改变；三是断裂，包括各种形式的破断开裂。

对于气瓶来说，最重要的也是危害性最大的就是爆破失效。这里所讨论的就是气瓶爆破失效分析。

失效分析目前正在逐步发展成为一门独立的学问——失效学，这是一门涉及与应用其他学科最多的多边缘学科。气瓶爆破失效分析牵涉到其他很多学科，主要的有材料力学、断裂力学、金相学、工艺学、板壳理论、无损检测及其他测试技术，还包括气瓶的许多标准及规范。

二、气瓶爆破失效分析的意义和作用

设备失效分析是指运用各种手段，通过研究设备断裂的特征、过程、形式等，查明设备零部件破坏的原因，以提出防止设备失效的措施和对策。失效分析对保证设备正常运行和安全生产有着重要的意义和重大的作用。

气瓶作为一种由国家专门机构进行安全监督的特种设备，使用数量极为庞大（据不完全统计，我国目前的在用气瓶数量约为一亿五千万只），分布领域十分广阔（普遍用于工业、基建、文体、卫生、民用等国民经济各部门），工作介质比较繁杂（不少瓶装气体都具有可燃、有毒等特性），使用环境又比较恶劣（地域温度的变化、运输过程中的振动和撞击等），所以对其爆破失效进行事前分析或事后分析，以摸清其安全与运行规律，预防重大事故的发生，就显得更加重要。

设备失效分析的主要作用可以概括为以下4个方面。

1. 找出失效预防对策

通过失效分析，全面查明发生的原因，包括直接和间接原因，或者是主要因素和次要因素。这样就可以针对这些原因在各有关的环节中找到防止发生类同事故的相应措施。其中主要包括：

(1) 从机件设计不完善而造成事故的教训中,找到改进设计结构的具体对策。

(2) 从产品质量不良而引起事故的教训中,找到改变制造工艺条件、消除产品缺陷的具体对策。

(3) 从使用不当而发生事故的教训中,找出正确操作、合理维护的具体对策。

(4) 从设备管理混乱而导致事故的教训中,找出加强设备管理的具体对策。

2. 明确失效责任

失效分析弄清了失效过程,查明了失效原因,失效的责任者自然就明确了。这样就可以根据情节轻重、损失大小和内外有别的原则进行适当的处理。

(1) 对负有主要责任的职工进行批评教育,情节严重者要在经济上或行政上予以处分,直至追究其刑事责任。

(2) 对引进设备的质量事故,根据失效分析可向外商索赔,或提出技术仲裁。

(3) 对具有故意破坏嫌疑的设备事故,失效分析结果可作为公安机关进行侦破工作的重要线索和依据。

3. 提高了企业(社会)的技术水平或管理水平

通过事故分析,可以归纳总结出大量的经验教训,加深了对各种设备的特性或失效方式的认识,摸清了设备的安全运行规律和可靠性,使企业(社会)的技术水平或管理水平得到进一步提高。

(1) 根据一些常见的失效模式或部件的破坏分析所积累的经验,可以总结出一套失效理论或对设备(或部件)可靠性进行评估的方法,例如,气瓶因充装过量而造成的瓶体胀裂就是根据大量实际的事故进行分析而逐步认识其规律的。

(2) 对仿制产品(如缠绕气瓶)或其关键部件进行失效分析,有利于"吃透"引进技术,防止照搬照抄外国的技术条件。

为提高设备效率、延长设备使用寿命或改进产品的设计提供了依据。

(3) 对新产品在设计过程中的试运行事故进行分析，可以摸清其失效特征和失效过程（或模式），为选材和制定工艺条件提供了可靠的依据。

4．为制定法规提供依据

大量事故分析总结出的经验教训和摸索到的自然规律可作为建立各种法规和规划的依据或重要参考资料，其中包括：

(1) 制定或修订现行技术规程、规范和标准。

(2) 制定各种经济法，如产品质量法、安全法等。

(3) 制订国家或地区的开发规划和经济发展规划。

第二节 气瓶爆破失效分析的基本方法

对于设备或其零部件的失效分析方法，目前还难以制定出具体的模式，更谈不上什么标准。国内外一些文献对失效分析的基本方法也只是在原则上归纳成几种，例如系统方法、抓关键方法、对比方法、历史方法、逻辑方法等。特别是气瓶的爆破失效，影响因素较多，原因也较复杂，进行失效分析时更应是"具体情况具体分析"。

对气瓶的爆破失效分析，传统的方法是根据它的断裂形式，结合气瓶爆破时的载荷状态（正常工作压力、超压、瓶内爆破反应）进行判断分析，也可以运用系统工程的分析方法。

一、根据断裂形式判断分析

气瓶的爆破失效有几种形式，每一种形式的断裂都是在特定的条件下才能发生的。因此，对爆破的气瓶，可以从断裂的形貌和气瓶的运行条件与环境等确定其属于哪一种断裂形式，然后再分析研究造成这种断裂所需要的条件和产生这些条件的直接的或间接的原因。

金属构件的断裂可以有许多种分类方法，例如，根据它在断裂前产生塑性变形的大小来分，有韧性断裂和脆性断裂；根据构件断裂面对外力的取向来分，有正断和切断；根据它在断裂过程中裂纹的发展和扩展途径来分，有穿晶断裂和沿晶（晶间）断裂等。对于气瓶的爆破，一般是按其破裂特点以及通常的分类习惯，主要考虑破裂的形式及其基本原因，把它的破裂分为延性断裂（塑性、韧性断裂）、压力冲击断裂、应力腐蚀断裂、疲劳断裂和脆性断裂等。

（一）延性断裂

1. 断裂过程

金属杆件受拉伸时，其断裂过程是：沿受力方向杆件发生弹性伸长——→增大载荷至内力达到材料的屈服极限时，产生塑性变形——→继续加载，产生大量塑性变形，金属中的脆性夹杂物形成显微空洞——→塑性变形增大，空洞长大、聚合——→最后沿最大切应力方向（与拉伸方向呈 45°）断裂。气瓶的破裂也大致相同。它的容积变形与压力的关系可用图 7—1 所示的曲线描述：开始阶段为弹性变形阶段，容积变形与压力成正比，如 OA 线是一条直线；第二阶段为屈服阶段，即壳体沿周向产生塑性变形，压力虽没有太大的升高，但容积变形却明显增大，曲线呈略带斜度的平直状；第三阶段是材料强化与壳体爆破阶段，曲线的最高点表明材料的强化与筒壁的减薄相抵消，筒体达到极限的承载状态。

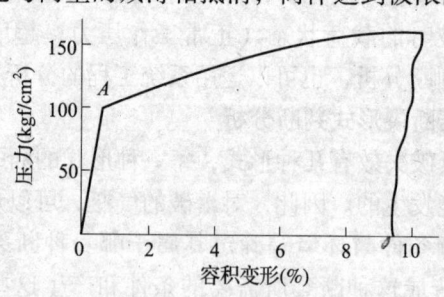

图 7—1　压力—容积变形曲线

2. 断裂特征

延性断裂的气瓶具有以下一些特征：

(1) 瓶壳的整体或较大的局部区域有明显的塑性变形，主要表现为周长增大、壁厚减薄和容积增加。

(2) 断裂的部位一般是在筒体中部，开裂方向多沿筒体的轴线方向，爆破的筒体成鱼腹状，无缝钢瓶的爆破裂缝端部常开杈。

(3) 裂缝的裂口大小与工作介质的集性有关。压缩气体气瓶裂口不太宽，液化气体气瓶有时可开裂至展平成平板状。正常情况下无碎片。

(4) 断裂处有切变边。断裂面垂直于最大切应力方向，即圆筒体的断裂面是斜向的，约与筒体切线方向呈 45°角。

(5) 宏观断口无金属光泽，呈暗灰色、无结晶颗粒的纤维状断口。

3. 延性断裂的基本条件

气瓶壳体延性断裂的必要条件是它在载荷（压力等）作用下，瓶壁整体截面上产生的应力达到或超过材料的抗拉强度。对于仅受内压载荷的瓶体，上述条件可以由瓶壁的厚度太薄或承受的压力过高而产生。

在瓶体的局部区域，例如开孔处及其周围，即使存在较高的局部应力（超过材料的屈服强度），但因受相邻部分的约束，不会产生太大的塑性变形，也不会由此直接导致气瓶的延性断裂。

4. 气瓶延性断裂的常见原因

(1) 瓶内满液升温膨胀造成超压。盛装液化气体的气瓶，若充装过量，会使气瓶在较低的温度下即被液体充满（瓶内无气相部分）。由于液体的体积膨胀系数较大，而它的压缩系数很小，因而当瓶内液体的温度受环境温度的影响，温度稍一升高压力就急剧增大。理论和实验都可证实，气瓶因充满液体后瓶内压力的温升效应十分显著，对一般常用的低压液化气体，如液氨、液氯等，dp/dt 值约为 1 MPa/℃；液化石油气则更高，约为 2 MPa/℃。

(2) 液化气体意外受热，使饱和蒸汽压增大。储存在瓶内的低压液化气体，其饱和蒸汽压随温度的升高而显著增大，例如氨气在 0℃ 时的饱和蒸汽压约为 0.33 MPa（表压，下同），30℃ 时则升至 1.08 MPa，70℃ 升为 3.24 MPa。氯气在 0℃ 时饱和蒸汽压为 0.27 MPa，70℃ 时约为 2.2 MPa。所以常温的低压液化气体气瓶，因意外受热（如接近载热体、长时间剧烈曝晒或周围环境发生火灾等）都会引起瓶内饱和蒸汽压力增大。低温绝热气瓶如隔热保温层损坏或因其他原因而失效，也会产生同样情况。

(3) 瓶内产生异常的化学反应而导致压力明显升高。在一些盛装具有氧化、氯化等性质的介质的气瓶中，有时会因种种原因而混入能与其产生化学反应的杂物，在适当的条件下在瓶内发生异常的放热反应。反应热一方面使瓶内气体受热膨胀，压力升高；另一方面将瓶体金属加热，降低其机械强度，结果造成气瓶整体或局部因过度的塑性变形而爆破。例如，氧气瓶中混入机油或其他可燃介质，瓶内产生局部的氧化反应。在液氯瓶中，因操作不慎，从容器中倒灌入一些化学物，如乙酸（冰醋酸）、石蜡等，致使气瓶在充装过程中产生放热的氯化反应等。

(4) 瓶内气体产生聚合或分解反应。在瓶装气体中，有一些是易于在常温高压下发生聚合的气体，例如丁二烯、氯乙烯、氟乙烯等。有些虽然加入有阻聚剂，防止在瓶内发生聚合，但如储存时间过长，或因阻聚剂失效，也会因局部聚合产生的聚合热导致瓶内气体温度升高，而使压力增大。国内某研究所就发生过丁二烯气瓶因局部聚合而爆破的事故。在瓶装气体中，也有个别的一些介质会在常温下发生分解反应，例如环氧乙烷（氧化乙烯）、乙硼烷等。气体的分解反应往往是局部的，但也会因体积增大而导致瓶内气体压力显著升高，使气瓶爆炸。国内某化工研究院曾发生环氧乙烷瓶爆炸，瓶体分成 3 大块，其中 1 块飞离原地 550 m。

(5) 瓶体腐蚀、壁厚严重减薄、气瓶承压能力不足。气瓶在使用运行过程中往往由于维护不良、使用不当，使瓶体在内壁或外壁受严重腐蚀，以致壁厚减薄，特别严重时就发生气瓶爆破。例如，氧气瓶会因瓶内存水（用水润滑的氧气压缩机充气时带入的水分），在水、气交界面的瓶内壁上产生严重腐蚀；液氯钢瓶常因使用环境的影响，瓶体外壁金属受腐蚀而剥落；在潮湿环境中使用的液化石油气钢瓶，瓶底也常产生严重腐蚀。

(6) 错用设计压力过低的气瓶充装饱和蒸汽压力较高的液化气体。

（二）压力冲击断裂

气瓶的压力冲击断裂是指气瓶在充装或使用过程中，瓶内压力突然急剧升高、超出气瓶的承载能力，使瓶体受压力冲击而发生爆破。

压力的急剧升高，主要是因为瓶内气体产生剧烈的化学反应（放热反应）而引起的，特别是瓶内的爆燃。这种反应使瓶内压力的增长速度极快，一般是每秒几兆帕到几十兆帕。反应从开始到结束的时间也极短，一般是几十毫秒。

据国外一些试验资料记载，乙炔与空气混合时产生的爆燃，当乙炔体积含量为 5% 时，压力平均增长速度为 14.7 MPa/s，爆炸完成时间为 33.6 ms；如体积含量为 10%，则压力平均增长速度为 70 MPa/s，爆炸完成时间为 11.2 ms。氢气与空气混合时产生的爆燃，当氢气含量为 25% 时，压力平均增长速度为 17.3 MPa/s，爆炸完成时间为 25 ms。如体积含量为 6.5%，则压力平均增长速度为 58 MPa/s，爆炸完成时间为 10 ms。

1. 断裂特征

压力冲击断裂有如下特征：

(1) 瓶体碎裂。压力冲击断裂的气瓶，常常产生大量的碎块，如果是可燃性混合气体在瓶内爆炸而造成的压力冲击断裂，还有可能是粉碎性爆炸。

（2）瓶体内壁常附有化学反应产物或痕迹。因为压力冲击断裂大多是由于瓶内物料发生燃烧或其他化学反应而产生的，所以在瓶体或碎块的内壁常可发现反应产物或观察到金属有经过高温烘烤的痕迹。

（3）断裂时常伴有高温产生。放热反应产生的高温气体在瓶体被压力冲击而断裂后随即排出，会使周围的物料燃烧或被烘烤；断裂的当时，瓶体或碎块的温度也比较高。

（4）断口形貌类似脆性断裂。断面一般没有或只有很薄的一层剪切唇，断口是平直的，开裂的方向也无一定的规律性。

（5）释放的能量较大。根据断裂气瓶周围造成的破坏情况所估算的破坏能量，往往要比它在理论计算的破裂压力下爆炸所释放的能量大得多。

2. 气瓶压力冲击断裂的常见原因

瓶内突然发生强大而高速的压力冲击，大部分是化学反应引起，也有些是属于物质相变的物理现象。气瓶因压力冲击而发生爆破，其常见的原因有下列几种：

（1）两种气体气瓶错装。最常见的是用氧气瓶充装氢气，或用氢气瓶充装氧气。因充装前没有认真检查，而原有的气瓶内又存有较多的剩余气体，结果在瓶内形成可燃性气体与助燃性气体的混合气体，在合适的条件下，即使没有明火点燃，也会发生爆燃，导致气瓶爆破。

（2）可燃性气体倒灌入氧气瓶造成爆燃。在焊接或切割时，由于操作失误，例如氧气瓶内压力已经很低（甚至没有），操作未及时关闭瓶阀，致使与之并联作业的气瓶中的可燃气体，如乙炔、氢气、丙烷等因还有较高的压力而倒灌入氧气瓶内。倒灌入可燃气体的氧气瓶，在重新充装氧气时，瓶内即形成混合气体，遇到合适的条件，便会在充装或使用过程中产生爆破。

（3）盛装可燃的低压液化气体气瓶充装前未经抽空。按照有关规定,液化石油气钢瓶、丙烷或丙烯气瓶在新瓶或旧瓶经检验后重新投入使用前,都必须经过抽空处理,否则就会使瓶内残存的空气与继后充装的可燃气体组成可燃混合气体在瓶内燃爆,导致气瓶爆破。

(4)瓶内液化气体"爆沸"。"爆沸"又称蒸气爆炸,是指液化气体因特殊原因(如压力骤减)出现过热状态,因而迅猛蒸发产生大量的气体,导致压力急剧升高,例如,将两种沸点相差悬殊的液化气体先后灌充入一个瓶内。低温绝热气瓶因特殊原因(如遇火灾),隔热措施突然失效,瓶内液体因温度迅速升高而大量蒸发,气瓶因压力冲击而发生爆破。

压力冲击断裂是气瓶爆破中较为常见的一种断裂形式。我国历年来发生的气瓶爆破事故中很多都是压力冲击断裂,尤其是瓶内爆燃所产生的压力冲击。20 世纪 60—80 年代,我国气瓶的压力冲击断裂大多是因为气瓶错装引起,近年来则多由可燃气体倒灌入氧气瓶造成。

(三)应力腐蚀断裂

1. 断裂过程

应力腐蚀断裂的过程可分为 3 个阶段。

(1)孕育阶段。这一阶段是金属表面由于腐蚀过程的集中和拉伸应力的集中的共同作用,逐渐形成一些最初的腐蚀—机械性裂纹。金属表面的应力集中主要由表面缺陷(如擦伤、裂纹、夹层等)和结构形状的不连续所引起的。如果局部集中的应力不足以形成裂纹,则这一阶段就延长下去,直到个别地方受到局部腐蚀形成薄弱区域,并在此区域的应力增长到能产生最初的腐蚀—机械性裂纹为止。

(2)腐蚀裂纹扩展阶段。这一阶段是最初的腐蚀—机械性裂纹在腐蚀性介质的电化学作用和拉伸应力的共同作用下,得到进一步扩展的过程。裂纹扩展的总的方向一般是和主拉伸应力方向相垂直。

(3) 最终破坏阶段。随着裂纹的进一步扩展，其中的一条裂纹会由于拉伸应力越来越大而比其他裂纹更快地延长，并且到最后会排斥别的裂纹的扩展而把主要拉伸应力都转移到这首要的裂纹上来，结果导致构件的断裂。

在应力腐蚀断裂过程中，如果是机械因素占优势，则在某一应力集中处产生了最初的腐蚀—机械性裂纹后，它的延长越来越快，而且从开始到断裂只有一条裂纹在扩展；如果腐蚀因素占优势，则除了第一条裂纹外，还会形成其他的平行裂纹，而且它们都以差不多的速率扩展，只是到了最终断裂阶段才会使裂纹的扩展集中到其中的一条上来。

2. 断裂特征

(1) 容器整体无宏观塑性变形，断裂处壁厚基本不减薄。

(2) 断裂无一定的方位，但总是在发生应力集中部位和腐蚀介质富集处。

(3) 爆破气瓶一般不产生碎块。

(4) 断裂面大部分垂直于最大主拉伸应力方向，最后断裂的瞬断区一般都有剪切边。

(5) 断口上通常可以观察到两种断裂状态。由于裂纹起源于构件与腐蚀介质接触的部位，这个区域有时会出现大量的点蚀坑，所以往往不能清楚地辨别出裂纹源。但在断口上往往可以看到腐蚀裂纹扩展区和最后断裂区。裂纹扩展区通常比疲劳断口显得粗糙，也没有贝壳状弧线。裂缝扩展区常有腐蚀产物，或者由于介质的长期作用，断口颜色变得深暗，即通常所说的旧碴口。瞬断区是剩余截面受过载拉伸而断裂的，宏观断口常呈现延性断裂的特征。

(6) 微观断口形貌特征则随腐蚀介质而异。例如，在裂纹的扩展途径上，有的是沿晶的，有的是穿晶的，而有些则可能是混合型的。在断口上有时可看到网状龟裂。

3. 应力腐蚀断裂的基本条件

钢制构件的应力腐蚀必须具备两个条件：

(1) 金属与环境的特定组合。一种介质只有在特定的条件（如温度、压力、湿度等）下才会对某些金属产生应力腐蚀。

(2) 承受拉伸应力。只有拉伸应力才能引起应力腐蚀断裂。它不仅是构件在使用过程中所产生的拉伸应力，如压力应力、热应力以及结构不连续而引起的边界应力等，还包括构件在制造加工过程中的留下的残余应力，如焊接应力、冷制成型引起的应力等，而且在多数应力腐蚀断裂中，起主要作用的正是这些不均匀的拉伸应力。

4. 常见的气瓶应力腐蚀断裂

(1) 压缩天然气钢瓶的应力腐蚀断裂。天然气的主要成分是甲烷。在正常的压力温度下，甲烷一般对碳钢、低合金钢是不产生应力腐蚀的。但在天然气的组成中，往往混杂有较多的硫化氢气体。硫化氢（特别是湿硫化氢）在常温状态下会对碳钢或低合金钢制气瓶产生严重的应力腐蚀，从而造成气瓶的断裂爆破。近年来，国内外都发生过多起压缩天然气钢瓶的爆破事故，原因大多数是因为压缩天然气中的硫化氢而引起的。

硫化氢对钢材的应力腐蚀起促进作用的因素较多，如钢材的组成、强度、硫化氢浓度等。介质中的硫化氢含量越高，溶液的pH值越小，就越容易产生应力腐蚀裂纹。温度对硫化氢的应力腐蚀则以20℃左右最为敏感，升高或降低温度对减轻腐蚀都比较有益。但对硫化氢应力腐蚀更为值得关注的是钢的强度。因为天然气钢瓶的工作压力较高，制造钢瓶一般都用低合金钢，并经过调质处理（淬火+高温回火），以提高其抗拉强度，并保持有较好的韧性。但过高的钢材强度又容易产生硫化氢的应力腐蚀。特别是国产的天然气，很多都含有较高的硫化氢。为防止钢瓶应力腐蚀断裂，造成气瓶爆破，通常都通过调质处理，把成品气瓶的抗拉强度控制在一定范围内。

(2) 钢制一氧化碳气瓶的应力腐蚀。近年来，国内外都先后发生过盛装一氧化碳或一氧化碳和二氧化碳混合气体的气瓶的破裂爆炸事故。通常情况下，一氧化碳气体可以被铁吸附，在金属表面形成一层保护膜。但是由于反复多次的充气，瓶壁上的交变应力使这层保护膜遭到局部破坏，保护膜被破坏的地方因二氧化碳和水的作用，使铁发生快速阳极溶解，并形成向纵深方向扩展的裂纹。实验证明，在无水的一氧化碳气体中，不存在对钢产生应力腐蚀的现象。

（3）液氨对碳钢及低合金钢制焊接气瓶的应力腐蚀。液氨的储存和运输大部分采用碳钢或低合金钢制焊接的气瓶。在一般情况下，无水液氨只对钢产生很轻微的均匀腐蚀。但是液氨气瓶在充装、排料及检验过程中，容易受空气的污染，而大气中的氧气及二氧化碳则促进液氨的应力腐蚀。

液氨的应力腐蚀的主要因素是焊接残余应力。残余应力大的部位比残余应力小的部位腐蚀裂纹严重，而经过消除焊接残余应力退火处理的要比未经过热处理的焊缝腐蚀裂纹少得多。另外，液氨气瓶用钢的强度越高，产生应力腐蚀裂纹的倾向就越大。

液氨对瓶体的应力腐蚀与它的工作温度有明显的关系。调查资料表明，发生应力腐蚀的液氨气瓶都是常温储存，常压储存的液氨储罐（温度-33℃）从未发现过有应力腐蚀裂纹。温度对液氨腐蚀的影响除了应力腐蚀是电化学腐蚀过程，温度的升高有利于此过程的进行这一因素外，估计还与液氨中氧气的含量有关。

（四）疲劳断裂

1. 断裂过程

疲劳断裂的过程分为3个阶段：

（1）疲劳裂纹核心的产生。疲劳裂纹核心是由于金属在交变载荷作用下，在它的表面晶界及非金属夹杂物等处集中产生不均匀的滑移而引起的。在有应力集中的情况下，疲劳裂纹核心常常产生在应力高度集中的部位，例如，气瓶的接管口以及其他几何形状不连续处，而疲劳破裂也常常在这些地方开始产生。

(2) 疲劳裂纹的扩展。裂纹通常从金属表面上的驻留滑移带或非金属夹杂物等处开始，沿最大切应力方向（与主应力呈45°角）向内扩展。扩展中裂纹的方向逐渐转向，并和主应力垂直，扩展的途径是穿晶的。

(3) 断裂。当裂纹扩展至一定长度时，构件即迅速失稳、扩展、断裂。

2. 断裂特征

疲劳断裂的气瓶，其整体和外形上的特征如下：

(1) 瓶体没有明显的整体屈服变形。

(2) 开裂的位置不固定，但总是在应力集中的部位首先开始。

(3) 一般不会裂成碎块，仅仅裂开一个较小的缝口，气瓶因泄漏而失效。

(4) 断裂面大部分属于疲劳裂纹扩展区，垂直于最大主应力方向，剩下最后断裂区的断裂面，对中低强度钢制的气瓶常常有明显的剪切边。

(5) 宏观疲劳断口除了有时可看到的裂纹源以外，一般都存在两个区域，即疲劳裂纹扩展区和瞬断区。疲劳裂纹扩展区的贝壳状弧线是疲劳断口的典型特征，常被作为鉴别疲劳断口的重要依据。在腐蚀疲劳的断口上，这种贝壳状弧形线有时被腐蚀产物所覆盖而模糊不清。而瞬断区的特征则由材料的塑性大小而定。韧性材料的瞬断区一般为纤维状，并有剪切边；脆性材料的瞬断区则为结晶状。

(6) 疲劳断口的微观特征是疲劳辉纹。这是一系列相互平行略带弯曲的条纹。与局部裂纹扩展方向垂直，每一条辉纹代表一次循环，表示该循环周期裂纹前沿的位置。塑性好的材料疲劳辉纹比较清晰，高强度钢的疲劳断口则难以发现典型的辉纹。

3. 疲劳断裂的基本条件

金属构件的疲劳失效，按其断裂时的载荷循环次数的多少，有高周疲劳和低周疲劳之分。高周疲劳应力较低，多在弹性范围内，而失效时经历的循环次数较多；低周疲劳应力较高，常超过材料的屈服极限，失效时经历的循环次数较少。气瓶的疲劳断裂基本上都是低周疲劳。低周疲劳必须同时具有两个基本条件：一是经受一定次数的循环载荷；二是构件存在较高的局部应力。因此，气瓶发生低周疲劳断裂必然有些部位因应力集中而存在较高的局部应力。当局部应力很高，超过材料屈服极限的2倍，则结构将处于不安定状态，在经历不太多次的应力循环后，即会疲劳断裂，即所谓塑性疲劳。

4. 气瓶疲劳断裂的常见原因

就气瓶的整体结构和运行状况而言，单纯的疲劳断裂所造成的气瓶爆破事故是很少见的。一是气瓶的整体结构比较简单，一般不会因应力集中而产生太高的局部应力；二是气瓶的循环次数也不会太高，即使1个气瓶每天充气3次，使用了20年，应力循环次数也只有 2×10^4 次左右。气瓶的疲劳断裂一般都是与腐蚀，特别是应力腐蚀的联合作用而引起的。

（1）不良的设计结构。气瓶疲劳断裂多发生在开孔、转角、截面突变等局部结构不连续处，如果这些结构设计得不合理，就会发生较高的局部应力，使气瓶过早发生疲劳失效。

（2）较严重的制造缺陷。焊接气瓶常常存在各式各样的焊接缺陷，在缺陷处，将产生较严重的应力集中，也可以促使气瓶的疲劳断裂。

（3）介质具有较强的腐蚀性。气瓶所装介质和所接触的环境一般都有腐蚀性，即使是空气、水等，也会对钢产生腐蚀。

（五）脆性断裂

1. 断裂特征

发生脆性断裂的气瓶有以下特征：

（1）瓶体没有宏观的塑性变形，断裂后的器壁厚度基本不减薄，测量开裂截面处的周长，不会有明显的变化。

(2) 断裂无一定的部位和没有规则的方向，但总是在有缺陷或几何形状突变处，如焊接裂纹、焊缝错边等地方首先开裂。

(3) 一般都产生碎块，但并不是粉碎性的开裂。

(4) 裂口平齐。除了不受约束的器壁表面可能有一层很薄的剪切边以外，其他部分无塑性流动的迹象。

(5) 断裂面垂直于最大主应力方向，即与壳体表面的切线方向或轴线正交，也就是沿着半径方向（或壁厚）方向开裂。

(6) 往往是在较低的名义应力下断裂。

(7) 宏观断口呈闪烁金属光泽，为结晶颗粒组成的亮灰色断口。

2. 气瓶脆性断裂的基本条件及原因

气瓶的脆性断裂需要同时具备下述 3 个条件：

(1) 存在一个起触发作用的裂源，主要是裂纹等严重缺陷，例如，焊接气瓶焊缝及其附件的裂纹、焊缝咬边、钢材中的白点等。

(2) 材料在工作条件和工作环境下呈脆性，例如，由深冷液体储罐输出，并经加热汽化后的永久气体，充罐入瓶时的气体温度过低，或气瓶处于严寒使用环境下运行等。

(3) 存在较高的应力，包括附加应力和残余应力。

分析脆性断裂的原因时，就应从上述 3 个方面去发现。例如，在缺陷方面，可以对断口进行宏观分析找到断裂源，再根据断裂源的形貌、部位、方向等分析断裂源形成的原因；在材料的韧性方面，查找可能影响断裂韧性的诸多因素；从材料本身的因素，如金相组织和杂质含量等，到外界的因素，如温度和加载速度等；在应力方面，应注意附加应力和残余应力，例如，焊缝的错边、角变形等部件存在很高的附加弯曲应力，结构不良的焊缝结构也可能存在较大的残余应力等。

二、系统工程的分析方法

系统工程用于失效分析，称之为失效系统工程。它把复杂的设备和环境以及人的因素当做一个系统,运用数学方法来研究系统失效的原因与结果之间的逻辑关系,并通过这种逻辑关系确定系统失效与各设备及其零部件失效之间的定量关系。失效系统工程方法有多种,这里只介绍事故树形分析法和"鱼骨"图分析法。

(一) 事故树形分析的基本方法

事故树形分析法是利用事故树形显示、预测和评价所研究的对象(机械设备和人)在进行某种作业时存在的危险性和不可靠性,以便确定是否需要或采取何种安全措施。

1. 分析的步骤与方法

(1) 合成事故树。以不希望发生的事件或待分析的失效事故作为终端事件,根据因果关系逐次列出造成终端事件以及下面的各项缺陷事件的原因事件,并按它们之间的逻辑关系用相应的逻辑门连接起来,合成事故树。

(2) 事故树的结构分析。用数学方法研究构成模型的基本事件与终端事件之间的结构关系,又称为定性分析。

(3) 事故树的数值分析。在已知各基本事件发生概率的条件下,计算终端事件的发生概率。

(4) 确定分析结果,提出失效预防措施。通过上述分析,对不希望发生的事件,找出防止失效的最有效措施;对已发生的失效事故,排除不存在的因素,确定造成失效事故的直接原因,并从中得出防止发生类似失效事故的有效措施。

2. 事故树的合成

事故树是由各类事件和与之相连接的逻辑门组成的。把不希望发生的事件或已发生的失效事件放在图的最上面,接着并列出构成这个事件的直接原因,一般称作中间事件。然后用"门"把中间事件和终端事件连接起来,接着继续把能引起每个中间事件的直接原因并列在它的下面,也用"门"连接起来。

"门"指的是逻辑门,最常用的是"与门"和"或门"。前者表示某一缺陷事件的几种原因同时存在时，该事件才能发生；后者则表示某一缺陷的几种原因中，只要其中任何一种原因存在，该事件就会发生。用不同的"门"把原因事件和结果事件连接起来，是为了分清它们之间的逻辑关系，并便于进行事故概率的定量计算，找出安全的薄弱环节或关键关系部位。

有关合成事故树的具体作法，参阅本章第四节第四小节图7-2。

3. 最小割集

如果某些基本事件全部发生时，必然会导致终端事件的发生，则这些基本事件的集合就称为割集。在割集中，如果不是全部而是其中一部分，甚至是绝大部分基本事件存在，也不会发生终端事件，则这种割集称为最小割集。一个终端事件可能存在不止一个最小割集。求得最小割集后，就可以掌握哪些故障或差错发生时就必然会导致事故的发生，而其中最关键的是什么因素。

4. 终端事件发生的概率

事故树形图的最末一行是各种基本事件。如果这些基本事件的发生概率可以通过试验或根据经验得出，就可以计算出终端事件的发生概率。

（二）利用事故树形分析法进行气瓶的事后失效分析（事故分析）

对于气瓶爆炸事故的调查分析，人们已经从实践中摸索到不少经验，但是如何在此基础上总结出一套系统的、科学的并具有普遍适用性的调查分析方法，还是一个新课题。事故树形分析法用于判别事故原因，实际上也是把过去零散的经验、方法加以系统化、图形化而已。

1. 分析步骤

利用事故树形分析，对已经发生的气瓶爆炸事故进行原因分析，并研究防止事故的对策，一般可以按下列步骤进行：

（1）确定终端事件，画出事故树形图。一般是根据事故的实际情况，尽可能地把终端事件定得更具体些，不要千篇一律地定为"气瓶爆破"。例如，如果爆破的瓶体有显著的塑性变形，就可以把终端事件定为"延性破裂"。其目的是为了缩小分析的范围，以免精力分散。在明确终端事件以后，就可以根据介质及运行过程的实际情况，列出可能引起这类事件的各种原因及它们之间的相互关系，做成事故树。

（2）逐步排除不存在的因素。在事故树所列出的各种基本事件中，可以通过对事故现场的检查，进行零部件或材料的试验等，逐步排除一些确实不可能存在的因素。

对于气瓶爆破事故，还可以根据事故树形图求出它的最小割集。如果某一个基本事件经过分析验证，确认可以排除，则所有包括这一基本事件的最小割集都可以排除，这样就可以进一步缩小需要调查分析的范围。

（3）分析和验证可疑因素，确定事故原因。在排除各种不可能存在的因素以后，应集中精力对余下的可疑因素进行分析，必要时还应经过试验或理论计算进行验证，包括验算现场破坏所需要的能量、设备爆破所释放的能量、零部件的承压能力等。通过分析验证，确认产生终端事件所必需的基本事件，并由事故树形图中所表示的逻辑关系明确造成事故的直接原因和间接原因。

（4）从事故树形图中研究应该吸取的经验教训。导致事故的基本事件，可能是设备零部件故障，也可能是人为差错。进一步追究这种缺陷事件产生的条件，包括人的因素、物的因素、环境因素等，就可以找出事故经验教训以及防止发生类似事故的有效措施。

2. 事故树形分析法的特点

运用事故树形分析法对已经发生的气瓶爆破事故进行原因分析，初步认为具有以下一些优点：

（1）保证事故调查的全面性和可靠性。由于分析方法的定型化和图表化，既可以避免分析过程中遗漏一些不大容易暴露的事故原因，又可以从事故树图形中所表示出的各种基本事件的相互关系中，明确直接原因和间接原因或主要原因和次要原因。

(2) 提高事故调查的工作效率。设备爆炸事故的原因有时候是错综复杂的，包括各式各样的（人的或物的）因素。对一些重大的灾害性事故，参加事故调查的人员往往来自各个专业，不一定都对引起事故的各种因素的因果关系十分熟悉。通过事故树形图可以帮助他们对事故的产生原因有一个全面的了解，并根据其各自所掌握的专业知识进行分析和论证，发挥每人的专业特长，提高工作效率。另一方面，通过最小割集的组成关系，可以从排除一个基本事件进而排除与这一事件组成最小割集的其他基本事件，使之调查分析范围的进一步缩小，工作效率也得到提高。

(3) 有利于事故资料的管理和积累。运用事故树形分析的方法，可以把复杂的事故分析及其结果归纳在一张简明的图表上，不但可以作为设备资料存入设备档案，还可以从积累的资料中综合整理出各种类型的事故数据，为利用事故树形分析法研究设备事故进行定性和定量分析打下基础。

(4) 有助于全面考虑防止发生类似事故的有效措施。事故树形图中列出了可能引起这类事故的全部原因（基本事件），其中一部分事件可能与本次事故没有直接联系，但人们可以从中认清事故的各种根源，为研究防止类似事故所应采取的全面对策提供了依据。

（三）"鱼骨"图分析的基本方法

"鱼骨"图分析法也是失效系统工程中较常见的一种方法，因为用以分析事故原因的图形像一条鱼骨故而得名。又因为所用的分析图是根据因果关系按层次排列的，故又称为因素分析图。因为图形上排列的是产生某种"特征"（缺陷或失效）现象的各种因素，也可叫做特征—因素图。

"鱼骨"图分析法在日本等国被广泛用于质量管理与失效

分析。

1. 特点

"鱼骨"图分析法是把准备分析的事故的各种因素按层次做成图形,并在此基础上进行原因分析。它具有以下特点:

(1) 直观全面。造成某类缺陷或事故的因素全部列在"鱼骨"图上,既可做到一目了然,又可以防止疏忽遗留某些不大被注意而又十分重要的因素。

(2) 失效因素层次清楚。造成事故的因素往往是多方面的,其中有直接的,也有间接的,而且这些因素的因果关系都是有继承而非单一的,"鱼骨"图能把这种错综复杂的因果关系层次清楚地表现出来。

3. 分析步骤

"鱼骨"图分析一般分为3个阶段(步骤),即确定分析的失效现象、绘制"鱼骨"图和原因分析。

(1) 分析失效现象的确定。这是"鱼骨"图分析的第一步,也是很重要的一步。分析对象如果不合适,或者范围太大,会降低分析效率;或者分析工作走弯路,甚至迷失方向,得出错误的结论。所以必须根据失效研究对象的具体情况,有针对性地确定分析的失效现象。例如,1个气瓶在使用过程中爆破,如果不管气瓶的制造质量如何,充装什么介质,使用环境条件如何,断裂的过程及特征如何,一律把分析对象定为"气瓶爆破",那就会画出许多层次的包括几十个因素的"鱼骨"图,使分析工作难以进行。

(2) "鱼骨"图的绘制。"鱼骨"图是以表示缺陷或失效现象的水平粗箭头线作为"脊骨"(亦称主干线),在"脊骨"的两旁分别列出其直接引起缺陷或失效现象的原因。用带箭头的线与"脊骨"相连,称为"大骨"或大因素。通常在干线的上方列出信息处理的安全行为,下方表示物质条件构成的不安全状态。一般是将引起缺陷或失效的某些方面的因素作为大因素,如气瓶的"焊接缺陷"或"充装不当"等。直接导致这些大因素的，也有各种原因，称为中因素，也依次列出，用箭头线与大因素线相连接，这就是"中骨"。焊接气瓶的"焊接缺陷"，可以有"焊缝严重咬边""焊接未经热处理"等一些中因素。然后再根据情况，必要时分别列出"小因素"，即所谓的"小骨"。

（3）原因分析。从气瓶的失效现象或过程以及它的制造质量、充装作业、介质特性或运行环境等与"鱼骨"图的因素相对照，排除其中不可能存在的因素，逐步缩小范围，必要时可经过实验分析或验算，以查明失效的主次原因。

第三节 气瓶爆破失效分析的程序与实施方法

一、分析程序与分析方案

（一）一般程序

气瓶爆破失效分析与分析其他事物一样，必须遵循调查—分析—结论这一基本原则。因为"没有调查就没有发言权"，分析结论只能在调查分析之后做出。进行设备的事故分析，一般应按以下的程序进行。

1. 检查事故现场

分析设备事故首先必须对事故现场进行周密的检查，取得分析工作的第一手资料，而且要尽可能地在事故发生以后立即进行，以防止事故情况发生变化或消失，例如断口生锈或污损，零件散失，有关痕迹受环境（风、雨、阳光）或人为的破坏等。在未经检查以前，事故现场应该采取有效可行的保护措施，防止一切影响失效分析的次生事故发生。

2. 了解事故前后的过程

设备事故发生前条件与状态的变化、事故时出现的异常现象等，对失效分析十分重要，应详细进行了解和调查。这一工作可以通过开座谈会、个别查访等方式进行。调查对象主要是本岗位的操作人员及相邻岗位的在场人员，但也可以找附近的职工及居民进行了解。因为有些情况往往是本岗位操作人员不能提供（由于当时过分紧张和其他原因），而由附近的其他人员发现的，例如响声、闪光等爆炸现象，在很多情况下是由场外人员提供的。

3. 了解介质的特性

气瓶的爆破在很多情况下与瓶内所装气体的特性有关。进行失效分析时对此不可忽视，例如气体的可燃、易燃性，气体对瓶体材料的腐蚀性，气体的毒性，是否是易于聚合或分解的气体等。此外，还要了解气体在生产过程中会混入哪些杂质，特别是那些有可能引起不安全的杂质，例如氧气中的乙炔、乙烯及氢气，氢气中混有氧气等，以及液化气体中混有密度小于所装介质密度的杂质等。

4. 了解设备的历史情况

气瓶爆破失效往往与它的历史情况（设计制造、运行使用等）有关，所以对于设备的调查，不仅要了解它的现在，还要了解它的过去。调查气瓶的历史情况，主要是通过爆破气瓶的瓶号或电子标签进行跟踪追查，包括气瓶制造、充装、使用、运输等。

5. 进行必要的技术试验鉴定

使用条件比较简单的气瓶，经过上述的情况调查，一般都可以大体上判断出失效的原因，但要做出肯定的分析结论，尤其对于一些新近才开发的气瓶，如缠绕气瓶等，往往需要进一步进行技术检验、计算、试验和鉴定，才能找出确切的原因。

6. 分析失效原因

根据对事故现场的观察检查和测量，对事故发生过程及设备历史情况的调查了解，以及必要的技术检验、计算以后，就可以对失效原因进行分析。如果对判断的原因有什么怀疑，还可以通过模拟试验,即模拟气瓶的使用条件(温度、压力、介质、充装及其他环境因素)进行试验,以便进行验证。

7. 提出失效分析报告

失效分析报告主要应包括分析结论和建议两部分。前者包括调查与检查、测试检验和系统分析所得出的分析结论(引起事故的直接原因和间接原因,或者是主要原因与次要原因);后者主要是根据分析结论提出为防止发生类似事故应采取的有效措施的建议。失效分析报告应简明扼要,逻辑性强,判断根据要充分可靠,判断结论要中肯明确,建议要具体可行,表述不能含糊其辞。

(二) 分析方案的研究确定

上述所介绍的是进行失效分析的一般程序,而其中的每一步都可以包括很多的具体内容,这些内容将在下面加以详细介绍。当然,并不是每一件事故的分析都要包括全部的调查、测试、检验和鉴定内容,而往往是只需要进行其中的一部分,甚至只是一小部分。所以要有效地进行事故分析,就必须根据实际情况,研究确定一个事故分析方案,或者说是设计一个分析程序。

对于一个结构比较简单、事故因素也不复杂的气瓶爆破进行分析时,不一定需要将分析方案或分析程序形成文字。有经验的失效分析工作者可以按照自己的经验,在心中构成一个分析程序,并且按照惯常的程序逐步开展分析工作。但对于情况较为复杂的事故进行失效分析时,最好还是拟订出一个分析方案和实施步骤。否则有可能使分析工作走弯路,或者进行一些不必要的测试检验项目,耗时耗力,分析效率不高;或者因考虑不周而漏掉必须取得的信息和数据,影响分析工作的顺利进行,甚至无法得出证据充分可靠的分析结论。

研究分析方案或设计分析程序时,首先应决定所采取的分析方法。常用的失效分析方法,包括传统的方法和系统工程的方法,应用哪一种方法可以根据初步掌握的信息和数据确定,该原则是所取得的信息数据对哪一种方法更便利就采用哪一种方法，所以分析方案可以在对事故现场做了初步调查的基础上确定。例如，现场的检查情况表明，从气瓶的爆破残骸可以看出有明显的延性断裂特征和有关信息，则可以采用根据断裂形式的分析思路方法；如果事故现场表明气瓶具有瓶内燃爆的种种迹象，系统中又有这种可能性，则可以考虑为"压力冲击破裂"的断裂形式。当然，也不排除分析工作者根据自己的经验和习惯来确定采用其他的分析方法，或者同时采用两种以上的分析方法，互为补充，相互引证。

确定分析的思路和方法以后，应该根据这种思路考虑已经掌握了哪些信息，还需要补充哪些信息，最后列出提纲。该提纲应包括以下内容：

（1）调查的项目及内容。
（2）收集资料的项目及收集方向。
（3）进一步检验的项目、内容与方法。
（4）是否需要做模拟试验和试验方法。

二、调查与检测的主要内容

（一）事故现场的检查

气瓶爆破失效事故现场的检查和测量一般包括下列3方面的内容。

1. 瓶体的破裂情况

检查瓶体的破裂情况，主要包括对破断面的初步观察，瓶体变形成破裂形状的检查、测量以及对内外表面情况的检查等。

破断面的初步观察是为进一步的断口分析打好基础，应对断口的形状、色泽、晶粒及其他的一些特征进行认真的观察和记录。有时候通过对破裂断面的初步观察，大体上可以看出破裂的形式。

瓶体破裂形式的检查与测量对于分析设备事故原因很重要，应认真做好记录。对仅是裂开缺口的瓶体，应该测量并记录

（必要时绘图记录）开裂的部位、走向，裂口的宽度、长度以及开裂处的周长（应多测量几个截面）及壁厚，并与气瓶按标称外径所算得的周长及设计壁厚进行比较，估算破裂后的伸长率及壁厚减薄率。破裂成数大块的瓶体，也可以拼接组装起来进行测量和计算，有可能时最好是根据测量得的数据粗略地估计一下气瓶破裂后的容积变形。对于裂成碎片的瓶体，应详细测量并记录各破片（主要的）的质量、飞出的距离，并最好能从现场的情况判断破片飞出的角度及受阻挡的情况。

检查气瓶内外表面情况，主要是检查壳体金属表面状态（如光泽、颜色、光洁程度等），有无表面损伤（局部腐蚀、磨损及其他伤痕）等，并检查表面残留物。这种检查对于分析失效原因有时候是十分有用的。例如，金属的表面形态往往有助于判断介质对气瓶的腐蚀以及瓶体表面是否有燃烧过的痕迹；残留物的检查可以发现金属的腐蚀产物或其他不正常状态下生成的反应物等，有时还会在瓶体的内表面上发现有可燃气体燃烧不完全而残留的游离碳等。

2. 阀件等附件的完整情况

瓶阀是气瓶的主要附件，有些瓶阀上还装有安全泄压装置。安全泄压装置所用爆破片、易熔塞大多装设在瓶阀上，安全阀一般是单独设置，如丙烷瓶、丙烯瓶。气瓶爆破失效后，对阀件进行详细检查或必要的试验，有时会给分析工作提供很有价值的信息或证据，因为气瓶的爆破有可能是因为瓶阀选用不当所引起的。安全泄压装置是否发生过动作，可以有助于分析判断气瓶爆破时瓶内的压力状况。

对爆破气瓶阀中的检查，主要应包括以下内容：

（1）瓶阀是否还与瓶体连接在一起。若瓶阀已经飞离瓶体，检查瓶口与瓶阀连接螺纹是否完整。

（2）选用的瓶阀是否符合要求。对于盛装氧气或其他强氧化性气体的瓶阀，其密封垫圈是否有熔化或燃烧过的痕迹。

(3) 易熔合金塞有无鼓起、脱离或熔化的迹象。

(4) 安全阀是否有失灵的现象，例如阀孔被堵塞、阀瓣与阀座粘结牢固、弹簧锈蚀、卡住或过分拧紧等；安全阀有无曾开启过的迹象。

(5) 爆破片是否已经动作。如果没有破裂，而又怀疑其动作压力不符合规定时，可进行试验验证。

3. 现场破坏及人员伤亡情况

气瓶爆破往往造成周围建筑物的破坏及现场人员的伤亡，这些破坏情况对估算破坏能量、分析爆破事故的原因都是非常需要的，应进行详细认真的检查和测量。其主要内容有：

(1) 近处被破坏的建筑物的形式和尺寸（如钢筋混土墙或砖墙的厚度、用什么材料制成的门等），与爆破气瓶的距离，被破坏的程度（墙倒塌或开裂等）。

(2) 远处被损坏的门窗玻璃的规格（厚度、大小），损坏的最远距离及损坏程度（如窗框损坏或仅玻璃破裂等）。

(3) 人员的伤亡情况，包括伤亡原因（如冲击波震成内伤、烫伤等），事故发生时的所在位置，受伤程度（如骨折、内脏损伤、耳膜破裂等）。

（二）爆破失效过程的调查

在对事故现场进行过检查和测量以后，应该对失效的过程进行调查了解，调查的内容如下。

1. 气瓶爆破前的充装和使用情况

(1) 气瓶的充装日期、批次。

(2) 充装前是否对空瓶进行过"余气"检查或抽真空。

(3) 是单瓶充装或是多瓶汇集充装。

(4) 充装前气体是否经过成分分析，杂质是否在规定范围内。

(5) 气瓶充装和使用过程中有无发现异常，例如瓶体温升发热、焊接回火，有异常响声等。

2. 事故发生过程

(1) 气瓶在什么过程中发生爆破。例如，在充装开始或即将结束时；在焊接（或切割）正在进行或关闭阀门时；在用做化工原料向容器或储罐输送气体时等。

(2) 气瓶使用过程中有否倒灌入其他种气体的可能性。

(3) 气瓶爆破时，有无发现瓶体异常膨胀、安全泄压装置排放、有较大的响声等异常情况。

3. 事故发生时的环境情况

(1) 有关人员的所在位置。

(2) 有无引起着火、中毒等次生灾害。

(三) 气瓶既往情况的调查

1. 气瓶制造的情况

(1) 气瓶的制造单位及制造日期、批次。

(2) 同批制造气瓶的材质进厂复验资料。

(3) 气瓶制造时的型式试验、批量试验及审批抽检的资料，特别是材料的力学性能和水压爆破试验的结果。

2. 气瓶的使用管理情况

(1) 气瓶的产权是否属于气瓶充装单位。

(2) 爆破气瓶此前是否一直固定在同一充装单位充装。

(3) 爆破气瓶此前是否固定在同一单位使用，有无专职的操作人员。

(4) 气瓶最近一次的检验日期及检验记录等。

要特别强调的是，如果气瓶爆破有可能是瓶内发生燃爆反应引起的压力冲击断裂，应立即查明与其同一批次充装（多瓶汇集充装）的气瓶，并停止继续使用。安全排放瓶内存气，并设法抽取余气，作为试样进行化学成分分析，为失效分析提供参考信息。

(四) 气瓶制造材料化学成分与力学性能的检验

根据失效分析的需要，可以在气瓶爆破的残余壳体中取样，有针对性地检验、校核气瓶制造材料的成分或性能。

1. 化学成分检验

化学成分检验重点分析检验对材料性能（如力学性能、加工工艺性能、防腐蚀性能等）有影响的元素成分，以查明所用的材料是否与原设计要求相符。对一些个别气瓶，使用介质及环境条件有可能使瓶壁材料的化学成分发生改变的，应采用剥层检验材料表面的化学成分（重点是含碳量），以便与原材料或外层材料相比较，表明它的变化程度。

2. 力学性能测定

根据对瓶体断裂形式的判断，取样做材料的性能试验测定，验证所用材料是否与设计要求相符，或材料的力学性能在加工（如焊接、锻造等）过程中是否发生显著变化。例如，属延性断裂的，至少应测试其抗拉强度及伸长率；属脆性断裂的，要测定材料在使用温度下的塑性（伸长率、断面收缩率等）和韧性值（冲击功、断裂韧性等）。

要特别注意的是，从爆破瓶体取样测试其力学性能，并应用其测试结果进行分析判断时，要考虑钢材的鲍辛格效应（Bauschinger effects）。这是指如果钢板仅在一个方向受力（拉伸或压缩），产生的应力超过它的屈服强度，则由于应变硬化的作用，使其在同一方向上的强度（抗拉强度、屈服强度）增大，而延性则降低。与此同时，在与其相反（垂直）呈90°方向，材料的力学性能的变化则相反，即强度降低。

气瓶的延性断裂一般是因为瓶体在压力载荷下产生的环向（周向）应力超过材料的抗拉强度而造成的，而在爆破气瓶残体取样时，只能沿气瓶的纵向（中轴方向）切取、加工试样，测试瓶体的轴向强度。这样测试的数据必然是比材料原有的强度要低。

3. 金相检查

通过低倍酸蚀检验，可以了解材料的原有质量情况及加工制造和运行中可能出现的异常现象。常见的有：

(1) 材料的内部质量,包括偏析、夹杂、疏松、白点、气孔等。

(2) 材料的表层缺陷,如折叠、斑痕等。

(3) 瓶体制造热加工中产生的缺陷,如表面脱炭、过热、局部硬化、结疤及其他焊接缺陷等。

(4) 操作环境下产生的氢脆及其他应力腐蚀现象等。

4. 工艺性能试验

工艺性能试验常作为事故分析原因的一种辅助手段,即气瓶爆破事故的原因已经由其他条件初步提供,再通过某种工艺性能试验进一步验证,其中包括:

(1) 焊接性能试验。

(2) 耐腐蚀性能试验。

(3) 特殊环境条件下的特种工艺性能试验。

(五) 断口分析

1. 断口宏观分析

断口宏观分析有助于进一步判断金属的断裂形式。断口的宏观分析是用直观或借助于放大镜对断口直接进行观察,它的特点是方法简易可行,而又能迅速全面地观察断口,对断口颜色、腐蚀、断裂纹理的走向和改变都有很高的分辨能力,是断口分析的主要内容。

金属的拉伸断口一般是由3个区域所组成:纤维区、放射区和剪切唇,称为断口的三要素。

(1) 纤维区是断裂的发源地。在此处,金属中的夹杂物或其他缺陷首先形成显微空洞,然后扩大、聚集而成锯齿状断口。在这个区域内,裂纹的形成和扩展是比较缓慢的,纤维区的表面呈现粗糙的纤维状,颜色常为灰暗色。它所在的宏观平面(即裂纹扩展的宏观平面)垂直于拉伸应力方向。

(2) 放射区紧接着纤维区,它是在裂纹达到临界尺寸后高速撕裂的区域。纤维区与放射区的交界标志着裂纹由缓慢扩展向快速扩展的转化。放射区存在放射花样的特征,即在此区域内有一条条辐射状的花纹,这些放射线平行于裂纹扩展方向,而且垂直于裂纹前端的轮廓线。

(3)剪切唇是最后断裂的区域。在这一区域中,裂纹扩展也是快速的,但它是一种剪切断裂。剪切唇表面平滑,与伸拉应力方向呈45°交角,颜色比较明亮。

根据断口这3种区域在整个断口所占有的断面积,可以大体上确定其断裂失效属性。例如,脆性断裂的断口,纤维区与剪切唇很少,大部分是放射区,这说明金属在断裂前没有经过较大的塑性变形,断裂主要是在高速扩展下进行的。

2. 识别断裂源

断裂源的确定方法有以下几种:

(1)碎块拼凑法。即将碎块依原样拼合,闭合程度严密的断口是后断的,而不十分严密的断口则是先开裂的。

(2)T字形法。即在两条相交近90°的裂口中,横的为先裂断口,竖的为后裂断口,因为前者阻挡了后者的断裂。

(3)人字形法。脆性断裂厚壁气瓶的断口常有人字形纹路,人字的尖端指向断裂源。

(4)多枝形法。即观察裂纹的分叉情况,不分叉的为先裂,分叉的为后裂。

(5)断口变形法。靠近裂纹源处几乎没有变形,而其他地方则变形较大,因为后来断裂的是在过载越来越大的情况下发生的。

(6)放射标记法。断口上如果有明显的放射标记,则标记的聚集焦点就是断裂源。对气瓶瓶体,此聚集点多在表面缺陷处。

(7)贝壳花样法。疲劳断裂的断口常有贝壳状的弧形纹路,这些弧形纹路所聚交的地方即为断裂源。

(8)剪切边法。如果断口不是完全脆性的,总有剪切边,即在断裂壳体的表面有剠手的毛边,与这个剪切边相对的另一边即为断裂源。

应该指出的是，瓶体断裂后，对断口的宏观检查可以同时找出有几处裂纹源，而并不限于一处。

3. 断口微观分析

断口的微观分析是借助光学显微镜或电子显微镜对断口的细节和微观形态进行观察检验，借以弥补宏观检验的不足，但在气瓶爆破失效分析中较少采用，这里不再叙述。

三、气瓶爆破时载荷状态的判别

有些气瓶爆破失效比较容易判别属于哪一种断裂形式。例如，从爆破残体的整体形貌来看，具有明显的塑性变形等特征的，可判定为延性断裂。但有些则不能仅仅从断裂特征上就能断定，例如，脆性断裂和压力冲击断裂、疲劳断裂和应力腐蚀断裂等。在这种情况下，就应从其他方面考虑如断裂的基本条件等进行分析鉴定。对气瓶爆破时载荷状态的判断，则是一种常用的辅助手段。

（一）气瓶爆破时的载荷状态

气瓶爆破时的载荷状态一般分为：正常工作压力状态、超压状态和瓶内发生燃爆反应状态。

1. 正常工作压力下的爆破

气瓶在正常工作压力（包括不大于许用压力甚至不大于水压试验压力）下爆破，通常都是应力腐蚀断裂或疲劳断裂（也很少见）。只有存在严重缺陷特别是裂纹缺陷的气瓶，且在温度很低的工况条件或环境条件下运行，才会发生脆性断裂。除非瓶壁被大面积地深度腐蚀，否则是不会产生延性断裂的。

2. 超压爆破

超压是指瓶内的实际压力远超过它的最高工作压力和水压试验压力。气瓶超压爆破在很多情况下都是延性断裂，即气瓶由于内压过高（常见的如液化气体气瓶满液膨胀），产生过度的塑性变形而导致的瓶体爆破。

3. 燃爆反应爆破

燃爆反应是瓶内两种或两种以上的物料（介质或杂质）意外地发生异常反应，压力瞬时急剧升高的过程，这种反应造成的气瓶体爆破属于压力冲击断裂。被爆破瓶体一般是粉碎性的破裂状态，常有较多的碎片飞出，有时会击伤周围的人员或破坏设备。

（二）根据能量对比判别气瓶爆破时的载荷状态

气瓶在压力下爆破，必然对事故现场造成一定程度的破坏。现场破坏所耗费的能量，可简称为破坏能量，是由气瓶爆破时所释放的能量（可以简称为爆破能量）提供的，爆破能量的大小取决于气瓶爆破时的载荷状态。根据现场破坏情况，可以粗略地判断气瓶是在什么样的载荷状态下发生爆破的。

根据现场破坏能量与气瓶爆破能量的对比来判别气瓶爆破时的载荷状态，一般可以按下列步骤进行：

第一步：根据现场的破坏情况，主要是周围建筑等的破损情况，估算现场破坏能量。

第二步：按不同载荷状态，分别计算出气瓶爆破时所能释放的爆破能量。

第三步：根据能量的对比，按破坏能量一定小于爆破能量（由于能量转换效率等方面的原因）的基本原则，判别气瓶爆破时的载荷状态。

有关现场破坏能量和气瓶爆破能量的计算（或估算）将在本章第四节中详述。

第四节　气瓶爆破失效分析常用的验证计算

一、气瓶实际爆破压力的推算

（一）钢质焊接气瓶的爆破压力

焊接气瓶一般用于盛装低压液化气体，相对壁厚较薄，在正常情况下，其爆破压力为：

$$p_b = 2R_m S/(D_i + S) \qquad (7—1)$$

式中 p_b——气瓶爆破压力，MPa；
R_m——制造气瓶材料的抗拉强度，MPa；
S——气瓶壁厚，mm；
D_i——气瓶内径，mm。

式（7—1）中没有列出焊缝系数，这是因为正常爆破的气瓶，一般是不会（也不应）沿焊缝断裂的，关键是式（7—1）中的数据如何选取。从爆破瓶体上测得的壁厚值以及从中取样测试的抗拉强度虽然是实测值，但它并不能反映实际情况，因为爆破气瓶瓶体钢板是经过严重的拉伸变形后断裂的。它的力学性能有明显变化，表现在强度有较大的增大、延性降低上。而在与变形相垂直的方向上则正好相反，即材料强度减弱，这就是本章第一节所述的"鲍辛格效应"。与此同时，瓶体的壁厚也明显减薄。在难以取得气瓶制成后的真实数据的情况下，按气瓶的设计壁厚和批量实验时测定的材料强度来估算其爆破压力还是较为实用的。当然，这样的计算结果要比实际的爆破压力要低一些。

（二）钢质无缝气瓶的爆破压力

无缝气瓶一般用于盛装永久气体，压力较高，壁厚也就较厚。它的爆破压力当然也可以按薄壁中径公式［即式（7—1）］计算，不过计算结果往往与实例数据有较大差异。虽然常用的无缝气瓶一般也不算壁厚圆筒（工作压力为 20～30 MPa 的低合金钢瓶，瓶体的外径与内径之比 K 约为 1.1 左右），但如果按照壁厚圆筒的爆破强度公式，特别是用斯文森（Svensson）导出的精确公式计算其爆破压力，与实际测试结果颇为接近。

斯文森导出的壁厚圆筒爆破压力为：

$$p_b = \left[\frac{0.25}{n + 0.227} \left(\frac{e}{n}\right)^n \right] R_m \ln K \qquad (7—2)$$

式中 p_b——壁厚圆筒的爆破压力，MPa；

e——自然对数，e = 2.718；

n——材料的应变硬化指数。材料的应变硬化指数与它的屈强比（屈服强度与抗拉强度之比值）有关；

R_m——材料的抗拉强度，MPa；

K——圆筒体的外径与内径之比值。

式（7—2）中[ ]的数值，实质上是理论公式（$p_b = R_m \ln K$）的修正系数，可以用符号 F_n 表示，即：

$$F_n = \left[\frac{0.25}{n + 0.227} \left(\frac{e}{n} \right)^n \right] \qquad (7—3)$$

F_n 是根据钢材的某些性能（主要是应变硬化指数）所作的实验修正。从这表征修正系数的函数式可以看出，应变硬化指数越大，修正系数 F_n 越小（虽然差别并不很大，如 $n = 0.1$，$F_n = 1.0637$；$n = 0.16$，$F_n = 1.016$），也就是圆筒的爆破压力减低。这是因为筒体在爆破之前，壁厚有较大的减薄，同时筒体直径会相对有所增大。

为方便计算，表7—1列出了几种应变硬化指数下的修正系数值。

表7—1 不同应变硬化指数下的修正系数

n	0.01	0.05	0.1	0.12	0.16	0.2
F_n	1.1152	1.102	1.064	1.048	1.016	0.987

二、气瓶爆破时释放能量的计算

（一）压缩气体气瓶的爆破能量

气瓶爆破时，瓶内气体降压膨胀，这一过程是气体由气瓶破裂前的压力降至大气压力的简单膨胀过程。由于这一过程所经历的时间很短，不管瓶内的工作介质与周围大气存在多大的温差，也可以认为是没有热量的传递，即气体的膨胀是在绝热状态下进行的。因此，气瓶爆破能量就是气体绝热膨胀的能量。

有关理想气体绝热膨胀所蓄的能量见式（5—1）。式中 k 是气体的绝热指数，即气体的定压比热容与定容比热容之比。气体的绝热指数可以按它的分子组成确定其近似值：双原子气体，$k=1.4$；3 原子和 4 原子气体，$k=1.2\sim1.3$。常用气体的绝热指数可由表 7—2 查得。

表 7—2　　　　　　常用气体的绝热指数

名称	空气	氮气	氧气	氢气	甲烷	乙烷	一氧化碳	二氧化碳
绝热指数	1.4	1.4	1.397	1.412	1.315	1.18	1.395	1.295

从表 7—2 可以看出，空气、氧气、氮气及一氧化碳等常用气体的绝热指数 k 均为 1.4 或近似 1.4，则用 $k=1.4$ 代入式（5—1）即得这些气体气瓶的爆破能量为：

$$U_g = 2.5pV\left[1-\left(\frac{0.101\,3}{p}\right)^{0.285\,7}\right] \qquad (7-4)$$

令 $C_g = 2.5p\left[1-\left(\frac{0.101\,3}{p}\right)^{0.285\,7}\right]$，则式（7—4）可以简化成：

$$U_g = C_g V \qquad (7-5)$$

式中　U_g——气瓶爆破能量，kJ；

　　　V——气体的体积（气瓶的容积），L；

　　　p——气体的绝对压力，MPa；

　　　C_g——爆破能量系数，kJ/L。

压缩气体气瓶能量系数由其绝对压力而定，即 C_g 是 p 的函数。各种爆破压力下的气瓶爆破能量系数见表 7—3。

表 7—3　　　各种爆破压力下的气瓶爆破能量系数

爆破压力（绝对，MPa）	12.6	15.1	20.1	30.1	40.1	50.1
能量系数（kJ/L）	23.6	28.7	39.2	60.5	82.1	104

（二）液化气体气瓶的爆破能量

介质为液化气体的气瓶，破裂时的情况与压缩气体气瓶不尽相同,它除了气体迅速膨胀以外,还包括有液体急速蒸发的过程。

当气瓶破裂时,瓶内的气体首先迅速膨胀,使瓶内的压力瞬时降至大气压力。此时瓶内的饱和液处于过热状态,也就是说它的温度高于它在大气压力下的沸点。于是气液两相失衡,液体迅即大量蒸发,内部处处充满气泡,体积激烈膨胀,并很快充满整个气瓶。瓶体承受很高的压力载荷,促使其进一步破裂。这种由于压力突然下降,使原来处于平衡状态的饱和液在大气压力下过热而迅速沸腾蒸发、体积激烈膨胀而显示出的一种爆炸现象称为爆沸爆炸或蒸气爆炸。发生蒸气爆炸时,延塑性好的材料制成的气瓶,瓶体的整个形状都会发生改变,圆筒体甚至会反向卷曲;延塑性差的材料,破裂断面有时会显示出受冲击的脆性破裂特征。

由于瓶内的介质是气液两态,所以这类气瓶在破裂时所释放出的能量也应包括瓶内饱和蒸汽的能量以及饱和液的能量。但是在大多数情况下,气瓶内的饱和液要占绝大部分,它的能量要比饱和蒸汽大得多,所以计算时饱和蒸汽的能量往往可以忽略不计。

蒸气爆炸一般也是在很短的时间内完成的,也是一个绝热过程。有压力的饱和液体在绝热条件下膨胀至常压时所做之功,亦即处于过热状态下液体的爆炸能量为:

$$E'_L = [(i_p - i_1) - (S_p - S_1)T_b]m \qquad (7—6)$$

式中 E'_L——过热状态下饱和液的爆炸能量,kJ;

i_p——饱和液在气瓶破裂前(压力为p)的焓,kJ/kg;

i_1——在大气压力下饱和液的焓,kJ/kg;

S_p——饱和液在气瓶破裂前(压力为p)的熵,kJ/(kg·℃);

S_1——在大气压力下饱和液的熵,kJ/(kg·℃);

T_b——介质在大气压力下的沸点,℃;

m——饱和液的质量,kg。

(三)瓶内发生燃爆反应时释放的能量

气瓶内如果同时存在可燃气体与助燃气体(氧、空气),则会在一定条件下发生燃爆（爆炸）。由于瓶内混合气体的组分很难弄清，无法准确计算出爆炸能量。但可以根据可燃气体的爆炸极限，推算其爆炸能量的变动范围。计算时一般可按下列步骤进行：

1. 弄清气瓶内可能混入的可燃气体及这种气体的爆炸极限（上、下限）。

2. 写出可燃气体的氧化反应方程式，并根据定量（上、下限，最适宜配比）写出可燃气体气瓶内燃爆反应后的残余气体组成。

3. 查出该类气体的燃烧热值，并根据器内定量气体，算出反应时所产生的热量。

4. 查出器内各类反应后的残余气体在燃爆反应后可能产生的温度范围内的平均比热。

5. 根据剩余气体的组成，计算剩余气体可能达到的温度。

6. 计算温度升高后气瓶内的压力增大倍数。

7. 按气瓶内可能达到的压力值（燃爆前器内压力值与压力增大倍数的乘积）计算气体的爆炸能量。

前苏联有文献报导过，科研机构对几种常见的可燃气体在密闭容器内燃爆时所造成的后果进行了试验研究。

燃爆试验是在初始压力（绝对）为 1 kg/cm^2、温度为 65℃ 的条件下，在容积为 10 L 的密闭高压容器内进行的。其测试结果摘录见表7—4。

表7—4　几种可燃气体在密闭高压容器内燃爆试验的测试结果

气体名称	空气中体积含量（%）	最高爆炸压力（kgf/cm^2）	达到最高压力时间（s）	平均压力增长速度[kgf/(cm^2·s)]
乙炔	5	5.0	0.033 6	147
	10	9.2	0.011 2	700
	15	9.2	0.024	380
	25	6.4	0.175	37

续表

气体名称	空气中体积含量（%）	最高爆炸压力（kgf/cm²）	达到最高压力时间（s）	平均压力增长速度[kgf/(cm²·s)]
氢气	25	4.35	0.025	173
	30	6.3	0.011	580
	35	6.5	0.010	640
	40	6.8	0.011 2	560
丙烷	3	4.74	0.098	48.5
	4	5.90	0.057	102
	5	6.14	0.056	109
	6	5.37	0.129	41.6
乙烷	4	4.35	0.086	51.2
	6	5.95	0.048	122
	8	5.42	0.079	67
	10	3.32	0.080	4.1
乙烯	5	5.9	0.042	144
	7	6.65	0.034	192
	8	7.6	0.018	420
	10	6.8	0.044	154
	12	5.1	0.200	25

注：保持原文献所用的压力单位。

测试数据包括最高爆炸压力、达到最高爆炸压力的时间、压力增长速度。

因为试验压力的初始压力为 1 kgf/cm²，所以实验测得的最高爆炸压力也就是燃爆时的压力增大倍数。达到最高爆炸压力的时间与平均压力增长速度都与密闭容器的容积有关。若可燃气体

燃爆的气瓶容积为 V（L），则其达到最高爆炸压力的时间应为试验数据中的时间乘以 $(V/10)^{1/3}$；其平均压力增长速度则应为试验数据中的增长速度乘以 $(V/10)^{-1/3}$。

三、爆破现场破坏能量的估算

气瓶爆破时所释放的爆破能量一般消耗于：① 将壳体进一步撕裂；② 将瓶体或其碎块（片）抛离原地；③ 产生空气冲击波破坏周围的建筑物或设备。

一般来说，在瓶体已经裂开的情况下，进一步将它裂口扩大所需要（消耗）的能量是很小的，可以忽略不计。这样，破坏现场所需要的能量就可以根据后两方面所显现的破坏现象及破坏程度进行估算。

（一）瓶体或其碎块被抛出所消耗的能量

计算这部分能量时，需要先估算部件被抛出的初速。

1. 零部件飞出的初速

瓶体或碎块被抛出时初速的估算，通常是根据它与所抛离原地的距离来确定。零部件或碎块抛离原位时，可能从水平方向或与地面成一角度的方向飞出。

如零部件所处位置较地面高，并从水平方向飞出时，其初速为：

$$v_0 = \frac{R}{\sqrt{2H/g}} = 2.21 \frac{R}{\sqrt{H}} \qquad (7-7)$$

式中　v_0——瓶体或碎块抛出时的初速，m/s；

　　　R——抛出的距离，m；

　　　H——瓶体或其碎块原来的位置离地面的高度，m。

当气瓶在地面上，瓶体或其碎块向上斜抛时，其初速为：

$$v_0 = \sqrt{\frac{Rg}{\sin 2\theta}} = 3.13 \sqrt{\frac{R}{\sin 2\theta}} \qquad (7-8)$$

式中　θ——瓶体或其碎块抛出方向与地面的夹角，度。其他符号同式（7—7）。

按式（7—7）、式（7—8）计算出的初速，均没有考虑空气阻力的影响。实际上，像瓶体碎片这样一些形状的物体，与炮弹等不同，其飞行的空气阻力还是相当大的。空气阻力与碎片的迎风面积及碎片速度的平方成正比，一般难以准确计算。在通常情况下，可以根据碎片的形状、风向和风速等具体条件将以上式所算得的理论初速乘以空气阻力系数 1.1～1.2，作为考虑空气阻力后的实际初速。

至于零部件是从水平方向抛出或向上斜抛，以及斜抛时与地面所成的角度 θ，则只能根据目击者所提供的情况或地面周围的阻挡情况等加以判断确定，或者按斜抛为 $45°$ 的方向飞出，求出其最小初速，即：

$$v_0 = 3.13\sqrt{\frac{R}{\sin 2\theta}} = 3.13\sqrt{R}$$

若瓶体碎裂成较多碎片，而且飞出距离又相差较大，则可以按某些抛出时不受阻挡的碎片所抛出的距离计算其平均初速，作为全部被抛出碎片的初速。

2. 抛出碎片所消耗的能量

这部分能量可以根据上述计算出的初速 v_0，然后再按下式计算：

$$E_1 = \frac{mv_0^2}{2} = 0.5mv_0^2 \qquad (7—9)$$

式中　E_1——抛出碎片所消耗的能量，J；
　　　m——被抛出碎片的质量，kg；
　　　v_0——碎片的初速，m/s。

（二）产生空气冲击波的能量推算

1. 冲击波及其破坏作用

气瓶破裂时，瓶内的高压气体大量冲出，使它周围的空气受到冲击而发生扰动，也就是使其压力、温度、密度等产生突跃变化，这种扰动在空气中传播就成为冲击波。在离爆炸一定距离的地方，空气压力会随时间发生迅速而悬殊的变化。开始时压力突然升高，产生一个很大的正压力，接着又迅速衰减，在很短时间内降至零，并继续下降甚至小到负压，如此反复循环数次，但压力的变化一次比一次小。开始时产生的最大正压力就是冲击波波阵面上的超压 Δp。在多数情况下，冲击波的破坏作用主要是由超压引起的。在爆炸中心附近，空气冲击波波阵面上的超压可以达到几十个大气压，在这样高的压力冲击下，建筑物将被摧毁，设备、管道均会遭到严重破坏。冲击波超压对建筑物的破坏作用见表7—5。

表7—5　　　冲击波超压对建筑物的破坏作用

超压 Δp（kgf/cm²）	破 坏 情 况
0.05 ~ 0.06	门窗玻璃部分破碎
0.06 ~ 0.10	受压面的门窗玻璃大部分破碎
0.15 ~ 0.20	窗框损坏
0.20 ~ 0.30	墙裂缝
0.40 ~ 0.50	墙大裂缝，屋瓦掉下
0.60 ~ 0.70	木建筑厂房房柱折断，房架松动
0.70 ~ 1.0	砖墙倒塌
1.0 ~ 2.0	防震钢筋混凝土破坏；小房屋倒塌
2.0 ~ 3.0	大型钢架结构破坏

2. 利用典型试验数据的冲击波超压推算产生冲击波的能量（TNT 当量）

实验数据表明，不同数量的同类炸药发生爆炸时，距离 R 与炸药量的三次根之比相关，则它们的冲击波超压相同，当 $R/R_0 = (q/q_0)^{1/3} = \alpha$ 时，则：

$$\Delta p = \Delta p_0$$

式中　R——被破坏建筑物与爆破气瓶的距离，m；

R_0——典型试验数据确定的爆炸物与建筑物距离;

q——气瓶爆破时产生冲击波的 TNT 当量,kg;

q_0——典型试验数据的炸药量,kg;

Δp_0——典型试验数据中的冲击波超压,kgf/cm^2;

Δp——被破坏建筑物处的冲击波超压,kgf/cm^2;

α——模拟比,$\alpha = (q/q_0)^{1/3}$。

常用的典型试验数据有两种,分别是炸药量为 1 000 kg 和 100 kg,爆炸时在不同距离处测得的冲击波的超压 Δp。一般气瓶爆破时所释放的能量较小,这里只摘录 100 kg 炸药爆炸试验数据,见表 7—6。

表 7—6　　　100 kg TNT 爆炸时的冲击波超压

距离 R_0 (m)	15	16	20	25	30	35
超压 Δp_0 (kgf/cm^2)	0.93	0.768	0.521	0.330	0.192	0.129

根据气瓶爆破事故现场的破坏情况,推算其爆破时所产生冲击波的能量,可按下列步骤进行:

(1) 找出典型的参照物,并测出其与爆炸中心的距离 R。

(2) 根据其破坏程度(见表 7—5)确定该处的超压 Δp。

(3) 由表 7—6 查出具有与此超压 Δp 相同的超压 Δp_0 所在处的距离 R_0。

(4) 计算出模拟比,即 $\alpha = R/R_0$。

(5) 由模拟比 α 计算出产生冲击波的 TNT 当量,即 $q = q_0 \alpha^3$。

用相似法则确定 TNT 当量,虽然依据试验数据,但只有在爆炸能量比较接近典型试验的炸药量时,数据才比较准确。典型试验数据是在空气中试验所测得的数据,如在地面爆炸,则其所产生的冲击波超压还要大些,一般认为要增大 50% ~ 100%。

3. 利用经验公式根据冲击波超压直接计算现场破坏能量

(TNT 当量)

根据经验公式，炸药爆炸时，药量与距爆炸中心 R 处的冲击波超压有如下的函数关系：

$$\Delta p = 7(q/R^3) + 2.7(q^{2/3}/R^2) + 0.84(q^{1/3}/R) \qquad (7-10)$$

式中 q——TNT 当量，kg；

R——药量与爆炸中心的距离，m；

Δp——空气冲击波超压，kgf/cm^2。

根据某一参照物的破坏情况，确定其冲击波超压 Δp，并实地测定其与爆破气瓶的距离 R，将数值代入式（7—10），解此方程即可求得 TNT 当量。

四、气瓶爆破失效分析实例

（一）氧气瓶爆破断裂形式判断分析实例

1. 事故简况

1996 年，某气体公司在充装氧气过程中，当压力充装到 10 MPa 时，一个容积为 40 L 的气瓶突然爆破，氧气是由低温液氧储罐输出，经汽化器加热汽化后装瓶的。气瓶充装前未经抽空处理，也没有对瓶内残余气体进行有效的气体定性分析检查。该事故造成多人伤亡。受气瓶爆破产生的冲击波将距离为 20 m 的窗户摧毁（窗玻璃全部破碎、窗框轻微损坏），距爆破瓶约 6 m 处的砖墙倒塌，瓶体爆破成多块碎块（其他详细情况略）。

2. 断裂形式的初步推断

由于气瓶成碎裂状态，加上其他一些调查情况作旁证，可以推断气瓶的断裂形式只有两种可能性：即瓶体的断裂形式为脆性断裂或压力冲击断裂。

气瓶是液氧汽化后进行充装的，如果汽化后的气体以很低的温度充入瓶内，则可能引起气瓶瓶壁温度急剧降低，造成金属的低应力破坏，因此，不能排除气瓶在充装压力为 10 MPa 的情况下脆性断裂。

气瓶充装前未经过认真有效的余气检验，也没作抽空处理，而且该地区气瓶的使用和安全管理都极端混乱（例如，很多在用的气瓶，瓶体漆色全部脱落，已无法辨认该瓶装何种气体等），气瓶充装前有可能混有可燃气体（可燃气体倒灌或错用可燃气体气瓶），因此，也不排除气瓶的断裂形式是压力冲击断裂。

因此，有必要通过能量的模拟比来验证气瓶断裂形式是脆性断裂还是压力冲击断裂。

3. 瓶体爆破时爆破能量与破坏能量的验算

（1）气瓶的爆破能量

如果气瓶是在充装压力为 10 MPa 的情况下发生脆性断裂，则其爆破能量应按式（5—1）计算。代入本例的数据：$p = 10.1013$ MPa，$V = 40$ L，$k = 1.397$（氧气的绝热指数，见表 7—2）则得：

$$U_g = \frac{40 \times 10.1013}{1.397 - 1}\left[1 - \left(\frac{0.1013}{p}\right)^{\frac{1.397-1}{1.397}}\right] = 742.6 \text{ kJ}$$

爆破能量的 TNT 当量为 742.6/4230 = 0.1756 kg，（1TNT 当量等于 4 230 kJ）。

（2）产生空气冲击波的能量

由于瓶体碎块的飞出数量及飞离距离不详，而且整个气瓶自身的质量也很小，因此，抛出碎块所消耗的能量忽略不计，仅推算产生空气冲击波的能量。

根据现场建筑物破坏情况，距离为 20 m 的窗户损坏，根据表 7—5，此处的冲击波超压 $\Delta p = 0.15$ kg/cm²。以 $\Delta p = 0.15$ kg/cm²、$R = 20$ m 代入式（7—10）得：

$$0.15 = 7(q/20^3) + 2.7(q^{2/3}/20^2) + 0.84(q^{1/3}/20)$$

解得

$$q = 13 \text{ kg (TNT)}。$$

也可以以砖墙为参照物进行进一步验证。根据表 7—5，砖墙倒塌处的空气冲击波超压为 0.7~1.0 kg/cm²，由于是砖墙全部倒塌，应取其中的较大值，即 $\Delta p = 1.0$ kg/cm²，倒塌砖墙距爆破气瓶为 6 m，用 $\Delta p=1.0$ kg/m^2，$R=6$ m 代入式（7—10）得：

$$1.0 = 7(q/6^3) + 2.7(q^{2/3}/6^2) + 0.84(q^{1/3}/6)$$

解得 $q=11$ kg（TNT）。

（3）验证计算结果。造成气瓶爆破现场破坏程度所需要的能量至少是 11 kg（TNT 当量），此值远远高于气瓶在 10 MPa 条件下爆破所释放的能量 0.175 6 kg（TNT 当量）。

（4）分析结论。根据能量模拟比，气瓶在 10 MPa 的压力下发生脆性断裂的可能性可以完全排除。气瓶是在压力冲击的断裂形式下爆破。

（二）液氨气瓶破裂失效分析

1. 气瓶概况

气瓶名称：液氨气瓶。

结构形式：圆筒形，两端为椭圆形封头，全部为焊接结构。

规格：内径 ϕ600 mm，壁厚 8 mm，容积 415 L。

材质：16 MnR。

用途：储存运输液氨。

2. 事故经过

气瓶在充装液氨后的第 3 天下午，未经使用即突然破裂。

现场破坏情况：气瓶破裂爆炸产生的冲击波将周围的门窗玻璃碎裂，部分氨气流入附近的工作室，被室内震破的电灯泡引燃，发生燃爆，造成人员伤亡。气瓶腾空飞起后撞坏了周围的建筑物。有关其他调查情况从略。

3. 故事分析

应用事故树形分析法进行失效分析。

对破裂后的气瓶进行观察得知，瓶体有明显的塑性变形，并具有延性破裂的其他特征。因此，把这些事故树的终端事件确定为"液氨瓶延性破裂"，绘出如图 7—2 所示的事故分析树形图。

液化气体气瓶延性破裂可以是"气瓶强度不足而破裂"，也可以是"气瓶满液膨胀而破裂",用"或"门连接。气瓶强度不足,可能是"瓶壁腐蚀"或"制造(焊接)质量低劣"或饱和蒸汽压力高于气瓶设计压力,而气瓶满液膨胀而破裂;则是由于气瓶被液体充满而造成的。破裂事件是否发生决定于"温升和超装的程度",因此,用"控制"门连接起来。造成瓶内被液体充满的原因则必须是"充装过量"与"液体装瓶后温度升高"因此,应用"与"门连接。进一步分析,即可绘得图7—2。

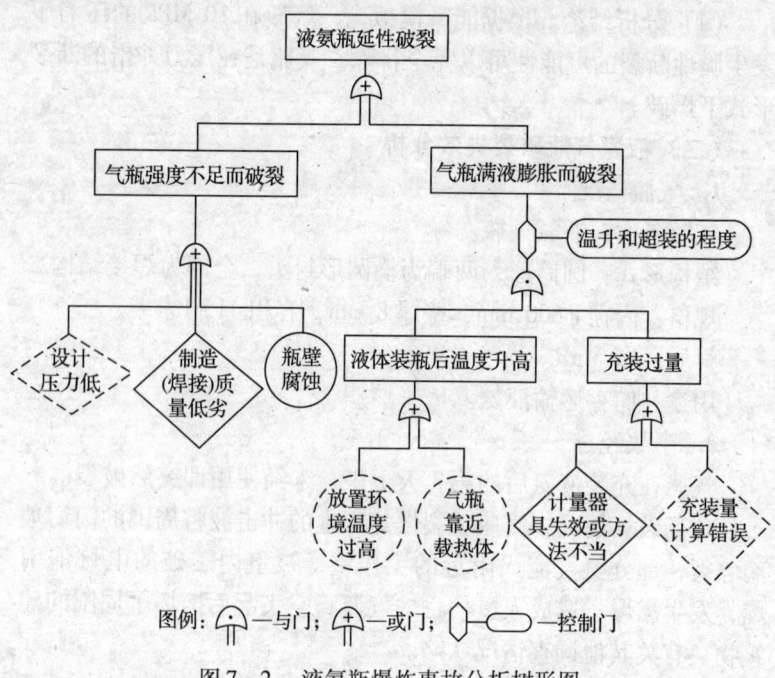

图7—2 液氨瓶爆炸事故分析树形图

根据对事故树形图各个基本事件的可能性进行分析,可以逐步排除一些不存在的因素:

(1)经过检查,发现气瓶内壁光亮,无腐蚀痕迹,外壁漆色完整无损,因此,"瓶壁腐蚀"的因素不存在。

(2)气瓶虽是焊接结构,但焊缝检查未发现存在表面缺陷,且断裂处远离焊缝及热影响区,所以"制造(焊接)质量低劣"的因素也应排除。

(3)据查,这种规格的气瓶均按不小于 2.94 MPa 的设计压力进行设计,而且在批量生产中抽样进行爆破试验的结果表明,气瓶的实际爆破压力为 12.5~13 MPa,而所充装的液氨在 60℃时(气瓶的最高使用温度)的饱和蒸汽压仅为 2.5 MPa,因此,"设计压力低"这一因素也不成立。

由于构成"气瓶强度不足而破裂"的 3 个基本事件都不可能发生,因而这一中间缺陷事件也可以排除。至于气瓶的充装过量,则可能是"充装量计算错误"或"计量器具失效或方法不当"。根据气体制造厂的充液操作记录,该气瓶的装入量为 219 kg,未发生"充装量计算错误"事件(按:液氨的充装系数规定为 0.53 kg/L,则此瓶的最大允许装液量为 $415 \times 0.53 \approx 220$ kg)。但该厂用以计量充装量的方法是储罐差量法,即根据大储罐(最大储量为 10 000 kg)在灌装气瓶前后的质量差来计算充装量(事故后已无法查明),因此,由于"计量器具失效或方法不当"而导致"充装过量"的事件是可能存在的。

"液体装瓶后温度升高"可以由"气瓶靠近载热体"或"放置环境温度过高"而引起。据查,装液后的气瓶运回使用单位后即放在场院内,直接受太阳暴晒。根据气瓶暴晒试验结果表明,在太阳暴晒下的液化气体气瓶,瓶内液体的温度大大高于周围气温,而接近和稍低于地面温度。在当天最高气温为 35℃的情况下,瓶内液体的温度可以达到 55℃,而装液时的温度仅为 0~10℃。

由此分析,由"计量器具失效或方法不当"和"放置环境温度过高"这两个基本事件为元素组成的最小割集就成为"气瓶满液"这一缺陷事件的唯一原因,但是否会造成气瓶膨胀破裂,则还应该进行验证。

4. 计算验证

根据对与该瓶同批制造气瓶的抽样爆破试验数据，气瓶的爆破压力为 12.5~13 MPa，设爆破时的容积增大量（包括容积的弹性变形与塑性变形量）为：

$$\Delta V = 10\%V = 41.5 \text{ L}$$

若气瓶在充装温度（取平均值为5℃）下即被液态氨所装满，则当瓶内液体温度达到55℃时的体积膨胀量为：

$$\Delta V_1 = V\Delta t\beta = 415 \times (55 - 5) \times 2.57 \times 10^{-3} = 53.3 \text{ L}$$

液氨在 5~55℃ 内的膨胀系数 β 为 2.57×10^{-3}/℃，而气瓶由5℃升至55℃时的容积膨胀量为：

$$\Delta V_2 = 3\beta_0\Delta tV = 3 \times 1.2 \times 10^{-5} \times (55 - 5) \times 415$$
$$= 0.747 \text{ L}$$

则瓶内液氨的压缩量为：

$$\Delta V' = \Delta V - (\Delta V_1 + \Delta V_2)$$
$$= 53.3 - (41.5 + 0.747) = 11.05 \text{ L}$$

由于液体被压缩而产生的压力增量为：

$$\Delta p = \frac{\Delta V'}{(V + \Delta V)\alpha_1} = \frac{11.05}{(415 + 53.3) \times 1.58 \times 10^{-3}} = 14.93$$

液氨在 5~55℃ 内的压缩系数为 1.58×10^{-3}/MPa，此压力增量再加上液氨在5℃的饱和蒸汽压力 $P_1 = 0.41$ MPa，则瓶内的压力最高可达

$$p_{max} = p_1 + \Delta p = 0.41 + 14.93 = 15.3 \text{ MPa}$$

此压力高于气瓶的破裂压力（12.5~13 MPa）。这就是说，如果钢瓶在5℃下装满液氨，则温度不用升到55℃，气瓶即可发生"气瓶满液膨胀而破裂"事件。

5. 分析结论

通过失效分析，可以明确这次事故的主要原因是"计量器具失效或方法不当"，次要原因是"放置环境温度过高"。

从事故树形图可以得到这次事故所吸取的经验教训是：不能用储罐差量法来计量气瓶的装液量，必须保持计量器具精确无

误,以及禁止气瓶在烈日下曝晒等。但除此之外,还应该防止其他基本事件的出现。例如,要正确计算气瓶的最大允许充装量,并严格防止超量充装,防止气瓶靠近高温载热体,等等。

练习思考题 7

1. 试述气瓶爆破失效分析的主要意义和作用。
2. 气瓶发生延性断裂的常见原因有哪些?
3. 气瓶压力冲击断裂的特征有哪些?
4. 气瓶发生爆破事故时应做哪些现场调查?
5. 对爆破的瓶体如何进行断口宏观分析?
6. 试计算容积为 100 L、标称工作压力为 30 MPa 的空气瓶在正常工作压力下爆破时所释放的能量。